TEORIA MATEMÁTICA E MECÂNICA DO DINAMISMO

Leandro Bertoldo

Aos meus pais,
José Bertoldo Sobrinho e
Anita Leandro Bezerra,
pela vida e cuidados ofertados com amor;

À minha esposa,
Daisy Menezes Bertoldo,
pela constante dedicação e inspiração;

À minha filha,
Beatriz Maciel Bertoldo,
pela sensibilidade e espontaneidade;

Ao meu irmão,
Francisco Leandro Bertoldo,
por compartilhar parte de sua vida;

Ao meu amigo,
Marcos Antonio de Souza Lima,
pelo sincero incentivo e estímulo;

E ao leitor,
pela atenção e carinhos dedicados.

Cavai mais diligentemente,
até que a gema da verdade se mostre a sua frente,
límpida e linda,
tanto mais preciosa
por causa das dificuldades envolvidas
em sua busca.

Ellen Gould White
Escritora, conferencista, conselheira
e educadora norte-americana.
(1827-1915)

PREFÁCIO

Aqui não entra quem não sabe geometria.

Platão

A Mecânica é um ramo da Física Clássica e tem por principal objetivo realizar o estudo dos efeitos e das causas do movimento dos corpos. Neste contexto, para efeitos didáticos, o estudo da Mecânica encontra-se dividido em duas grandes partes: Cinemática e Dinâmica.

A Cinemática é a parte da Mecânica Clássica que estuda os movimentos sem levar em consideração as causas que os provocam. Já a Dinâmica procura estudar os movimentos levando em consideração as causas que os produzem. Ocorre que a Dinâmica Clássica leva em conta apenas a grandeza física conhecida como força externa que atua sobre o corpo, bem como o seu reflexo no movimento resultante. Isso restringe bastante a compreensão dinâmica e a descrição causal da matemática envolvida na diversidade de movimento.

Diante da insuficiência apresentada pela Dinâmica Clássica, Leandro Bertoldo desenvolveu em 1978 uma nova teoria sobre as causas do movimento. Essa teoria ficou sendo conhecida por *Dinamismo*, que acabou generalizando as leis da Mecânica. E com isso unificou definitivamente a Cinemática e a Dinâmica em um único corpo teórico altamente consistente, de modo que, a própria força externa passou a ser caracterizada por um sinal algébrico dentro da Cinemática.

Pode-se afirmar que a teoria do Dinamismo é parte da Mecânica Clássica que estuda, classifica e descreve os movimentos unicamente em função de suas causas fundamentais.

Sob a perspectiva da teoria do Dinamismo a velocidade de um corpo é causada, diretamente, pela conservação de uma nova modalidade de força: a força induzida. Sendo certo que a variação da força induzida comunicada ou extraída de um móvel provoca os conhecidíssimos efeitos cinemáticos da variação da velocidade ou do repouso.

A teoria do Dinamismo engloba todos os conceitos da Mecânica Clássica, bem como estabelece novas grandezas físicas, tais como: força induzida, força dinâmica e força de inércia. E de acordo com o comportamento dessas forças pode-se compreender, calcular e classificar qualquer tipo de movimento.

Nesta obra há uma constante preocupação por parte do autor em *sistematizar*, por meio do método matemático, o desenvolvimento e a interpretação da Física Clássica, sob a perspectiva da teoria do Dinamismo. Também existe por parte do autor o interesse em demonstrar que o Dinamismo sintetiza todas as idéias que haviam sido produzidas pela Mecânica Clássica, e que pode, portanto, ser aceita sem reserva.

O cerne da teoria do Dinamismo encontra-se em suas quatro leis fundamentais, as quais generalizam e ampliam a visão de toda a Mecânica Clássica. Sendo que tais leis são enunciadas nos seguintes termos:

Lei I - *A força externa que atua sobre um corpo é igual ao produto entre a sua massa pela aceleração que apresenta.*

Lei II - *A força dinâmica, que resulta da força externa após esta vencer a oposição oferecida pela força de inércia, é igual ao produto entre a constante universal chamada estímulo pela aceleração que o corpo apresenta.*

Lei III - *A força de inércia que a matéria exerce em oposição à alteração do seu estado de repouso é igual à diferença matemática entre a intensidade da força externa pela força dinâmica.*

Lei IV - *A variação de força induzida num corpo no decorrer do tempo é igual ao produto entre a intensidade da força dinâmica pela variação de tempo.*

As três primeiras leis guardam entre si uma relação matemática intrínseca enquanto que a quarta lei guarda uma relação matemática extrínseca. Por meio dessas quatro leis, Leandro Bertoldo estruturou a teoria do Dinamismo e, em conseqüência, reformulou os fundamentos da Física Clássica. Esses princípios são óbvios e claros para Leandro que convive com a teoria já há algum tempo. Eles representam um novo modo de pensar e encarar o funcionamento da natureza. Como se pode verificar no decorrer da presente obra, ao nível da Física Clássica, as leis do Dinamismo representam um avanço monumental em relação às descobertas dinâmicas de Isaac Newton (1642-1727), a qual considera o estudo do movimento somente em função da força externa. A idéia básica de Leandro é a de que existe uma força comunicada a um móvel por meio de um processo de indução, e que a mesma exerce controle sobre o corpo em movimento, sem a necessidade de haver um contato físico externo. Esta é uma idéia ousada, mesmo neste século.

As leis do Dinamismo de Leandro são amplas em seus contornos e de vasto alcance, abrangendo todos os fenômenos físicos da Mecânica. Tais leis não são elementos separados ou de pouca significação; mas são perfeitamente unidas, formando um todo completo, tendo como centro de pesquisa a própria natureza do movimento. As verdades que são apresentadas na teoria do Dinamismo são tão firmes e inabaláveis quanto aquelas apresentadas pela Mecânica Clássica.

Um outro aspecto da Mecânica que a presente obra leva em consideração é o estudo da inovadora *teoria do Movimento*, na qual são considerados, sob a perspectiva da Cinemática, da Dinâmica e do Dinamismo, os efeitos e as causas dos seguintes movimentos: 1º *Repouso*; 2º *Movimento Uniforme*; 3º *Movimento Uniformemente Variado*; 4º *Movimento Dinâmico Uni-*

formemente Variado; 5° *Movimento Dinamizado Uniforme-mente Variado.*

Nesta teoria novos tipos de movimentos são definidos, classificados e estudados. Novas grandezas físicas são introdu-zidas, tais como: momento espacial, celeridade, fluxo de força, agilidade, forcejo, etc.

Apesar de todas essas declarações, este livro não tem por principal objetivo apresentar uma descrição *histórica* do desenvolvimento do Movimento ou do Dinamismo, muito me-nos fazer um relatório minucioso sobre o assunto. Na verdade isto foi amplamente exposto em muitas outras oportunidades pelo autor. A finalidade desta obra consiste em realizar algo muito mais fundamental: expor rigorosamente, por meio do método científico, os princípios matemáticos e mecânicos dos conceitos inovadores das teorias do Dinamismo e do Movi-mento, de uma forma clara e objetiva, de maneira que possam ser facilmente compreendidas por todos aqueles que se interes-sam pela pesquisa científica nas áreas das ciências exatas.

A esta altura é bastante interessante apresentar o projeto desta obra, a qual está, basicamente, dividida em quatro livros e quatro apêndices conclusivos. Todos destinados aos leitores que possuem um conhecimento mais profundo do método ma-temático. Pois nesta obra o autor procurou expandir em forma algébrica as principais idéias de sua física do Dinamismo e do Movimento.

O **livro primeiro** denominado por *Teoria Mecânica do Dinamismo*, está dividido em catorze capítulos que apresentam progressivamente a interpretação teórica e o desenvolvimento matemático da teoria do Dinamismo, que foi descoberta por Leandro em 1978. E a partir de algumas definições básicas, o autor procura apresentar, sempre sob a perspectiva do Dina-mismo, o estudo do movimento uniforme, do movimento uni-formemente variado, da queda livre e lançamento vertical, da inércia, do peso, do impacto, da gravidade, etc. Essas divisões são necessárias para que a teoria do Dinamismo possa ser perfeitamente compreendida pela grande diversidade de leitores. E, além do mais, o livro primeiro é de importância fundamental para a compreensão dos demais livros que compõem a presente obra. Isto porque neste livro são apresentadas as definições básicas e as grandezas físicas que caracterizam a teoria do Dinamismo, bem com sua devida interpretação teórica.

O **livro segundo** intitulado por *Conceitos Matemáticos Sobre o Dinamismo*, encontra-se dividido em treze capítulos e tem por objetivo apresentar um estudo analítico da lei geral do Dinamismo relacionando dois estados quaisquer de um corpo num dado movimento, ou seja, um determinado movimento sofre uma *transformação de estado* quando ocorre a modificação de pelo menos duas das variáveis de *estado dinâmico*.

Este livro encontra-se alicerçado em cinco partes. A primeira versa analiticamente sobre a equação geral do dinamismo e sua relação entre dois estados quaisquer de um corpo num dado movimento. A segunda parte estuda o estado *Isodinâmico* que ocorre quando a massa e a força externa sofrem variações, enquanto que a força dinâmica permanece constante. A terceira parte procura estudar o estado *isomaza*, que é aquele em que a força dinâmica e a força externa variam, enquanto que a massa do corpo é mantida constante. A quarta parte estuda o estado de movimento intitulado *isodina*, no qual a massa e a força dinâmica de um corpo variam, enquanto que a força externa é mantida constante. Finalmente a quinta parte estuda o estado *isoinerciais*, onde a força de inércia é mantida constante independentemente de qualquer alteração das variáveis de estado dinâmico do movimento.

O **livro terceiro**, diferentemente dos anteriores, não trata especificamente da teoria do Dinamismo, mas da teoria do Movimento e por isso mesmo procura apresentar o estudo de diversos tipos de movimento e de suas causas dinâmicas. Este livro encontra-se dividido em doze capítulos e foi intitulado por *Princípios da Mecânica dos Movimentos*, porque procura estabelecer fundamentos inovadores para o estudo de novos tipos de movimento, sempre observados sob o prisma da Cinemática e da Dinâmica Clássica. Ocorre que um estudo metódico dos diferentes tipos de movimento exige a sua classificação em várias categorias. Sendo que na presente obra será estudada apenas a seguinte situação: repouso, movimento uniforme, movimento uniformemente variado, movimento dinâmico uniformemente variado e movimento dinamizado uniformemente variado.

E por causa desta classificação, o presente livro foi dividido em cinco partes fundamentais. Sendo que a *primeira* procura apresentar uma noção básica dos conceitos físicos da mecânica oferecendo especial atenção ao estudo do repouso, abordando ao final a inovadora noção de *momento espacial*. A *segunda* parte analisa o movimento uniforme e suas conseqüências cinemáticas, quando a força externa aplicada é nula. A *terceira* parte aborda o estudo do movimento uniformemente variado, analisando as grandezas físicas fundamentais que caracterizam este tipo de movimento, no qual a força externa aplicada é constante. A *quarta* parte versa sobre o denominado movimento dinâmico uniformemente variado. Neste tipo de movimento verifica-se que todas as grandezas físicas sofrem alterações básicas quando a força aplicada sobre o móvel varia uniformemente com o tempo, provocando o aparecimento de novas grandezas físicas. Finalmente, a *quinta* parte procura estabelecer o estudo do movimento dinamizado uniformemente variado, onde são apresentados os conceitos básicos e as grandezas físicas que regem a estrutura desse tipo de movimento, quando a força é uma função do segundo grau.

Já o **livro quarto**, da presente obra, intitulado por *Dinamismo dos Movimentos*, foi dividido em sete capítulos, os quais estabelecem o estudo e a relação entre a teoria do Dinamismo e a teoria do Movimento. Neste livro, os mais diversos tipos de movimento, tais como repouso, movimento uniforme, movimento uniformemente variado, movimento dinâmico uniformemente variado e movimento dinamizado uniformemente variado, são re-analisados sob a perspectiva das grandezas físicas estudas na teoria do Dinamismo. É por esse motivo que a estrutura deste livro, praticamente, segue aquela apresentada no livro anterior.

Estes dois últimos livros, mais do que os dois primeiros pedem a aplicação do cálculo diferencial ou integral. Mas o autor procurou evitar o máximo possível o uso destas ferramentas tendo em vista que procura alcançar o maior número possível de pessoas que possam compreender as suas obra. E por isso todas as suas provas, demonstrações e raciocínios foram baseadas na álgebra elementar, que a maioria das pessoas aprendem ao nível de segundo grau.

Quanto ao **apêndice**, o **primeiro** refere-se a um artigo científico bastante esclarecedor e conclusivo denominado por *Análise das Causas do Movimento*, que procura sistematizar de forma clara, precisa e sucinta a teoria do Dinamismo, apresentando-a como uma ciência causal exata, lógica, consistente e altamente compreensível. O **apêndice segundo** desta obra é denominado por *Teses do Dinamismo* onde podem ser encontrados, entre outros assuntos, objeções à Dinâmica newtoniana; demonstração entre sua incoerência teórica e matemática, bem como sua incapacidade de responder às perguntas mais fundamentais do movimento; análise dos avanços feitos pela teoria do Dinamismo de Leandro; explicação das objeções apresentadas pela Dinâmica através da perspectiva do Dinamismo. Já o **apêndice terceiro**, intitulado por *Perguntas sobre o Dinamismo*, utilizando-se de um outro gênero, procura responder algumas perguntas técnicas e históricas sobre o a teoria do Dinamismo. E, finalmente, o **apêndice quarto** é denominado por *Formulário do Dinamismo*, nele o autor expõe resumidamente boa parte das fórmulas matemáticas apresentadas nos livros anteriores, possibilitando ao leitor uma ampla visão da teoria do Dinamismo aplicada aos diversos tipos de movimentos.

Pelo que se depreende, o autor defende nesta obra, com as armas do método matemático, duas grandes teses originais:

a novíssima *teoria do Movimento* e a *teoria do Dinamismo*, todas relacionadas entre si e com as demais áreas da Mecânica Clássica. Como foi dito, nesta obra destacam-se o estudo das forças externas, momento espacial, celeridade, fluxo de força, agilidade, forcejo, força induzida, força dinâmica e força de inércia, bem como suas relações com o movimento; e, por conseguinte o autor apresenta esta obra, ao público técnico ledor, como **Teoria Matemática e Mecânica do Dinamismo**, cujo tema geral é o estudo matemático do movimento e das forças envolvidas no processo do movimento.

Sem dúvida nenhuma, com suas maravilhosas teorias do Dinamismo e do Movimento, Leandro forneceu os princípios básicos sobre os quais boa parte da ciência moderna deve ser reestruturada.

E ao tornar pública a presente obra, o autor, espera que os princípios aqui discutidos possam trazer uma nova luz sobre a Mecânica Newtoniana. E, desde já, suplica e agradece de coração toda indulgência que o leitor puder dispensar no estudo deste singelo livro.

Somos responsáveis por tudo o que fazemos, mas também por tudo que não fazemos. (Voltaire)

Ceterum censeo Carthaginem esse delendam.

SUMÁRIO

Introdução

LIVRO PRIMEIRO

TEORIA MECÂNICA DO DINAMISMO

LIVRO SEGUNDO

CONCEITOS MATEMÁTICOS SOBRE O MOVIMENTO

LIVRO TERCEIRO

PRINCÍPIOS DA MECÂNICA DOS MOVIMENTOS

INTRODUÇÃO

Em certo sentido pode-se afirmar que todo físico é um místi-
co.

O ramo da Física conhecida por Mecânica Clássica sofreu um extraordinário desenvolvimento a partir do século
XVII, em grande parte devido aos extraordinários esforços dos
gênios do cientista italiano Galileu Galilei (1564-1642) e do
físico inglês Isaac Newton (1642-1727).

Em 1638 Galileu Galilei publicou o livro mais maduro
de sua carreira científica, o qual recebeu o título de *Diálogo*
Sobre Duas Novas Ciências, onde apresentou as suas grandes
descobertas sobre os fenômenos do movimento, destacando-se
os seguintes princípios:

1º- *Para que um corpo permaneça em movimento não é*
necessário que ele esteja sob a ação de forças.

2º- *O movimento uniformemente acelerado se caracte-*
riza pela ocorrência de incrementos iguais de velocidade em
intervalos de tempos iguais.

3º- *A velocidade que os corpos adquirem em queda li-*
vre, próximo à superfície da terra, é proporcional ao tempo.

4º- *Próximos à superfície da Terra, a aceleração é*
constante.

5º- *A aceleração que a gravidade comunica aos corpos*
em queda livre não depende de seu peso ou massa.

6º- *A distância percorrida pelos corpos em queda livre*
são proporcionais aos quadrados dos tempos.

7º- *Os projéteis lançados obliquamente descrevem uma*
trajetória na forma de uma parábola.

As conclusões de Galileu representam o primeiro estudo rigorosamente científico do ramo da Mecânica conhecido

por Cinemática, a qual estuda a descrição e classificação do movimento sem levar em consideração as causas que os provocam.

Em 1687, Isaac Newton ratificou todas as observações realizadas por Galileu numa obra magistral intitulada *Princípios Matemáticos de Filosofia Natural*. Nessa obra ele fundamentou a Dinâmica com as seguintes leis:

Lei I - *Todo corpo permanece em seu estado de repouso ou de movimento uniforme em linha reta, a menos que seja obrigado a modificar seu estado por forças impressas nele.*

Lei II - *A mudança do movimento é proporcional à força motriz impressa, e se faz segundo a linha reta pela qual se imprime essa força.*

Lei III - *A uma ação sempre se opõe uma reação igual, ou seja, a ações de dois corpos um sobre o outro sempre são iguais e se dirigem em partes contrárias.*

Apesar da Mecânica Clássica ter alcançado um formidável sucesso nos três últimos séculos, verdade é que ela é incompleta e em muitos aspectos a sua interpretação é insatisfatória, simplesmente porque não possibilita uma perfeita interpretação ou uma mais exata compreensão filosófica e teórica a respeito dos fenômenos relacionados com o movimento dos corpos, tais como o movimento em queda livre, a causa da velocidade, a continuidade do movimento inercial, a força de impacto, etc. Tudo isso, pelo menos, sob a perspectiva de uma nova teoria desenvolvida no final do século XX, intitulada por *Dinamismo*, a qual atrelou o estudo do movimento em função direta de determinadas forças, as quais serão apresentadas no decorrer do presente artigo.

Trezentos anos depois que foi estabelecida a Mecânica Clássica, o jovem colegial Leandro Bertoldo, ao procurar uma possível causa para explicar a diversidade de movimentos existentes na natureza, acabou por constatar que a velocidade dos corpos estava diretamente relacionada com um determinado tipo de força, que denominou por *força induzida*, a qual apresenta a propriedade de conserva-se no corpo em movimento.

O conhecidíssimo conceito de *força externa* e sua relação direta com a aceleração é uma descoberta bastante antiga e conhecida da ciência, mas quem poderia pensar ou imaginar que existe uma outra modalidade de força relacionada com a velocidade ou que a velocidade é função dessa força? Pois foi exatamente isso que Leandro Bertoldo descobriu em suas pesquisas, as quais deram origem e fundamento ao Dinamismo.

Quando sistematizou a sua antiga teoria sobre a causa da velocidade em janeiro de 1978, num pequeno artigo intitulado por *Dinamismo*, o jovem cientista sabia perfeitamente que se encontrava diante de uma idéia significativamente original. Nesse artigo inicial ele apresentou algumas leis básicas sobre a causa do movimento, conforme os seguintes enunciados:

1ª Lei - *No movimento retilíneo e uniforme ao infinito, a velocidade de um corpo é diretamente proporcional à sua força induzida.*

2ª Lei - *No movimento uniformemente variado, a variação de velocidade de um corpo é diretamente proporcional à sua variação de força induzida.*

3ª Lei - *No movimento uniformemente variado, a variação de força induzida num corpo é diretamente proporcional à variação de tempo.*

4ª Lei - *Sob a interação da força induzida qualquer corpo mantém o seu estado de movimento retilíneo e uniforme ao infinito.*

5ª Lei - *Na ausência da força induzida qualquer corpo mantém o seu estado absoluto de repouso absoluto.*

De imediato pode-se verificar que os princípios apresentados na teoria do Dinamismo são revolucionários, e que os fenômenos cinemáticos e as suas causas podem ser descritos unicamente em função das leis causais que fundamentam o Dinamismo. Também se pode constatar a existência de diferenças significativas entre as leis do Dinamismo e os princípios da Dinâmica de Newton.

Na época em que fez sua descoberta original, somente algumas poucas conseqüências e possibilidades do Dinamismo tornaram-se evidentes para o jovem cientista, que estava se iniciado nas áreas da pesquisa científica. Era a primeira vez que se dedicava exaustivamente ao estudo de uma revolucionária concepção que sintetizava a causa primordial de todo e qualquer tipo de movimento. Apesar dessa limitação juvenil, teve suficiente discernimento para reconhecer que estava diante de uma nova estrutura científica e que a mesma, *aparentemente*, era incompatível com as leis da Dinâmica de newtoniana.

A teoria do Dinamismo previa uma causa para o repouso e outra para o movimento inercial de um corpo, enquanto que a teoria Dinâmica previa uma só e mesma causa tanto para o repouso como para o movimento inercial. Para Leandro o repouso era devido unicamente à ausência de força induzida no corpo e o movimento era causado pela conservação da força induzida no móvel. Para Newton, tanto o repouso quanto o movimento uniforme e retilíneo ao infinito explicava-se pela ausência da ação de forças externas. O dinamismo também previa uma outra modalidade de força relacionada com a velocidade, enquanto que a teoria de Newton previa uma modalidade de força relacionada somente com a aceleração. A teoria de Leandro estabelecia que a velocidade de um corpo apresentava uma relação direta de proporcionalidade com a força induzida, enquanto que a dinâmica de Newton não estabelecia nenhuma relação entre velocidade e força.

Apesar dessas extraordinárias explicações fornecidas pela teoria do Dinamismo, verdade é que ela e a teoria dinâmica newtoniana não estavam erradas, mas apenas incompletas. Pois quando Leandro começou a considerar a questão da resistência oferecida pela inércia da matéria e a relação da força induzida com a força externa, a sua teoria viu-se em sérias dificuldades, pois não levava em consideração explicitamente tal efeito. E todas as tentativas que o jovem cientista realizou, na época, para solucionar o problema, resultaram infrutíferas. Por isso resolveu deixar a questão de lado para uma posterior e melhor análise.

Em seu caderno de pesquisa, onde rascunhava as suas principais idéias, ele anotou um pequeno lembrete: *Descobrir a relação existente entre Dinamismo e Dinâmica*. Essa observação feita em 1978 servia unicamente para lembrá-lo de resolver o problema da aparente incompatibilidade entre a sua recente teoria do Dinamismo com a Dinâmica de Newton. E, apesar desse lembrete, suas pesquisas sobre o assunto ficaram abandonadas por um longo período de dezessete anos, isso porque ele estava muito ocupado pesquisando outras áreas da ciência, pois nessa época sua mente era bastante criativa e as suas idéias jorravam de tal maneira que mal tinha tempo para colocá-las no papel. Muitas vezes chegava a escrever, todos os dias e de forma simultânea, quatro a cinco artigos sobre assuntos totalmente diferentes.

Em 1995, ao fazer um inventário de suas descobertas científicas realizadas em anos anteriores, resolveu, finalmente, tomar a sóbria decisão de enfrentar o problema deixado sem solução alguns anos antes na teoria do Dinamismo e, trabalhando intensamente até a ponto da exaustão, chegou em poucos meses de pesquisa a uma extraordinária solução para o problema da incompatibilidade entre Dinâmica e Dinamismo. Essa solução era tão simples e elementar que beirava o inacreditável. Em seus novos resultados, ele havia encontrado a resposta de um problema teórico que envolvia uma mais perfeita compreensão da Mecânica e estabelecia uma relação exata entre duas teorias que *aparentemente* eram distintas (Dinâmica x Dinamismo). Nessa época o seu maior feito concretizou-se quando pôde demonstrar claramente a maneira como a sua inovadora teoria do Dinamismo, não só estava relacionada com a Dinâmica newtoniana, como também a abrangia numa grande generalização.

Nessa segunda fase do seu trabalho ele demonstrou matematicamente e também teoricamente a validade das seguintes leis gerais do movimento:

Lei I - *A força externa que atua sobre um corpo é igual ao produto entre sua massa pela aceleração que apresenta.*

Lei II - *A força dinâmica, que resulta da força externa após esta vencer a oposição oferecida pela força de inércia, é igual ao produto entre a constante universal chamada estímulo pela aceleração que o corpo apresenta.*

Lei III - *A força de inércia que a matéria exerce em oposição à alteração do seu estado de repouso é igual à diferença matemática entre a intensidade da força externa pela força dinâmica.*

Lei IV - *A variação de força induzida num corpo no decorrer do tempo, devido a interação da força dinâmica, é igual ao produto entre a intensidade da força dinâmica pela variação de tempo.*

Por meio destas quatro leis, Leandro conseguiu generalizar definitivamente a sua teoria do Dinamismo, a qual estava fundamentada na interação de quatro forças básicas, a saber: força externa, força dinâmica, força de inércia e força induzida. Essa nova versão do Dinamismo possibilitou a unificação da Cinemática de Galileu com a Dinâmica de Newton num conceito todo único, coerente, lógico e racional, uma tarefa que Newton e muitos outros cientistas tentaram realizar, mas fracassaram.

Através da teoria do Dinamismo foi possível explicar muitos aspectos da Mecânica Clássica que ainda estavam obscuros, tais como, a razão pela qual a primeira lei de Newton trata o movimento e o repouso como constituindo uma só coisa, quando dinamicamente são fenômenos completamente diferentes. Permitiu desvendar o mistério que faz com que um corpo mantenha o seu estado de movimento retilíneo e uniforme ao infinito. Também explicou o motivo pelo qual os corpos de diferentes pesos ou massas ao entrarem em queda livre apresentam sempre a mesma aceleração. Esclareceu como surge a força de impacto num corpo que se choca contra um anteparo qualquer. Ou ainda, como se processa a inércia da matéria que se opõe à alteração do seu estado de repouso e tantas outras questões interessantes e fundamentais que estavam em aberto na ciência. Também ficou bastante claro que a teoria de Newton representa apenas um caso restrito ou particular de uma teoria mais geral, que no presente caso refere-se à teoria do Dinamismo. O interessante é que a força induzida é a grandeza física responsável por todas essas explicações, unificações e generalizações alcançadas pela teoria do Dinamismo.

Diante destes fatos conclui-se que o Dinamismo é muito superior à Dinâmica Clássica e por isso mesmo veio com toda força para substituir definitivamente a teoria newtoniana. E, finalizando o presente artigo, pode-se acrescentar a seguinte reflexão: a ciência não é uma entidade estática ou absoluta e nem mesmo possui a última palavra sobre qualquer assunto, mas é um conjunto de *conhecimento presente* constituído por definições, classificações e modelos que estão submetidos a uma constante interpretação, reinterpretação, desenvolvimento e aperfeiçoamento. E a razão de tudo isto está no incessante desejo do homem em querer compreender com uma profundidade cada vez maior, mais exata e perfeita as verdades que estão ao seu redor.

Se você não expressar as suas idéias além de formulas, a sua teoria é deficiente.

Ceterum censeo Carthaginem esse delendam.

LIVRO I

TEORIA MECÂNICA DO DINAMISMO

Encontram-se por toda parte maravilhas que escapam à nossa percepção.

Ellen Gould White
Escritora, conferencista, conselheira
e educadora norte-americana.
(1827-1915)

CAPITULO I

CONCEITOS FUNDAMENTAIS

1- *Introdução*

No presente *capítulo* será apresentada a definição dos conceitos fundamentais que envolvem a explicação dos fenômenos mecânicos na teoria do Dinamismo.

2- *Dinamismo*

O *Dinamismo* é um ramo da Mecânica que procura, interpretar, explicar e descrever de forma matemática e filosófica as causas dos movimentos dos corpos, unicamente sob a perspectiva dos efeitos das forças. Nesta teoria os movimentos são tratados e estudados a partir das *causas fundamentais* que os produzem.

3- *Corpo*

Corpo e tudo aquilo que *ocupa lugar* no espaço. É a porção da matéria limitada pela forma e volume.

4- *Massa*

Basicamente, massa é a quantidade de matéria *contida* num corpo qualquer.

5- *Ponto Material*

No desenvolvimento do Dinamismo será considerado com freqüência o conceito clássico de *ponto material*. Por este conceito as dimensões dos corpos são desprezadas porque elas não interferem no estudo de determinados fenômenos.

6- *Móvel*

No decorrer da presente teoria será empregada a tradicional definição do conceito de "móvel" para caracterizar qualquer corpo em movimento.

7- *Posição*

A *posição* pode ser definida como sendo a localização de um ponto material numa região qualquer do Universo.

8- *Repouso*

Um ponto material está em repouso quando ele *não* sofre modificação de sua posição no decorrer do tempo.

9- *Movimento*

Pode-se afirmar que um ponto material está animado num *movimento qualquer* quando ele apresenta uma alteração em sua posição no decorrer do tempo.

10- *Velocidade*

Velocidade é a grandeza física que mede a *intensidade* do movimento. Portanto, o movimento de um corpo será tanto mais intenso quanto maior for a velocidade desse corpo.

Matematicamente, velocidade (V) é definida como sendo igual ao quociente da variação de espaço (ΔS) percorrido pelo móvel, inversa pela variação de tempo (Δt) decorrido de movimento.

Simbolicamente o referido enunciado é expresso por:

$$V = \Delta S / \Delta t$$

Portanto, a velocidade de um corpo será tanto maior quanto maior for o espaço percorrido por esse corpo dentro de um mesmo intervalo de tempo.

11- *Movimento Uniforme*

O *movimento uniforme* é caracterizado pelo movimento onde o móvel percorre distâncias iguais em intervalos de tempos iguais. Nestas condições a velocidade média do móvel em qualquer intervalo de tempo permanece constante. Nesse tipo de movimento a aceleração do móvel é nula.

12- *Movimento Uniformemente Variado*

No *movimento uniformemente variado* a velocidade do móvel não permanece constante, mas varia uniformemente no decorrer do tempo, de tal forma que o móvel apresenta velocidades iguais em intervalos de tempos iguais. Nesse tipo de movimento a aceleração do móvel é constante.

13- *Aceleração*

A aceleração é uma grandeza física que avalia a variação de velocidade num intervalo de tempo. Portanto, a variação de velocidade de um corpo será tanto maior quanto maior for a aceleração desse corpo.

Matematicamente, a aceleração (α) é definida como sendo igual o quociente da variação de velocidade (ΔV) de um móvel, inversa pela variação de tempo (Δt) de movimento. Simbolicamente o referido enunciado é expresso por:

$$\alpha = \Delta V / \Delta t$$

A aceleração de um móvel será tanto maior quanto maior for a velocidade desse móvel dentro de um intervalo de tempo.

14- *Referencial*

Qualquer noção de movimento somente pode ser compreendida quando se considera um *sistema de referência*. Portanto, observe as seguintes explicações:

a) Se a distância entre dois pontos materiais não apresentar nenhuma variação no decurso do tempo, isto significa que cada um deles está em repouso em relação ao outro.

b) Todavia, se um ponto material apresenta um movimento em relação ao outro, isto implica que a distância medida entre esses dois pontos varia com o passar do tempo.

c) Também é evidente que, no mesmo intervalo de tempo, um ponto material pode estar animado num movimento em relação a um determinado *referencial* e em repouso em relação a um outro *referencial*.

15- *Referencial Inércia*

Da definição de referencial fica claro que os movimentos dos corpos são relativos aos *sistemas de referência* que são levados em consideração. Portanto, no estudo do Dinamismo, será considerado os pontos materiais em relação a um referencial isolado de forças. Esse modelo ideal é denominado por *referencial inercial*, pois a ele se aplica o célebre princípio da inércia.

16- *Vácuo*

O tecnicamente o termo *vácuo* significa absolutamente vazio. Indica uma região do espaço totalmente destituída de matéria.

Quando um corpo se desloca no *vácuo*, nenhuma resistência lhe é oferecida. Isso ocorre porque não existe nenhuma quantidade de matéria que possa opor-se ao corpo em movimento. Já o meio material exerce uma resistência ao movimento dos corpos que nele se deslocam, causando a dissipação do movimento.

No presente estudo será considerado somente o *movimento livre*, ou seja, corpos que se deslocam no vácuo sem que nenhuma resistência seja oferecida ao seu movimento.

17- *Causa do Movimento*

Se um ponto material está em repouso em relação a um certo referencial, para movimentá-lo é necessário aplicar-lhe uma certa *força*. Entretanto, se o ponto material já se encontra em movimento, para modificar esse estado de movimento e, portanto, sua velocidade, também é necessário aplicar-lhe uma certa *força*. A teoria do Dinamismo estabelece o seguinte fundamento: *As forças são as causas que definem o movimento e as velocidades dos corpos.*

18- *Equilíbrio*

Em relação a um determinado referencial, pode-se afirmar que um ponto material está em *equilíbrio* quando ocorre qualquer uma das seguintes situações:

1ª) *Quando não apresenta força induzida.*
Se a força induzida for nula, a velocidade será nula. Nesta situação a força externa é nula e, portanto, a força dinâmica também é nula.

2ª) *Quanto sua força induzida é constante no decorrer do tempo.*
Se a força induzida permanece constante, a velocidade também é constante. Nesta condição a força externa é nula e, portanto, a força dinâmica é nula.

19- Classificação do Equilíbrio

Devido ao *Princípio da Inércia* enunciado pelo grande físico inglês Isaac Newton (1642-1727) em 1687 em seu livro revolucionário intitulado por *Princípios Matemáticos da Filosofia Natural*, pode-se estabelecer um modelo teórico doutrinando que na natureza encontramos a existência de dois tipos básicos de equilíbrio, a saber:

I - Equilíbrio Estático
O *equilíbrio estático* é aquele, onde a força induzida é constantemente nula no decorrer do tempo. Por conseqüência a velocidade é zero. Portanto o ponto material está em repouso em relação a um determinado referencial. Nessas condições a força externa e a força dinâmica são nulas.

II - Equilíbrio Dinâmico
O *equilíbrio dinâmico* ocorre quando a força induzida num ponto material é diferente de zero e permanece constante no decorrer do tempo. Logo, o ponto material apresenta movimento retilíneo e uniforme ao infinito porque a sua força induzida é constante em módulo, direção e sentido. Nessas condições a força externa e a força dinâmica são nulas.

Em ambos os casos, nunca se deve esquecer que o conceito de *equilíbrio* é relativo ao referencial considerado.

Desse modo, pode-se apresentar a seguinte generalização: *Um ponto material está em equilíbrio, num determinado referencial, quando a força induzida é nula ou diferente de zero e constante no decorrer do tempo.*

Isto significa que, em ambos os casos, não atuam forças externas e dinâmicas sobre o ponto material.

20- *Inércia Clássica*

Diante do que foi exposto pode-se afirmar que o *Princípio da Inércia* permite estabelecer a seguinte verdade:

Na ausência de forças externas um corpo permanece em seu estado de repouso ou de movimento retilíneo e uniforme ao infinito, a menos que sofra a ação de uma força externa que venha a alterar tais situações.

Sob a perspectiva do Dinamismo esse princípio sofre uma *bipartição*, conforme apresentado nos seguintes enunciados:

1º) Na *ausência* de força induzida um corpo permanece em seu estado de *repouso*, a menos que sofra a ação de uma força externa que venha a modificar tal estado com a comunicação de uma força induzida.

2º) Sob a *interação* de uma força induzida constante um corpo mantém o seu estado de *movimento retilíneo e uniforme ao infinito*, a menos que sofra a ação de uma força externa que venha a modificar a força induzida conservada no móvel.

Portanto, segundo a teoria do Dinamismo, pode-se concluir que existe uma explicação causal para o repouso (*ausência de força induzida*) e outra explicação para o movimento (*presença de força induzida*).

A teoria newtoniana falha em estabelecer uma distinção exclusivamente dinâmica e matemática entre essas duas situações. De forma que pela perspectiva da Dinâmica é impossível dizer se um corpo está em repouso ou em movimento retilíneo e uniforme ao infinito porque em ambas as situações a força externa é nula.

O Dinamismo ao unificar as duas situações permite afirmar que a inércia é a ausência total da *variação* de força induzida num ponto material qualquer.

21- *Força*

Na natureza as *forças* interagem com a matéria provocando os conhecidos fenômenos do movimento. Quando um corpo entra em queda livre próximo à superfície do planeta, ele fica submetido à ação de uma *força dinâmica* de origem gravitacional de modulo constante. Esta força acarreta de modo uniforme uma *indução de força* no ponto material. Este fenômeno provoca o efeito cinemático da *aceleração* e, portanto da variação de velocidade.

Logo, existe uma interação cine-dinâmica entre a ação gravitacional do planeta e um corpo em queda livre.

Em Dinamismo as *forças externas* são forças de contato que levam à interação da *força dinâmica* com a matéria. E no decorrer do tempo esse fenômeno provoca o aparecimento da *força induzida*, a qual é acumulada e conservada no móvel numa forma intrínseca.

22- *Princípio do Dinamismo*

Abandonados a partir de uma determinada altura, todos os corpos caem livremente sofrendo variações em suas velocidades. Para explicar o fenômeno, o Dinamismo estabelece uma lei básica para a análise geral dos movimentos. Esta lei relaciona as *forças induzidas* com as *variações de velocidades* que resultam no movimento.

Quando um ponto material é submetido à ação de uma *força externa*, ele fica sujeito a interação da *força dinâmica* que provoca o fenômeno da *força induzida*.

Esta lei básica afirma que a resultante das forças induzidas num ponto material é igual ao produto existente entre a força dinâmica ao qual está submetido, pelo tempo decorrido durante a ação da força externa aplicada. Sendo que o referido enunciado pode ser expresso simbolicamente por:

$$i = f \cdot t$$

O enunciado anterior representa um princípio fundamental na teoria do Dinamismo. E a igualdade anterior caracteriza uma equação válida num referencial inercial.

23- *Adição Vetorial*

A expressão anterior é uma igualdade *vetorial* caracterizada pelo resultado da soma *vetorial* da força induzida no ponto material.

Nos exemplos que se seguem tem-se duas situações, que podem ser representadas pela adição *vetorial* da força induzida resultante (i_R).

a) Se existem forças concorrentes atuando sobre um ponto material pode-se escrever que: $i_R = i$, portanto: $i = f \cdot t$

b) Se existem forças opostas operando num ponto material pode-se afirmar que: $i_R = f \cdot t$, porém, $i_R = i_1 - i_2$, logo: $i_1 - i_2 = f \cdot t$

24- *Relação entre força induzida e velocidade*

Uma das conseqüências interessantes e imediatas do conceito de força induzida é a sua relação com a velocidade, conforme a seguinte demonstração:

Sabe-se que no movimento uniformemente variado a aceleração (α) é constante e expressa pela seguinte relação:

$$\alpha = \Delta V / \Delta t$$

Nesse mesmo tipo de movimento a força dinâmica (f) é constante e expressa pela seguinte relação matemática:

$$f = \Delta i / \Delta t$$

Onde (Δi) representa a variação de força induzida num móvel e (Δt) representa a variação de tempo decorrido de movimento.
Dividindo as duas últimas expressões, membro a membro, resulta que:

$$f/\alpha = \Delta i / \Delta V$$

Como a relação entre (f/α) resulta numa constante pode-se escrever que:

$$e = f/\alpha = \Delta i / \Delta V$$

A constante de proporcionalidade é uma constante fundamental denominada por *estímulo*. E com relação à última expressão resulta que:

$$\Delta i = e . \Delta V$$

Portanto, pode-se concluir que no movimento uniformemente variado a variação da força induzida num móvel é diretamente proporcional à variação de velocidade que esse móvel apresenta.

25- *Peso*

Qualquer corpo próximo à superfície do planeta Terra sofre a ação da força dinâmica atrativa de origem gravitacional. Portanto, a gravidade da Terra interage com a matéria que constitui esse corpo.

Se esse corpo não puder deslocar-se, então a interação gravitacional provoca o aparecimento de uma *força estática* chamada por *peso*.

Portanto o peso da matéria é uma força em repouso, cujo valor é expresso pela seguinte lei do Dinamismo:

A força peso de um corpo é igual ao produto de sua massa pela força dinâmica gravitacional.

Simbolicamente o referido enunciado é expresso por:

$$p = m \cdot f$$

A *massa* (m) é uma grandeza escalar, que mede a quantidade de matéria que o corpo contém. E o *peso* (p) é uma grandeza vetorial.

É interessante observar que no Dinamismo o peso apresenta uma interpretação física diferente do conceito de peso definido pela Dinâmica Clássica. Enquanto que pelo Dinamismo o peso tem como referência a grandeza física denominada por força dinâmica gravitacional, já na Dinâmica Clássica o peso tem por referência a grandeza física conhecida por aceleração da gravidade.

26- *Categoria de Forças Externas*

A maneira pela qual as ações das forças externas são exercidas sobre a matéria pode ser classificada em duas amplas categorias:

I - Força de Contato

É a força exercida quando a matéria entra em contato com a matéria. Por exemplo, o impacto entre dois corpos, o peso de um corpo sob uma superfície em repouso, etc.

II - Força de Campo

É a força exercida mutuamente entre os corpos, mesmo que estejam distantes um do outro. Por exemplo, a atração gravitacional entre a matéria.

Na Física Clássica a região do espaço onde atuam essas forças é chamada por *campo de força*.

27- *Força Induzida*

Quando um corpo é submetido à ação de uma *força externa*, parte dela é empregada para vencer a *força de inércia* da matéria e a resultante emerge numa *força dinâmica*, a qual ao interagir no móvel no decorrer do tempo acaba gerando uma *força induzida*. A força induzida é a grandeza física responsável pela manutenção do *movimento*, bem como pela *velocidade* que o corpo apresenta.

Para efeito de estudo, considere os seguintes casos:

1º) Quando um corpo é arremessado no espaço, ele decola da sua fonte de arremesso ou plataforma. E com isso ocorre uma separação entre a fonte de força externa e o móvel ou projétil. Este no decorrer do seu movimento passa a apresentar um movimento retilíneo e uniforme, o qual permanecerá constante, desde que o móvel mantenha conservado a sua força induzida, a qual mantém o seu movimento. Por exemplo, o lançamento livre de um projétil no espaço.

2º) Quando o corpo não se separa da fonte de força externa, ele tende a continuar sob a ação dessa força externa. Isso provoca o aparecimento de forças induzidas que se acumulam gradativamente no móvel decorrer do tempo. Por exemplo, a queda livre de um corpo sob a ação da gravidade.

Nesse caso pode-se afirmar que a cada instante, a ação contínua de uma força externa de intensidade constante sobre o corpo é renovada, resultando num novo acréscimo de força induzida àquela que o móvel já possuía anteriormente, o que resulta, no aumento da velocidade e até mesmo na intensificação de um eventual impacto.

28- *Evidências das Forças Induzidas*

As evidências da existência de força induzida manifes-tam-se principalmente pela *velocidade* que um corpo apresenta em seu estado de movimento. Sendo que tal velocidade será tanto maior, quanto maior for a força induzida que o móvel transporta. Também se manifesta pela manutenção do *movimento* do corpo ao infinito, isso ocorre enquanto o móvel manter a sua força induzida conservada. Finalmente pode-se acrescentar o fato de que a força induzida se manifesta pela ação do *impacto* da matéria contra um anteparo qualquer. Tal impacto será tanto maior, quanto maior for a força induzida transportada pelo móvel, independentemente do tipo de movimento que o mesmo possua ou venha a possuir.

29- *Peso Nulo*

Desprezada a resistência do ar, a força que atua num corpo em queda livre não é o seu peso. Isso porque um corpo em queda livre apresenta peso nulo. Logo ele não pode ser a causa do movimento em queda livre.

Para demonstrar que um ponto material em queda livre não têm peso, considere a seguinte experiência clássica de um corpo no interior de um elevador que desce verticalmente com aceleração (α) em relação a um referencial inercial fora do elevador.

Em relação a esse referencial, atuam no corpo o peso (p), que resulta da ação gravitacional da Terra, e a força (N), que resulta da ação do assoalho sobre o corpo. Pela terceira lei de Newton, o corpo exerce sobre o assoalho uma força de intensidade (N).

A resultante das forças que atuam no corpo é expressa do seguinte modo: ($F_R = p - N$).

E em conformidade com a Segunda Lei de Newton: ($F = m \cdot \alpha$), pode-se escrever que:

a) $p - N = m . \alpha$
b) $N = p - m . \alpha$

Como $(p = m . g)$ sendo que a letra (g) representa a aceleração da gravidade, vem que:

$$N = m . g - m . \alpha$$
$$N = m . (g - \alpha)$$

Entretanto, se o cabo do elevador se rompesse e o elevador caísse em queda livre com aceleração $(\alpha = g)$, então pode-se escrever que:

$$N = m . (g - g) = 0$$

Logo, o corpo e o assoalho não exercerão nenhuma força, nenhum sobre o outro, e o peso do corpo em queda livre será nulo.

Isto explica porque todos os corpos em queda livre adquirem velocidades iguais independentemente de seu peso.

30- *Leis Fundamentais*

O Dinamismo pode ser resumido em algumas leis fundamentais, a saber:

a) *Um ponto material isolado está induzido com uma força ou não.*

b) *A resultante das forças induzidas a um ponto material é igual ao produto de sua força dinâmica pelo tempo decorrido.*

c) *A força externa aplicada sobre um móvel é igual ao produto entre sua massa pela aceleração adquirida.*

d) *A força de inércia é igual à diferença entre a força externa pela força dinâmica.*

e) *A força dinâmica é diretamente proporcional à aceleração do móvel.*

f) *A força induzida é diretamente proporcional à velocidade do móvel.*

g) *Toda vez que um corpo (A) exerce uma força (F_A) num corpo (B), este também exerce em (A) uma força (F_B). Ou melhor, as forças têm a mesma intensidade e direção, porém sentidos opostos.*

h) *Todos os corpos, independentemente de seu peso ou massa, ao entrarem em queda livre a partir da mesma altura, adquirem velocidades idênticas.*

i) *O peso do corpo é igual ao produto entre sua massa pela força dinâmica gravitacional.*

Estas leis são perfeitamente válidas em relação a um referencial inercial. Ou seja, um referencial que não possui aceleração.

31- *Crítica ao Dinamismo*

As leis apresentadas no presente capítulo constituem os fundamentos do Dinamismo. Essas leis fornecem excelentes resultados quando aplicados para interpretar os fenômenos quotidianos da vida diária. Sendo que nos mais diversos ramos da Engenharia, os seus conceitos são ideais e perfeitamente adequados em qualquer situação.

De acordo com a Teoria da Relatividade de Einstein, o tempo é função da velocidade, fato que a Mecânica Clássica não leva em consideração. Porém, para velocidades bem inferiores à da luz, pode-se considerar o tempo praticamente absoluto, e válidas todas as equações do Dinamismo.

Ainda, conforme a Teoria da Relatividade, sabe-se que a terceira lei de Newton falha quando aplicada às forças de campo a grandes distâncias. O par "ação-reação" não são simultâneos. Entretanto, não há necessidade de discutir esses fatos no dinamismo, pois os princípios estabelecidos são perfeitamente válidos para o comportamento macroscópico, global e cotidiano da matéria.

CAPÍTULO II

FORÇA INDUZIDA CONSTANTE

1- *Introdução*

Neste *capítulo* será considerado o estudo geral da *força induzida* e o seu significado na velocidade de um ponto material. Também será considerada a noção de força induzida constante em relação ao movimento uniforme, o qual é caracterizado cinematicamente pelo fato de apresentar velocidade invariável no decurso do tempo.

2- *Definição*

O Dinamismo pode ser classificado como sendo uma parte da Mecânica Clássica que se preocupa com o estudo das *causas* dos movimentos dos corpos. E unicamente por meio das *causas* procura classificar e descrever as mais variadas formas de movimento, bem como determinar a posição do móvel, calcular a sua velocidade e sua aceleração, tudo avaliado num determinado instante em função de suas *causas* fundamentais. Portanto, diante do que foi dito, pode-se apresentar a seguinte definição: *O Dinamismo é parte da Mecânica que descreve os movimentos em função de suas causas primordiais.*

3- *Posição*

A primeira etapa para determinar a posição de um corpo, consiste simplesmente, em localizar tal corpo numa trajetória.

Ao generalizar essa noção, pode-se denominar *trajetória* o caminho percorrido pelo móvel.

Na trajetória escolhe-se arbitrariamente um ponto de referência qualquer, o qual é indicado como sendo o *marco inicial*, em relação ao qual se estabelece uma escala para medir os comprimentos que indicam a posição assumida pelo móvel. E com a orientação da trajetória fica estabelecido de forma arbitraria o *sinal positivo* para as posições que se localizam de um lado do marco zero e, evidentemente, o *sinal negativo* para as posições localizadas no lado oposto.

4- *Força Induzida*

Em qualquer *movimento* existe sempre uma grandeza física presente. Essa grandeza é identificada como sendo a *velocidade* do corpo. E segundo a teoria do Dinamismo, a velocidade é sempre provocada pela ação de forças. Sendo que essa força recebe o significativo nome de *força induzida*.

O Dinamismo estabelece que quanto maior for a velocidade de um ponto material, tanto maior será a intensidade da força induzida conservada no móvel. Logo, pode-se afirmar que: *A força induzida é uma grandeza física associada à velocidade e que mede a força acumulada e conservada num móvel.*

A variação de força induzida que um corpo apresenta no decorrer do tempo está relacionada diretamente com a ação da *força dinâmica* que esse corpo está submetido.

A força induzida, por ser uma grandeza vetorial, apresenta módulo, sentido e direção. Sendo que, quanto ao sentido, a força induzida apresenta a mesma direção e sentido da força dinâmica que a produz.

5- *Força Dinâmica*

É extremamente comum a força induzida de um móvel variar no decurso do tempo, provocando por conseqüência a variação da velocidade do ponto material.

Sempre que a força induzida de um corpo variar no decorrer do tempo pode-se afirmar que o corpo está submetido à interação de uma *força dinâmica*. Logo se pode estabelecer que: *Força dinâmica é a grandeza associada à força induzida que mede a variação da indução de força que o móvel recebe na passagem do tempo.*

Evidentemente, existe força dinâmica sempre que variar a força induzida de um ponto material seja aumentando ou diminuindo. Logo, num movimento uniforme a força dinâmica é nula.

6- *Movimento Uniforme*

Um móvel em *movimento uniforme* percorre distâncias iguais em intervalos de tempos iguais.

A variação da posição ($\Delta S = S_2 - S_1$) apresenta sempre o mesmo valor no mesmo intervalo de tempo ($\Delta t = t_2 - t_1$).

Nestas condições, a força induzida (i) transportada pelo móvel é absolutamente constante no decorrer do tempo. Por esta razão a velocidade média ($V_m = \Delta S/\Delta t$) permanece constante com o passar do tempo.

7- *Velocidade*

Foi dito que a velocidade é definida matematicamente como sendo igual ao quociente da variação de espaço inversa pela variação de tempo.

Simbolicamente o referido enunciado é expresso pela seguinte relação:

$$V = \Delta S/\Delta t$$

O espaço avalia a distância percorrida pelo móvel. E no movimento uniforme a velocidade é constante porque o móvel percorre distâncias iguais em intervalos de tempos iguais.

A unidade de velocidade é igual à relação entre a unidade de comprimento pela unidade de tempo.

8- *Função*

A expressão matemática que relaciona a força induzida (i) com o tempo (t) é chamada por *função*, sendo representada genericamente por:

$$i = \phi \, (t)$$

Onde se pode ler que: *(i) é função de (t)*.

9- *Função Horária do Movimento Uniforme*

A função horária é uma expressão matemática que relaciona o espaço percorrido pelo móvel com o tempo. No *movimento uniforme* o móvel percorre distâncias iguais em intervalos de tempos iguais. Nestas condições a velocidade é constante, sendo definida matematicamente pela seguinte relação:

$$V = \Delta S/\Delta t$$

Como:

$$\Delta S = S - S_0$$
$$\Delta t = t - t_0$$

Pode-se escrever que:

$$V = (S - S_0)/(t - t_0)$$

Portanto vem que:

$$S - S_0 = V \cdot (t - t_0)$$

Assim resulta que:

$$S = S_0 + V \cdot (t - t_0)$$

Considerando que:

$$t_0 = 0$$

Logo se conclui que:

$$S = S_0 + V \cdot t$$

A referida expressão é conhecida como *função horária do movimento uniforme*. Sendo que, a cada intervalo de tempo, obtém-se em correspondência o valor do intervalo do espaço percorrido pelo móvel.

10- *Força Induzida Constante*

Como já foi dito, qualquer movimento de um móvel está relacionado com uma grandeza física conhecida por *força induzida*, a qual explica e avalia a velocidade desse móvel no decorrer do tempo.

Toda vez que a *força dinâmica for nula*, isto implica que a *força induzida permanece constante* no móvel em *movimento livre*.

No presente item será considerado o estudo da *força induzida constante*, definido por uma *velocidade média*. Para isso será empregado símbolos e expressões matemáticas.

Representando pela letra (i) a força induzida de um ponto material (p), avaliada a partir de um marco inicial, pode-se afirmar que, em um dado instante (t_1) sua posição será (S_1) e sua força induzida (i_1). E que num instante posterior (t_2) sua posição será (S_2) e a força induzida (i_2).

Portanto, no intervalo de tempo ($\Delta t = t_2 - t_1$), a variação de posição do ponto material (p) será ($\Delta S = S_2 - S_1$), denominada por espaço percorrido. Ocorre que a variação da força induzida será ($i_2 - i_1 = 0$), o que implica em ($i_1 = i_2$). Logo se pode afirmar que a força induzida permanece constante no intervalo de tempo, o que vem a caracterizar uma velocidade constante. Ou seja:

$$V_m = \Delta S / \Delta t, \text{ quando } i = \text{constante}$$

Toda vez que a *força induzida* permanece *constante* no decorrer do tempo verifica-se que o móvel percorre distâncias iguais em intervalos de tempos iguais. Logo a *velocidade* do ponto material não sofre variação.

11- *Força Induzida no Movimento Uniforme*

Foi demonstro que no movimento uniformemente variado, a variação de força induzida é igual ao produto entre o estímulo pela variação de velocidade. Sendo que simbolicamente o referido enunciado é expresso por:

$$\Delta i = e \cdot \Delta V$$

No movimento retilíneo e uniforme tem-se que:

a) $\Delta V = V - V_0$, como $V_0 = 0$, $\Rightarrow \Delta V = V$
b) $\Delta i = i - i_0$, como $i_0 = 0$, $\Rightarrow \Delta i - i$

Portanto, como no movimento uniforme a força induzida e a velocidade não varia. Dessa forma a expressão que relaciona a força induzida com a velocidade, se reduz à seguinte:

$$i = e \cdot V$$

Assim pode-se afirmar que no movimento uniforme a força induzida transportada por um móvel é igual ao produto entre o estímulo pela velocidade que o mesmo apresenta.

Da mesma forma como o sinal da variação de espaço determina o sinal da velocidade, esta por sua vez determina o sinal da força induzida. Portanto a força induzida é positiva no movimento progressivo e negativo no movimento retrógrado, o que serve de critério indicativo do sentido do movimento.

12- *Classificação do Movimento*

No Dinamismo o movimento pode ser classificado pelo sinal algébrico da força induzida, conforme a seguinte apresentação:

I - Movimento Progressivo.

O chamado movimento progressivo apresenta as seguintes características: $(S_2 > S_1)$; $(V > 0)$; $(i > 0)$.

Portanto uma força induzida positiva implica numa velocidade positiva. Logo o móvel se desloca a favor da orientação positiva da trajetória.

Nestas condições, o espaço percorrido cresce algebricamente com o decorrer do tempo e o movimento é denominado por *progressivo*.

II - Movimento retrógrado.

O conhecido movimento retrógrado é caracterizado pelas seguintes características: $(S_2 < S_1)$; $(V < 0)$; $(i < 0)$.

Logo, a força induzida negativa implica numa velocidade negativa. Isto indica que o móvel se desloca contra a orientação da trajetória.

Nesta situação, o espaço percorrido decresce algebricamente no decurso do tempo. O movimento é denominado por *retrógrado*.

O sinal de (ΔS) estabelece o sinal da velocidade média (V$_m$). Esta determina o sinal da força induzida (i).

Desta classificação decorre que o sinal atribuído à força induzida indica somente o sentido do movimento.

13- *Resumo*

Quando a *força induzida* permanece *constante* no decorrer do tempo, o móvel percorre distâncias iguais em intervalos de tempos iguais.

Portanto, a velocidade média calculada em qualquer intervalo de tempo sempre vai apresentar o mesmo valor. E toda vez que isto ocorrer, pode-se afirmar que o móvel apresenta uma força induzida intrínseca de intensidade constante no decurso do tempo.

Qualquer movimento livre animado por numa força induzida invariável com o passar do tempo, é classificado por *movimento uniforme*. Nesse tipo de movimento, o móvel apresenta velocidade *constante* no decorrer do tempo. Isto implica que o móvel percorre distâncias iguais em tempos iguais.

O movimento cuja *força induzida varia* no decurso do tempo é denominado por *movimento variado*. Nele o móvel apresenta uma velocidade que sofre variações no decorrer do tempo.

CAPÍTULO III

FORÇA INDUZIDA VARIÁVEL E UNIFORMEMENTE VARIADA

1- *Introdução*

Movimento com força induzida *variável*, no decorrer do tempo, são extremamente comuns no Universo. Nesse tipo de movimento existe a manifestação de uma grandeza física chamada por *força dinâmica*.

A força dinâmica é a resultante da força externa após esta vencer a oposição da força de inércia oferecida pela matéria. E, dependendo do comportamento da força induzida transportada por um móvel a teoria do Dinamismo, em sua linguagem peculiar, classifica o movimento em *estimulado* e *destimulado*.

O movimento é *estimulado* quando o módulo da força induzida aumenta com o decorrer do tempo e *destimulado* quando o módulo da força induzida diminui com o passar do tempo.

O *movimento uniformemente variado* (MUV) é um caso particular de forças induzidas que variam uniformemente no decorrer do tempo. Nestas condições, constata-se que a força dinâmica permanece interagindo no móvel de forma constante com o fluir do tempo.

No capítulo anterior foi discutido o chamado *movimento uniforme* criado pela interação de uma força induzida conservada com intensidade constante, onde a força dinâmica é nula. Agora será estudado o movimento uniformemente variado, criado pela ação de uma força induzida que varia uniformemente com o decorrer do tempo. Nesse tipo de movimento a força dinâmica sempre será constante.

2- Classificação dos Movimentos

A princípio o movimento pode ser classificado em três grandes categorias:

I - Movimento Uniforme.
São aqueles que possuem força induzida *constante* com força dinâmica *nula*.

II - Movimento Variado.
São aqueles cuja força induzida *varia* no decorrer do tempo com força dinâmica *variável*.

III - Movimento Uniformemente Variado.
São aqueles que apresentam força induzida que *varia* uniformemente no passar do tempo com força dinâmica *constante*.

3- Movimentos com força Induzida Variável

No movimento uniforme, a intensidade de força induzida avaliada em qualquer intervalo de tempo é sempre a mesma. Isto porque o ponto material ao decolar num movimento livre, deixa de ser submetido à ação da força externa da fonte propulsora.

Entretanto, isto não ocorre no movimento variado. Se a força induzida varia com o tempo, significa que o ponto material encontra-se sob a ação da força externa da fonte propulsora.

4- Força Induzida Média

No movimento uniformemente variado pode-se afirmar que a força induzida média de um móvel, é a média aritmética das forças induzidas nos instantes do intervalo de tempo considerado.

O referido enunciado é expresso simbolicamente pela seguinte relação:

$$i_m = (i + i_0)/2$$

5- *Força Dinâmica*

A força dinâmica é uma grandeza física que avalia a variação da força induzida no decorrer do tempo. Seu significado será amplamente discutido em outros capítulos.

No movimento uniformemente variado seja (i_1) a força induzida do móvel no instante (t_1) e seja (i_2) a força induzida no móvel no instante posterior (t_2). Desse modo, a força dinâmica média num intervalo de tempo é expressa por:

$$f_m = (i_2 - i_1)/(t_2 - t_1) = \Delta i/\Delta t$$

Se a variação da força induzida (Δi) estiver em newton (N) e o intervalo de tempo (Δt) em segundo (s), a força dinâmica ($\Delta i/\Delta t$) será avaliada em newton por segundo (N/s).

Genericamente pode-se afirmar que a unidade de força dinâmica é o quociente da unidade de força induzida por unidade de tempo.

Logicamente a força dinâmica (f) é uma grandeza algébrica, podendo ser positiva ou negativa, conforme (Δi) seja positiva ou negativa, já que (Δt) é positivo.

No movimento uniforme a força induzida é constante no decorrer do tempo e a força dinâmica anteriormente definida é nula.

Se a força dinâmica média varia com o intervalo de tempo, procura-se determiná-la em intervalos de tempo extremamente pequenos para obter-se a força dinâmica instantânea.

6- *Força Dinâmica Instantânea*

Seja (i_1) a força induzida num móvel no instante (t_1) e (i_2) sua força induzida no instante (t_2).

A força induzida acumulada ($\Delta i = i_2 - i_1$) no intervalo de tempo correspondente a ($\Delta t = t_2 - t_1$), define a força dinâmica média.

Simbolicamente pode-se escrever que:

$$f_m = \Delta i/\Delta t$$

Para verificar a força dinâmica instantânea na força induzida (i_1), pode-se analisar a força induzida (i_2) cada vez mais próxima de (i_1) e calcular a relação ($\Delta i/\Delta t$).

Evidentemente, à medida que (i_2) aproxima-se de (i_1) a força induzida é menor ($\Delta i = i_2 - i_1$) e o intervalo de tempo ($\Delta t = t_2 - t_1$).

Quando (t_2) tende a (t_1), a força induzida (Δi) é extremamente pequena e o mesmo acontece com o intervalo de tempo (Δt).

O quociente ($\Delta i/\Delta t$) assume um valor limite que, calculado quando (Δt) é extremamente pequeno representa a força dinâmica instantânea na força induzida (i_1) ou força dinâmica do móvel no instante (t_1).

Logo, pode-se definir a seguinte verdade: *A força dinâmica (f) no instante (t) é o valor limite a que tende ($\Delta i/\Delta t$) quando (Δt) tende a zero.*

Simbolicamente pode-se escrever que:

$$f = \lim (\Delta t \rightarrow 0)\ \Delta i/\Delta t$$

A indicação (lim) da expressão anterior é lida por *limite de* e caracteriza uma regra de cálculo. Ela define a força dinâmica instantânea.

7- *Movimento Estimulado e Destimulado*

Sob a perspectiva da teoria do Dinamismo, pode-se afirmar que quando um ponto material entra em queda livre, fica *estimulado* e a força induzida aumenta no decurso do tempo.

Se o ponto material é lançado verticalmente para cima, ele fica *destimulado* e a força induzida diminui no decorrer do tempo.

Em Dinamismo, conforme a orientação da trajetória a ser percorrida pelo móvel, a força induzida pode ser positiva ou negativa. Por essa razão, no movimento estimulado ou destimulado, deve-se trabalhar com o módulo da força induzida.

Assim, quando um móvel está num movimento estimulado ou destimulado, ocorre o aumento ou a diminuição do módulo da força induzida.

8- *Sinal da Força Dinâmica*

O sinal da força dinâmica depende do sinal da variação da força induzida (Δi) e, para tanto, convenciona-se uma orientação da trajetória, na qual o ponto material deverá percorrer. Desse modo, o movimento estimulado pode ser progressivo ou retrógrado. O mesmo ocorrendo com o movimento destimulado.

9- *Movimento Estimulado*

O estudo do movimento estimulado permite constatar que podem ocorrer as seguintes situações:

I - Movimento Estimulado Progressivo

Toda vez que o móvel se deslocar a favor da orientação da trajetória, o movimento estimulado é denominado por *progressivo*. Isto significa que a força induzida no móvel apresenta o mesmo sentido da orientação da trajetória.

II - Movimento Estimulado Retrógrado

Quando o móvel se deslocar contra a orientação da trajetória, o movimento estimulado é denominado por *retrógrado*. Isto indica que a força induzida transportada pelo móvel é contrária ao sentido da orientação da trajetória.

10- *Esquema do Movimento Estimulado*

Para uma melhor visualização e compreensão do movimento estimulado considere o seguinte esquema:

I - Movimento Estimulado: O modulo da força induzida aumenta com o decorrer do tempo

a)   Estimulado Progressivo: A força induzida está orientada a favor do sentido da trajetória

$i > 0$ e $f > 0$

$\Delta i > 0$, $\Delta t > 0$

$\Delta i = i_2 - i_1 = > 0$

$f_m = \Delta i / \Delta t > 0$

b)   Estimulado Retrógrado: A força induzida está orientada contra o sentido da trajetória

$i < 0$ e $f < 0$

$\Delta i < 0$, $\Delta t > 0$

$\Delta i = i_2 - i_1 = < 0$

$f_m = \Delta i / \Delta t < 0$

O referido esquema representa o movimento estimulado. Nele a trajetória encontra-se orientada em duas situações distintas: a favor e contra o sentido da força induzida. A partir daí foi determinado os sinais da força induzida e da força dinâmica.

Observando o referido esquema, pode-se afirmar que:

I - *Quando a força induzida é positiva, a força dinâmica também é positiva. Tem-se então, o movimento estimulado progressivo.*

II - *Quando a força induzida é negativa, a força dinâmica também é negativa. Tem-se então, o movimento estimulado retrógrado.*

Disso conclui-se que, no movimento estimulado, a força induzida e a força dinâmica sempre apresentam o mesmo sinal; ou ambas são positivas ou ambas são negativas.

11- *Movimento Destimulado*

O estudo do movimento destimulado permite constatar que podem ocorrer as seguintes situações:

I - Movimento Destimulado Progressivo

Toda vez que o móvel se deslocar a favor da orientação da trajetória, o movimento destimulado é denominado por *progressivo*. Isto significa que a força induzida tem o mesmo sentido da orientação da trajetória.

II - Movimento Destimulado Retrógrado

Quando o ponto material se deslocar contra a orientação da trajetória, o movimento destimulado é chamado por *retrógrado*. Isto significa que a força induzida apresenta sentido contrário ao da orientação da trajetória.

12- *Esquema do Movimento Destimulado*

Para melhor fixar o que foi afirmado, observe as características do movimento destimulado no seguinte esquema:

II - Movimento Destimulado: O modulo da força induzida diminui no decorrer do tempo

a) **Destimulado Progressivo:** A força induzida está orientada a favor do sentido da trajetória

$$i > 0 \text{ e } f < 0$$
$$\Delta i = i_2 - i_1 = < 0$$
$$\Delta i < 0, \Delta t > 0$$
$$f_m = \Delta i / \Delta t < 0$$

b) **Destimulado Retrógrado:** A força induzida está orientada contra o sentido da trajetória

$$i < 0 \text{ e } f > 0$$
$$\Delta i = i_2 - i_1 = > 0$$
$$\Delta i > 0, \Delta t > 0$$
$$f_m = \Delta i / \Delta t > 0$$

No esquema considerado tem-se a caracterização do movimento destimulado. Nele nota-se que:

I - *Quando a força induzida apresenta o mesmo sentido da trajetória, ela é positiva e a força dinâmica é negativa. Tem-se então o chamado movimento destimulado progressivo.*

II - *Quando a força induzida apresenta sentido contrário ao da trajetória, ela é negativa e a força dinâmica é positiva. Neste caso o movimento é chamado por destimulado retrógrado.*

Logo, no movimento destimulado, a força induzida e a força dinâmica apresentam sinais contrários. Quando uma das forças é positiva a outra é negativa e vice-versa.

Portanto conclui-se que, para analisar se um determinado movimento é estimulado ou destimulado, é absolutamente necessário comparar os sinais da força induzida e da força dinâmica.

13- *Função Velocidade*

No movimento variado, além da velocidade variar no decurso do tempo, também a força induzida é função do tempo. Em qualquer intervalo de tempo que se considere, a força dinâmica média é sempre constante. Isto se deve ao fato da variação da força induzida no móvel ser proporcional ao intervalo de tempo. Este movimento variado particular de grande significado na natureza é denominado por *movimento uniformemente variado*.

14- *Movimento Uniformemente Variado*

Um ponto material em movimento uniformemente variado apresenta força induzida iguais em intervalos de tempos iguais. Quando isto ocorre é porque a força induzida varia uniformemente com o decorrer do tempo.

A força dinâmica é medida pela variação da força induzida no tempo. Ou seja, a variação da força induzida (Δi) é sempre a mesma no mesmo intervalo de tempo(Δt) e, portanto, a força dinâmica média (f_m) é constante. Por essa razão pode-se afirmar que a força induzida varia uniformemente com o tempo. Sendo que o valor constante da força dinâmica caracteriza o chamado *Movimento Uniformemente Variado*.

15- *Função Força Induzida*

No Movimento Uniformemente Variado, a força dinâmica é constante no decorrer do tempo.

Desse modo, como ($\Delta i/\Delta t$) é constante com o tempo, a força dinâmica instantânea é a própria força dinâmica média.

Se for considerado ($t_1 = 0$), tem-se que ($\Delta t = t - 0 = t$). Nesta condição a força induzida (i_1) será indicada por (i_0) denominada por força induzida inicial.

Assim, a força induzida inicial (i_0) é a força induzida do móvel no instante ($t = 0$). Sendo (i) a força induzida em um instante qualquer (t).

Portanto pode-se escrever que:

a) $\Delta i = i - i_0$
b) $\Delta t = t - 0 = t$

Logo se pode estabelecer que:

$$f = (i - i_0)/t$$

Isto conduz à seguinte expressão:

$$i = i_0 + f . t$$

A referida expressão caracteriza o movimento uniformemente variado. Ela estabelece a intensidade de força induzida no decurso do tempo.

A cada valor de (t) obtêm-se, em correspondência, um valor para (i). Sendo que (i_0) e (f) são constantes com o tempo. Se (i > 0) o movimento é progressivo e se (i < 0) o movimento é retrógrado.

A referida função descreve a força induzida e fornece matematicamente a descrição da forma como a força induzida varia num corpo com o fluir do tempo.

Com isso fica claro que a força induzida é acrescentada ao móvel a cada momento, pela interação contínua da força dinâmica que atua nesse corpo em movimento. Ou seja, a interação da força dinâmica no móvel resulta, a cada instante, em novos aumentos de força induzida, que são, dessa forma, conservadas.

Por sua vez o aumento progressivo da força induzida a cada instante provoca o efeito cinemático caracterizado pelo aumento progressivo da velocidade do móvel e que define o movimento uniformemente variado.

16- *Força de Inércia*

Por uma questão de simetria é absolutamente necessário definir o conceito de *força de inércia*.

Quando uma força externa atua sobre um corpo, parte dela é empregada para vencer a resistência oferecida pela força de inércia e a resultante emerge numa força dinâmica que provoca o efeito da força induzida. Sendo que na teoria do Dinamismo a força de inércia é definida como sendo igual ao quociente do ímpeto da inércia, inversa pela variação de tempo.

Simbolicamente o referido enunciado é expresso pela seguinte relação:

$$I = \Delta H / \Delta t$$

A referida equação mostrará a sua importância fundamental no decorrer do desenvolvimento da teoria do Dinamismo.

CAPITULO IV

DINAMISMO E CINEMÁTICA

1- *Introdução*

O presente *capítulo* tem por principal objetivo aplicar em Cinemática os conhecimentos e conceitos desenvolvidos pela teoria do Dinamismo.

Aqui será efetuada a análise do movimento em função de sua causa primordial. Por isso mesmo, trata-se de uma parte fundamental ao estudo da Mecânica, pois estabelece a relação existente em Cinemática e Dinamismo, aprofundando a compreensão do movimento, das forças, de suas leis e propriedades em geral.

2- *Velocidade Média*

Uma propriedade fundamental do movimento uniformemente variado é a *velocidade média* do movimento.

Portanto num intervalo de tempo a velocidade média é a média aritmética das velocidades definidas num intervalo de tempo.

Simbolicamente o referido enunciado pode ser expresso por:

$$V_m = (V + V_0)/2$$

3- *Aceleração*

A aceleração (α) de um corpo é definida como sendo a grandeza física que mede a variação da velocidade (ΔV) de um corpo no decorrer do tempo (Δt). Ela é expressa simbolicamente pela seguinte relação:

$$\alpha = \Delta V / \Delta t$$

4- *Função da Velocidade em Relação ao Tempo*

Em Cinemática o *movimento uniformemente variado* apresenta aceleração escalar (α) constante com o tempo (t) enquanto que a velocidade (V) varia de acordo com a seguinte função:

$$V = \phi \, (t)$$

No movimento uniformemente variado a aceleração é definida como sendo igual ao quociente da variação da velocidade inversa pela variação de tempo. O referido enunciado é expresso simbolicamente por:

$$\alpha = \Delta V / \Delta t$$

Porém sabe-se que:
$$\Delta V = V - V_0$$
$$\Delta t = t - t_0$$

Substituindo convenientemente as três últimas expressões, vem que:

$$\alpha = (V - V_0)/(t - t_0)$$

Considerando que:

$$t_0 = 0$$

Então se pode escrever que:

$$\alpha = (V - V_0)/t$$

Assim vem que:

$$V - V_0 = \alpha \cdot t$$

Portanto resulta que:

$$V = V_0 + \alpha \cdot t$$

A referida expressão é a função da velocidade em relação ao tempo, no movimento uniformemente variado. Ela permite conhecer o valor da velocidade de um corpo em cada instante, bastando conhecer os valores da velocidade inicial e da aceleração do móvel.

5- *Função do Espaço em Relação ao Tempo.*

Entretanto, para que a descrição do movimento seja completa, é necessário também conhecer a função que descreve como as posições (S) variam no decorrer do tempo (t). Com isso pode-se escrever que:

$$S = \phi (t)$$

Pode-se verificar facilmente que a referida função do movimento uniformemente variado é uma função do segundo grau dependente do tempo, conforme a demonstração que se segue.

Sabe-se que a velocidade média de um corpo em movimento uniformemente variado é expressa pela seguinte relação:

$$V_m = (V + V_0)/2$$

Sabendo-se que:

$$\Delta S = V_m \cdot t$$

Portanto o espaço percorrido pelo móvel é caracterizado por:

$$\Delta S = (V + V_0) \cdot t/2$$

Porém, também se sabe que:

$$V = V_0 + \alpha \cdot t$$

Assim, substituindo convenientemente as duas últimas expressões, obtém-se que:

$$\Delta S = (V_0 + \alpha \cdot t + V_0) \cdot t/2$$

Logo vem que:

$$\Delta S = (2V_0 + \alpha \cdot t) \cdot t/2$$

Eliminando o termo em evidência, pode-se concluir que:

$$S - S_0 = V_0 \cdot t + \alpha \cdot t^2/2$$

Portanto resulta que:

$$S = S_0 + V_0 \cdot t + \alpha \cdot t^2/2$$

Na referida expressão (S_0) é a posição inicial, (V_0) representa a velocidade inicial e (α) é a aceleração constante do movimento uniformemente variado. Desse modo, pode-se obter o valor do espaço percorrido pelo móvel em cada instante, uma vez conhecido os valores do espaço inicial, velocidade inicial e aceleração. Esta equação mostra que o espaço percorrido pelo móvel é função do quadrado do tempo.

6- *Equação de Torricelli*

No movimento uniformemente variado a posição (S) e a velocidade (V) variam no decorrer do tempo. Suas funções apresentam as seguintes características:

a) $V = V_0 + \alpha \cdot t$
b) $S = S_0 + V_0 \cdot t + \alpha \cdot t^2/2$

Entretanto, é muito interessante considerar a expressão na qual a velocidade (V) varia em função da posição (S).

Nesta situação, eliminando a grandeza variável tempo, (t) entre as duas expressões anteriores, obtêm-se a chamada *equação de Torricelli*, conforme a demonstração que se segue.

Sabe-se que a velocidade de um móvel é avaliada pela equação de Galileu Galilei.

$$V = V_0 + \alpha \cdot t$$

Portanto, pode-se escrever que:

$$t = (V - V_0)/\alpha$$

Também foi demonstrado que a função horária do espaço é expressa por:

$$S = S_0 + V_0 \cdot t + \alpha \cdot t^2/2$$

Portanto pode-se escrever que:

$$S - S_0 = V_0 \cdot t + \alpha \cdot t^2/2$$

Substituindo convenientemente as duas últimas expressões, resulta que:

$$\Delta S = V_0 \cdot (V - V_0)/\alpha + \alpha/2 \cdot [(V - V_0)/\alpha]^2$$

$$\Delta S = V \cdot (V_0 - V^2_0)/\alpha + \alpha/2 \cdot [(V^2 - 2V) \cdot (V_0 + V^2_0)]/\alpha^2$$

Eliminando os termos em evidência, vem que:

$$\Delta S = (V \cdot V_0 - V^2_0)/\alpha + [(V^2 - 2V) \cdot (V_0 + V^2_0)]/2\alpha$$

Assim pode-se escrever:

$$\Delta S = [2V_0 \cdot (V - 2V^2_0) + (V^2 - 2V) \cdot (V_0 + V^2_0)]/2\alpha$$

Subtraindo os termos em comum, vem que:

$$\Delta S = (V^2 - V^2_0)/2\alpha$$

Portanto pode-se escrever que:

$$V^2 = V^2 + 2\alpha \cdot \Delta S$$

Esta expressão mostra que a velocidade (V) varia em função do espaço (S) de ($\Delta S = S - S_0$). Sendo que (V_0) representa a velocidade inicial do móvel e (α) representa a aceleração do movimento, podendo ser positiva ou negativa. A referida equação permite calcular a velocidade de um móvel em movimento uniformemente variado, sem a necessidade de conhecer a grandeza variável tempo.

7- *Estímulo*

De acordo com a teoria do Dinamismo, em qualquer movimento existe duas grandezas sempre presentes:

a) A força induzida (i).
b) A velocidade (V) do móvel.

A relação, existente entre força induzida e velocidade, têm sido denominada por *estímulo*.

No movimento uniformemente variado, o *estímulo* é a grandeza física associada ao movimento que relaciona a *variação* da força induzida com a *variação* da velocidade do ponto material.

Logo, a qualquer força induzida e velocidade associa-se a grandeza chamada *estímulo* para avaliar a variação de força induzida na variação de velocidade que o móvel apresenta.

Sob a interação da força induzida (i_1) a velocidade de um móvel será caracterizada por (V_1). Numa força induzida posterior (i_2) sua velocidade será representada por (V_2).

Então, no intervalo de força induzida $(\Delta i = i_2 - i_1)$ a variação de velocidade do móvel será $(\Delta V = V_2 - V_1)$.

Nestas condições, o estímulo (e) será expresso pela seguinte relação:

$$e = \Delta i/\Delta V = (i_2 - i_1)/(V_2 - V_1)$$

Assim, o estímulo é uma constante igual ao quociente da força induzida no móvel, inversa pela variação de velocidade que apresenta.

Observe que a referida relação é valida para qualquer tipo de movimento. Com essa condição, a teoria do Dinamismo apresenta um de seus aspectos unificadores entre a Cinemática e a Dinâmica.

8- *Indutória*

A indutória é uma grandeza física definida como sendo igual ao inverso do estímulo. Sendo que essa definição pode ser expressa simbolicamente por:

$$B = 1/e$$

A indutória estabelece que a velocidade é uma função da força induzida. Portanto, pode-se escrever que:

$$B = \Delta V/\Delta i$$

Com essa equação, novamente fica claro que a relação entre variação de velocidade e variação de força induzida é uma constante. Assim como o estímulo, a indutória é uma constante fundamental. Portanto o seu valor independe de qualquer circunstância em qualquer região do universo.

9- Dedução do Estímulo

O estímulo (e) pode ser deduzido como se segue abaixo. Partindo-se da *equação da força induzida* do movimento uniformemente variado, tem-se que:

$$i = i_0 + f \cdot t$$
$$i - i_0 = f \cdot t$$
$$t = (i - i_0)/f$$
$$t = \Delta i/f$$

Trabalhando agora com a *função da velocidade* do movimento uniformemente variado, tem-se que:

$$V = V_0 + \alpha \cdot t$$
$$V - V_0 = \alpha \cdot t$$
$$t = (V - V_0)/\alpha$$
$$t = \Delta V/\alpha$$

Igualando convenientemente os valores obtidos para (t), resulta que:

$$\Delta i/f = \Delta V/\alpha$$

Portanto, pode-se escrever que:

$$\Delta i/\Delta V = f/\alpha$$

Como o estímulo (e) é definido por:

$$e = \Delta i/\Delta V$$

Então se pode concluir que:

$$e = f/\alpha$$

Logo o estímulo pode ser definido como sendo igual à relação matemática existente entre a força dinâmica pela aceleração do móvel.

Isto significa que o estímulo é constante, pois resulta da relação existente entre dois valores constantes.

10- *Unidade de Estímulo*

O estímulo mede a relação existente entre a força induzida de um móvel pela velocidade adquirida pelo mesmo. Com isso o estímulo é expresso em unidades de força induzida por unidade de velocidade. Ou seja:

Unidade de Estímulo (e) = Unidade de Força Induzida (i)/Unidade de Velocidade (V)

Portanto, pode-se escrever que:

Unidade de Estímulo = Unidade de Força/Unidade de Comprimento/Unidade de tempo

Logo vem que:

Unidade de Estímulo = Unidade de Força x Unidade de Tempo/Unidade de Comprimento

---

Desse modo observa-se que a unidade de estímulo é expresso em unidade de força (N, dina) vezes unidade de tempo (h, s) divididos por unidade de comprimento (Km, m, cm).

Pode-se notar que quando (Δi) for positiva, (ΔV) também será positiva. Quando (Δi) for negativa, (ΔV) também será negativa. Em resumo, a força induzida e a velocidade apresentam sempre os mesmos sinais. Portanto, pela definição de estímulo (Δi/ΔV), pode-se concluir que o mesmo será sempre positivo.

11- *Estímulo Constante*

Quando um móvel sofre a ação de forças induzidas iguais, em intervalo de velocidades iguais, o seu estímulo em qualquer intensidade de força induzida apresenta sempre o mesmo valor. Então se afirma que o estímulo é constante no decorrer do movimento do ponto material.

No decorrer do presente tratado, será verificado que o estímulo é caracterizado por uma constante universal que relaciona a força induzida com a velocidade de um móvel.

12- *Função Velocidade*

O Dinamismo estabelece que em todo e qualquer tipo de movimento a velocidade (V) varia (Δ) em função da força induzida (i). E a expressão matemática que relaciona a velocidade (V) de um móvel com a sua força induzida (i) é denominada por *função velocidade*. Ela é representada genericamente por:

$$V = \phi \, (i)$$

Na referida igualdade pode-se ler que: *(V) é função (φ) de (i)*.

13- *Equação Cine-Dina*

Um ponto material em movimento adquire velocidades iguais em intensidades de forças induzidas iguais. Logo se pode afirmar que a indutória (B) é constante com a força induzida.

$$B = \Delta V/\Delta i = (V_2 - V_1)/(i_2 - i_1)$$

Portanto pode-se escrever que:

$$B \cdot (i_2 - i_1) = V_2 - V_1$$

Com isso resulta que:

$$V_2 = V_1 + B \cdot (i_2 - i_1)$$

Se considerar ($i_1 = 0$). A velocidade (V_1) será indicada por (V_0) chamada velocidade inicial. Portanto, a velocidade inicial (V_0) é a velocidade do móvel na força induzida ($i = 0$).

Logo, estabelecendo que ($i_1 = 0$) e ($V_1 = V_0$), na expressão anterior, vem que:

$$V_2 = V_0 + B \cdot i_2$$

Pelo mesmo raciocínio, considerando (i_2) como uma força induzida genérica qualquer (i), tem-se também como conseqüência que (V_2) será uma velocidade genérica (V) qualquer. Desse modo pode-se concluir que:

$$V = V_0 + B \cdot i$$

A referida expressão caracteriza e descreve qualquer tipo de movimento. A cada valor de (i) obtém-se em correspondência um valor para (V).

Essa expressão caracteriza a função velocidade dos movimentos. Ela descreve o movimento fornecendo matematicamente a variação da velocidade em função da força induzida.

Nessa expressão (V_0) e (B) são constantes na intensidade de força induzida. Logo a velocidade (V) varia somente em função da força induzida (i).

Quando o movimento é progressivo tem-se que: (V > 0) e (i > 0). E quando o movimento é retrógrado tem-se que: (V < 0) e (i < 0).

14- *Classificação Dos Movimentos*

Na Teoria da Mecânica Clássica, os movimentos são classificados em duas amplas categorias.

I - Movimento Uniforme

O movimento uniforme apresenta velocidade e força induzida constantes no decorrer do tempo. Ou seja, a força induzida e a velocidade média do móvel em qualquer intervalo de tempo apresentam sempre o mesmo valor.

Quando isso ocorre pode-se afirmar que a velocidade e a força induzida são constantes no decorrer do tempo. Nesse tipo de movimento o ponto material é caracterizado por uma força induzida constante, e percorre distâncias iguais em intervalo de tempos iguais.

Portanto, a expressão (V = V_0+ B . i), é perfeitamente válida para caracterizar a descrição do chamado *Movimento Uniforme*. Pois quando a força induzida (i) for constante, a velocidade (V) também o será.

$$V_{cte} = V_0 + B \cdot i_{cte}$$

Nesta expressão está implícita a primeira Lei de Newton, bem como a explicação de sua causa, como sendo devido a conservação da força induzida no móvel com o passar do tempo.

II - Movimento Variado

Os movimentos variados são aqueles que apresentam força induzida e velocidade variando no decorrer do tempo. Sendo que a expressão matemática ($V = V_0 + B \cdot i$), caracteriza perfeitamente o chamado *Movimento Variado*, pois a velocidade é função da força induzida.

Logo, pode-se verificar que a expressão ($V = V_0 + B \cdot i$), é muito mais fundamental do que se tem considerado. Ela representa a generalização entre o movimento uniforme e o movimento variado.

15- *Resumo*

Mais uma vez fica claro que a força induzida conservada num móvel é a causa primordial de sua velocidade. Sendo que essa velocidade será tanto maior quanto maior for a força induzida transportada pelo móvel. E se a força induzida for constante, a velocidade também será constante. Se a força induzida variar, a velocidade também sofrerá variação. E a forma como a força induzida sofre variação permite classificar do tipo de movimento apresentado pelo móvel.

A seguir será apresentado um resumo matemático dos principais pontos abordados até o presente momento nesta obra.

I - *Repouso*

$$i = 0 \sim V = 0$$

II - *Movimento Uniforme (MU)*

a) $i = cte \neq 0 \sim V = cte \neq 0$
b) $f = 0 \sim \alpha = 0$

III - *Movimento Uniformemente Variado (MUV)*

a) $i = i_0 + f \cdot t$
b) $f = cte \neq 0$
c) $V = V_0 + B \cdot i$
d) $B = cte \neq 0$
e) $e = cte \neq 0$
f) $\alpha = cte \neq 0$
g) $V = V_0 + \alpha \cdot t$
h) $S = S_0 + V_0 \cdot t + \alpha \cdot t^2/2$
i) $V^2 = V^2 + 2\alpha \cdot \Delta S$

IV - *Força Dinâmica*

a) $f = \Delta i/\Delta t = (i_2 - i_1)/(t_2 - t_1)$
b) $f = e \cdot \alpha$

V - *Estímulo*

Constante universal, sempre positivo $(e > 0)$.

$e = 1/B$

VI - *Indutória*

$B = \Delta V/\Delta i = (V_2 - V_1)/(i_2 - i_1)$

VII - *Movimentos*

1°- Movimento Progressivo: A posição do móvel cresce no decorrer do tempo: $(i > 0)$, $(V > 0)$

2°- *Movimento Retrógrado*: A posição do móvel decresce com o passar do tempo: **(i < 0)** , **(V < 0)**

3°- *Movimento Estimulado*:
a)   O módulo de (i) e (V) cresce com o tempo.
b)   Os pares (i,V) e (f, α) apresentam o mesmo sinal.

4°- *Movimento Destimulado*:
a)   O módulo de (i) e (V) decresce com o tempo.
b)   Os pares (i,V) e (f, α) apresentam sinais contrários.

5°- *O par* (i,V) *sempre apresenta os mesmos sinais*

6°- *O par* (f, α) *sempre apresenta os mesmos sinais*

16- *Equação do Espaço no Movimento Uniforme*

No movimento uniforme a variação de espaço percorrido por um móvel é igual ao produto entre a velocidade pela variação de tempo.

Simbolicamente o referido enunciado é expresso por:

$$\Delta S = V . \Delta t$$

Ocorre que no movimento uniforme a velocidade de um móvel é igual à relação entre a força induzida transportada pelo móvel pelo valor do estímulo. Logo, o referido enunciado pode ser expresso simbolicamente pela seguinte relação matemática:

$$V = i/e$$

Substituindo convenientemente as duas últimas expressões pode-se concluir que:

$$\Delta S = i . \Delta t/e$$

17- Equação do Espaço no Movimento Uniformemente Variado

A variação do espaço percorrido por um móvel em movimento uniformemente variado a partir do repouso é igual à metade do valor da aceleração multiplicada pelo quadrado da variação de tempo.

Simbolicamente o referido enunciado é expresso por:

$$\Delta S = \alpha . \Delta t^2/2$$

Foi demonstrado na teoria do Dinamismo que a aceleração de um móvel é igual ao quociente da força dinâmica, inversa pelo estímulo.

O referido enunciado é expresso pela seguinte relação:

$$\alpha = f/e$$

Substituindo convenientemente as duas últimas expressões conclui-se que:

$$\Delta S = f . \Delta t^2/2e$$

18- Relação (I)

No presente livro foi demonstrado que a variação de força induzida é igual ao produto existente entre a força dinâmica pela variação de tempo.

Simbolicamente o referido enunciado é expresso por:

$$\Delta i = f . \Delta t$$

Também foi demonstrado que:

$$\Delta S = f \cdot \Delta t^2/2e$$

Substituindo convenientemente as duas últimas expressões, resulta que:

$$\Delta S = \Delta i \cdot \Delta t/2e$$

19- Relação (II)

Pode-se afirmar que a variação de tempo é igual à relação matemática entre a variação de força induzida pela força dinâmica.

Simbolicamente o referido enunciado é expresso por:

$$\Delta t = \Delta i/f$$

Foi demonstrado que:

$$\Delta S = \Delta i \cdot \Delta t/2e$$

Substituindo convenientemente as duas últimas expressões, obtém-se que:

$$\Delta S = \Delta i^2/2e \cdot f$$

20- Força Dinâmica Centrípeta

A aceleração centrípeta de um corpo é definida na Mecânica Clássica como sendo igual ao quociente do quadrado da velocidade do móvel inversa pelo raio da órbita.

Simbolicamente o referido enunciado é expresso pela seguinte relação matemática:

$$\alpha_c = V^2/r$$

Ocorre que a força dinâmica centrípeta é igual ao produto entre o estímulo pela aceleração centrípeta.

Simbolicamente o referido enunciado é expresso pela seguinte equação:

$$f_c = e \cdot \alpha_c$$

Substituindo convenientemente as duas últimas expressões, vem que:

$$f_c = e \cdot \alpha_c = e \cdot V^2/r$$

Ou seja:

$$f_c = e \cdot V^2/r$$

Com esse resultado fica claro que a força centrípeta é diretamente proporcional ao quadrado da velocidade do móvel e inversamente proporcional ao raio da órbita.

21- *Relação (III)*

Sabe-se que a força induzida é igual ao produto entre o estímulo pela velocidade. Assim pode-se escrever simbolicamente que:

$$i = e \cdot V$$

Foi demonstrado no item anterior que:

$$f_c = e \cdot V^2/r$$

Substituindo convenientemente as duas últimas expressões, vem que:

$$f_c = i \cdot V/r$$

Esse resultado permite concluir que a força dinâmica centrípeta é igual à força induzida conservada no móvel multiplicada por sua velocidade e inversa pelo raio da órbita.

22- Relação (IV)

Pode-se afirmar que a velocidade é igual à relação matemática entre a força induzida pelo estímulo.

Simbolicamente o referido enunciado é expresso por:

$$V = i/e$$

Foi demonstrado que:

$$f_c = i \cdot V/r$$

Substituindo convenientemente as duas últimas expressões, vem que:

$$f_c = i^2/r \cdot e$$

Portanto, pode-se afirmar que a força dinâmica centrípeta é igual ao quadrado da força induzida, inversa pelo produto existente entre o raio da órbita pelo estímulo.

Essa equação mostra que um corpo em movimento circular numa órbita possui uma força induzida conservada.

CAPÍTULO V

LANÇAMENTO E QUEDA LIVRE

1- *Introdução*

O presente *capítulo* preocupa-se em apresentar o estudo da queda livre dos corpos abandonado no vácuo, próximos à superfície da Terra. Aqui será considerado, especialmente, o estudo do lançamento na vertical, o qual apresenta a mesma descrição do movimento em queda livre.

2- *Queda Livre*

Quando se analisa o deslocamento de um móvel numa região próxima à superfície do planeta, onde existe um vácuo ou, então, se considera desprezível a ação do ar, tem-se a chamada *queda livre*.

O estudo do movimento em *queda livre* é idêntico ao de um *lançamento na vertical*, tendo em vista que ambos são descritos pelas mesmas funções.

3- *Síntese*

As experiências sobre a queda livre dos corpos permitem obter algumas conclusões fundamentais.

Desprezada a resistência do ar, pode-se estabelecer que:

a) *Todos os corpos em queda livre apresentam peso nulo.*

b) *Todos os corpos, independentemente de seu peso ou massa, caem sob a ação da mesma força dinâmica.*

c) *Próximos da superfície do planeta, a força induzida é diretamente proporcional ao tempo.*

d) *Próximo da superfície do planeta, a força dinâmica é constante.*

e) *Em qualquer lugar da superfície do planeta, a velocidade de queda é proporcional à força induzida.*

f) *Se a força dinâmica é constante, decorre que o movimento de um corpo em queda livre é uniformemente variado.*

g) *O lançamento na vertical só difere da queda livre pelo fato de apresentar uma intensidade de força induzida inicial vertical.*

h) *Tanto a queda livre como o lançamento na vertical são descrito por um movimento uniformemente variado.*

i) *Tanto no lançamento vertical como em queda livre, a função que descreve o movimento é a mesma.*

4- *Força Dinâmica Gravitacional*

A *força dinâmica* de um móvel em queda livre é denominada por *força dinâmica gravitacional*, sendo representada pela letra (f).

Seu valor sofre variação com a latitude, altitude, etc. E, por causa da rotação do planeta, é menor no Equador do que nos pólos.

Para uniformizar o valor da força dinâmica gravitacional, o mesmo deverá ser avaliado a uma latitude de 45° ao nível do mar.

5- *Queda e Lançamento*

Num corpo em queda livre, o módulo da força induzida no móvel aumenta e, portanto, o módulo de sua velocidade também aumenta. Nesse caso, o movimento é chamado por *estimulado*.

Quando o corpo é lançado verticalmente para cima, o módulo da força induzida diminui, pois a mesma é extraída do ponto material e, logicamente, a velocidade diminui. Nesse caso o movimento é chamado por *destimulado*.

À medida que o móvel lançado verticalmente vai atingindo as alturas, sua força induzida decresce até se anular numa altura máxima. Nesse ponto o móvel muda o sentido do seu movimento e cai em um movimento estimulado gravitacional.

Nessas condições a força induzida no móvel sofre variações, muito embora a força dinâmica gravitacional permaneça constante.

6- *Descrição Algébrica*

Para se estudar a descrição algébrica dos movimentos dentro dos conceitos da teoria do Dinamismo, deve-se considerar os sinais algébricos da força induzida e da força dinâmica que, respectivamente, são idênticos aos sinais algébricos da velocidade e aceleração.

Analisando, segundo as convenções algébricas, podem ocorrer as seguintes situações:

I - Orientando a Trajetória Para Cima

Conforme tal orientação, a força induzida é positiva (i > 0) no lançamento vertical e negativa (i < 0) em queda livre. No lançamento vertical, o movimento é *destimulado*, (o móvel perde força induzida) e a força dinâmica é negativa (f < 0).

Em queda livre, o movimento é *estimulado* e a força dinâmica continua negativa (f < 0).

Portanto, orientando a trajetória para *cima*, no percurso subida ou descida, ocorre apenas a mudança do sinal da *força induzida* e, portanto, da velocidade. Ou seja, a *força dinâmica* é negativa independentemente do móvel ser lançado verticalmente para *cima* ou estar em queda livre (-f).

II - Orientando a Trajetória Para Baixo

Com relação a tal orientação, a força induzida é negativa ($i < 0$) em lançamento vertical e positiva ($i > 0$) em queda livre. No lançamento vertical, o movimento é chamado por *destimulado*, (o móvel perde força induzida) e a força dinâmica é positiva ($f > 0$). Em queda livre, o movimento é chamado por *estimulado* e a força dinâmica continua positiva ($f > 0$).

Portanto, orientando a trajetória para baixo, somente a *força induzida* muda de sinal e a *força dinâmica* permanece positiva, independentemente do móvel ser lançado verticalmente ou estar em queda livre (+f).

Logo, no lançamento vertical ou na queda livre, o sinal algébrico da força dinâmica somente é estabelecido pela orientação da trajetória e, portanto, não depende do fato do móvel estar subindo ou descendo. Pois conforme foi verificado, subir ou descer está apenas associado ao sinal da força induzida.

7- *Funções do Movimento Uniformemente Variado*

Um corpo em queda livre ou em lançamento vertical apresenta movimento uniformemente variado. E as funções que descrevem e explicam tal movimento, são as seguintes:

a) $i = i_0 + f . t$
b) $V = V_0 + g . t$
c) $V = V_0 + B . i$
d) $V^2 = V^2 + 2g . \Delta x$
e) $S = S_0 + V_0 . t + g . t^2/2$

Onde a letra (g) representa a aceleração da gravidade. Os demais símbolos que aparecem nessas funções já são conhecidos, pois são os mesmos utilizados em capítulos anteriores.

A força dinâmica é positiva (+f) quando a trajetória é orientada para o centro do planeta e, negativa (-f) quando a trajetória é orientada em sentido oposto ao centro do planeta. Isto independentemente do móvel ser lançado verticalmente ou estar em queda livre. O sentido do movimento (lançamento vertical ou queda livre) é expresso pelo sinal algébrico da força induzida.

As funções apresentadas descrevem e explicam tanto o lançamento vertical quanto a queda livre do móvel.

CAPITULO VI

DINAMISMO E GRAVITAÇÃO UNIVERSAL

1- *Introdução*

Sem nenhuma dúvida, um dos mais atraentes temas da Física Clássica é o da gravitação universal. E neste *capítulo* será estudado entre outros temas, a força dinâmica gravitacional, dentro de sua definição universal.

2- *Lei da Gravitação Universal*

No século XVII, o grande físico inglês Isaac Newton (1642-1727) estabeleceu que a força de interação entre a matéria é diretamente proporcional ao produto das massas dos corpos e inversamente proporcional ao quadrado da distância entre seus centros.

Se (M) é a massa de um planeta, (d) a distância entre o centro do planeta até um ponto considerado, (G) a constante de gravitação e (g) a aceleração gravitacional, pode-se representar, simbolicamente, o enunciado anterior pela seguinte equação:

$$F = G . M . m/d^2$$

A constante de proporcionalidade (G) é denominada por "constante de gravitação universal". Seu valor experimental no Sistema Internacional é o seguinte:

$$G = 6,67 . 10^{-11} \text{ N m}^2/\text{Kg}^2$$

Desse modo, no Universo, todos os corpos sofrem uma interação à distância. Essa interação manifesta o seu efeito sob a forma de uma força atrativa.

3- *Aceleração da Gravidade*

Sabe-se que a intensidade da força externa (F) que interage num corpo imerso num campo gravitacional é expressa por:

$$F = m \cdot g$$

Ocorre que Newton demonstrou que a força de atração entre dois corpos é expressa por:

$$F = G \cdot M \cdot m/d^2$$

Substituindo convenientemente as duas últimas expressões resulta que:

$$m \cdot g = G \cdot M \cdot m/d^2$$

Eliminando os termos em evidência resulta que:

$$g = G \cdot M/d^2$$

A referida expressão permite calcular a aceleração da gravidade em função da massa do planeta e da distância que separa um ponto em relação ao centro desse planeta. Em outras palavras, a aceleração da gravidade não depende do corpo imerso no campo gravitacional, mas depenas apenas da massa do planeta e da distância que separa o centro do planeta a um ponto externo à superfície do planeta.

4- *Força Dinâmica Gravitacional*

Sob a perspectiva da teoria do Dinamismo, pode-se afirmar que todos os corpos imersos num campo gravitacional ficam sujeitos a uma *força dinâmica* de origem gravitacional.

Na realidade pode-se verificar que a força dinâmica gravitacional é função do inverso do quadrado da distância e depende da massa (M) do planeta considerado.

Foi apresentado que a força dinâmica gravitacional num corpo imerso num campo gravitacional é igual ao produto entre o estímulo pela aceleração da gravidade.

Simbolicamente o referido enunciado é expresso por:

$$f = e \cdot g$$

Foi demonstrado que a aceleração da gravidade é diretamente proporcional à massa do planeta e inversamente proporcional ao quadrado da distância. Sendo que o referido enunciado é expresso simbolicamente pela seguinte relação:

$$g = G \cdot M/d^2$$

Substituindo convenientemente as duas últimas expressões, obtém-se que:

$$f/e = G \cdot M/d^2$$

Logo resulta que:
$$f = e \cdot G \cdot M/d^2$$

Como o produto entre duas constantes resulta numa constante genérica pode-se escrever que:

$$k = e \cdot G$$

Substituindo convenientemente as duas últimas expressões vem que:

$$f = k \cdot M/d^2$$

Portanto pode-se concluir que a referida lei pode ser expressa nos seguintes termos: Um ponto material qualquer fica sujeito a uma força dinâmica de origem gravitacional, denominada por *força dinâmica gravitacional*, cuja intensidade é diretamente proporcional à massa do planeta e inversamente proporcional ao quadrado da distância que separa um ponto do centro do planeta.

5- *Relação Entre Peso e Força Externa*

Sabe-se que o peso de um corpo imerso num campo gravitacional apresenta uma intensidade de força expressa por:

$$p = m \cdot f$$

Newton estabeleceu que a força de atrai um corpo para o centro da Terra apresenta a seguinte intensidade:

$$F = G \cdot M \cdot m/d^2$$

Substituindo convenientemente as duas últimas expressões, vem que:

$$F = G \cdot M \cdot p/f \cdot d^2$$

Portanto pode-se escrever que:

$$F \cdot f/p = G \cdot M/d^2$$

6- *Força Dinâmica Gravitacional e Altura*

Na lei da gravitação universal considere que a letra (m) representa a massa de um corpo localizado a uma altura (h) em relação à "superfície" da Terra. Considere também que a letra (M) representa a massa do planeta. E que a letra (R) representa o raio da Terra.

Portanto a distância que separa um corpo do centro da Terra é igual à soma entre o raio da Terra com a altura em relação à superfície do planeta.

Simbolicamente o referido enunciado é expresso por:

$$d = R + h$$

Foi demonstrado que a força dinâmica gravitacional é expressa por:

$$f = k \cdot M/d^2$$

Substituindo convenientemente as duas últimas expressões vem que:

$$f = k \cdot M/(R + h)^2$$

Onde a letra (k) representa o produto entre o estímulo () pela constante de gravitação universal (G).

7- *Força Dinâmica Gravitacional na Superfície do Planeta*

Foi demonstrado no presente estudo que a força dinâmica gravitacional varia com a altura conforme a seguinte expressão:

$$f = k \cdot M/(R + h)^2$$

Entretanto se o corpo estiver na superfície do planeta, a altura será nula. Portanto, simbolicamente, o referido enunciado é expresso por:

$$h = 0$$

Portanto pode-se concluir que na superfície do planeta a força dinâmica gravitacional será expressa por:

$$f_0 = k \cdot M/R^2$$

Como a letra (k) representa o produto existente entre (e) e (G), pode-se escrever que:

$$f_0 = e \cdot G \cdot M/R^2$$

Nessa expressão a letra (R) representa o raio do planeta. De acordo com a referida expressão, a força dinâmica gravitacional (f) à superfície do planeta é praticamente constante, pois os termos envolvidos na equação supra mencionada são praticamente constantes.

8- *Força Dinâmica Gravitacional a Partir da Superfície*

Se um ponto material estiver a uma certa altura (h) a partir da superfície do planeta, sua força dinâmica (f) gravitacional diminui, conforme a seguintes demonstrações:

$$f = e \cdot G \cdot M/d^2$$

Entretanto como ($d = R + h$), vem que:

$$f = e \cdot G \cdot M/(R + h)^2$$

Da expressão: ($f_0 = e \cdot G \cdot M/R^2$), vem que:

$$e \cdot G \cdot M = f_0 \cdot R^2$$

Portanto, substituindo convenientemente as duas últimas expressões, vem que:

$$f = f_0 \cdot R^2/(R + h)^2$$

Logo, a força dinâmica gravitacional à altitude (h) da superfície do planeta pode ser expressa pela seguinte equação:

$$f = f_0 \cdot [R/(R + h)]^2$$

Evidentemente as expressões consideradas fornecem a força dinâmica gravitacional de qualquer planeta. Basta considerar (M) a massa do planeta, (R) o raio do planeta e (h) a altitude do ponto material no planeta analisado.

9- *Peso de um Corpo*

Um corpo imerso num campo gravitacional e estando em repouso em relação ao centro do planeta apresenta um peso expresso pela seguinte equação:

$$p = m \cdot f$$

Sabe-se que a força dinâmica gravitacional é expressa pela seguinte relação matemática:

$$f = k \cdot M/d^2$$

Substituindo convenientemente as duas últimas expressões, resulta que:

$$p = k \cdot M \cdot m/d^2$$

10- *Peso e Altura*

Foi apresentado que o peso de um corpo é expresso pelo produto entre a massa desse corpo pela força dinâmica gravitacional do planeta.

Simbolicamente o referido enunciado é expresso por:

$$p = m \cdot f$$

No presente estudo foi demonstrado que a força dinâmica gravitacional do planeta varia com a altura conforme prevê a seguinte expressão matemática:

$$f = k \cdot M/(R + h)^2$$

Substituindo convenientemente as duas últimas expressões, vem que:

$$p = k \cdot M \cdot m/(R + h)^2$$

11- *Peso na Superfície do Planeta*

Foi demonstrado que o peso de um corpo varia com a altura conforme a seguinte expressão:

$$p = k \cdot M \cdot m/(R + h)^2$$

Porém se o corpo estiver na superfície do planeta, a altura será nula. Portanto pode-se escrever que:

$$h = 0$$

Logo se conclui que na superfície do planeta um corpo apresenta peso conforme a seguinte equação:

$$p_0 = k \cdot M \cdot m/R^2$$

12- *Peso em Relação à Superfície*

No presente estudo foi demonstrado que o peso de um corpo varia com a altura conforme a seguinte expressão:

$$p = k \cdot M \cdot m/(R + h)^2$$

Também foi demonstrado que o peso de um corpo na superfície do planeta é expresso por:

$$p_0 = k \cdot M \cdot m/R^2$$

Igualando convenientemente as duas últimas expressões, vem que:

$$k \cdot M \cdot m = p \cdot (R + h)^2 = p_0 \cdot R^2$$

Logo se pode concluir que:

$$p = p_0 \cdot R^2/(R + h)^2$$

13- *Força Dinâmica, Distância e Raio.*

Foi demonstrado que a força dinâmica gravitacional varia com a distância conforme a seguinte expressão:

$$f = k \cdot M/d^2$$

Também foi demonstrado que a força dinâmica na superfície do planeta é expressa por:

$$f_0 = k \cdot M/R^2$$

Igualando convenientemente as duas últimas expressões, obtém-se que:

$$k \cdot M = f \cdot d^2 = f_0 \cdot R^2$$

Portando pode-se escrever que:

$$f/f_0 = R^2/d^2$$

14- *Peso, Distância e Raio.*

No presente estudo foi demonstrado que o peso de um corpo varia com a distância conforme a seguinte expressão:

$$p = k \cdot M/d^2$$

Foi demonstrado que o peso de um corpo na superfície do planeta é expresso por:

$$p_0 = k \cdot M/R^2$$

Igualando convenientemente as duas últimas expressões, obtém-se que:

$$k \cdot M = p \cdot d^2 = p_0 \cdot R^2$$

Logo se tem a seguinte igualdade:

$$p/p_0 = R^2/d^2$$

15- *Força Dinâmica, Peso e Distância.*

Foi demonstrado no presente estudo que a força dinâmica gravitacional guarda relação com a distância, conforme a seguinte expressão:

$$f/f_0 = R^2/d^2$$

Também foi demonstrado que o peso de um corpo tem relação com a distância, conforme a seguinte igualdade:

$$p/p_0 = R^2/d^2$$

Igualando convenientemente as duas últimas expressões, resulta que:

$$p/p_0 = f/f_0 = R^2/d^2$$

16- *Velocidade de Um Corpo em Órbita*

A força externa de atração que atua num corpo em órbita é expressa por:

$$F = G \cdot M \cdot m/d^2$$

Sabe-se que a força externa gravitacional é igual à força centrípeta do movimento. Logo, simbolicamente, pode-se escrever que:

$$F = F_c$$

Também se sabe que a força centrípeta de um corpo em órbita é expressa por:

$$F_c = m \cdot V^2/d$$

Substituindo convenientemente as três últimas expressões, obtém-se que:

$$m \cdot V^2/d = G \cdot M \cdot m/d^2$$

Eliminando os termos em evidência resulta que:

$$V^2 = G \cdot M/d$$

A referida expressão caracteriza a velocidade de um corpo em órbita.

17- *A Força Dinâmica e a Velocidade Orbital*

Considere um satélite em órbita circular em torno de um planeta. Sabe-se que a interação gravitacional é responsável pela força dinâmica centrípeta que mantém o satélite em órbita.

Também se sabe que a força dinâmica centrípeta é igual à força dinâmica gravitacional.

Simbolicamente o referido enunciado é expresso por:

$$f_c = f$$

A força dinâmica centrípeta é expressa pela seguinte equação:

$$f_c = e \cdot V^2/d$$

Sabe-se que a força dinâmica gravitacional é expressa por:

$$f = e \cdot G \cdot M/d^2$$

Substituindo convenientemente as três últimas expressões, vem que:

$$e \cdot V^2/d = e \cdot G \cdot M/d^2$$

Eliminando os termos em evidência, resulta que:

$$V^2 = G \cdot M/d$$

Portanto pode-se concluir que o quadrado da velocidade orbital de um satélite é diretamente proporcional à massa do planeta e inversamente proporcional à distância que separa o centro do planeta do centro do satélite.

18- *Força Induzida de Um Corpo em Órbita*

Na presente tese foi apresentada a demonstração de que o quadrado da velocidade de um corpo em órbita é diretamente proporcional à massa do planeta e inversamente proporcional à distância.

O referido enunciado é expresso simbolicamente pela seguinte igualdade:

$$V^2 = G \cdot M/d$$

Foi apresentado que a força induzida de um corpo é igual ao produto entre o estímulo pela velocidade. Sendo que o referido enunciado pode ser expresso simbolicamente por:

$$i = e \cdot V$$

Elevando todos os termos ao quadrado, obtém-se que:

$$i^2 = e^2 \cdot V^2$$

Substituindo convenientemente as últimas expressões, obtém-se que:

$$i^2/e^2 = G \cdot M/d$$

Assim vem que:

$$i^2 = e^2 \cdot G \cdot M/d$$

Como o produto entre o quadrado do estímulo pela constante de gravitação universal resulta numa constante genérica, pode-se escrever que:

$$C = e^2 \cdot G$$

Substituindo convenientemente as duas últimas expressões, obtém-se que:

$$i^2 = C \cdot M/d$$

Portanto pode-se afirmar que o quadrado da força induzida de um corpo em órbita é proporcional ao quociente da massa do planeta e inversamente proporcional à distância que separa esse corpo do centro do planeta.

CAPÍTULO VII

DINAMISMO DA DINÂMICA

1 - *Introdução*

O Dinamismo da Dinâmica é a parte da Mecânica que estuda os fenômenos Dinâmicos dentro dos conceitos do dinamismo.

Neste *capítulo* será considerado o conceito de ponto material. Eles possuem uma quantidade de matéria denominada por *massa*. A massa é uma grandeza escalar associada à quantidade de matéria do corpo.

2 - *Peso*

O peso pode ser definido como sendo a ação da força dinâmica gravitacional sobre a massa de um corpo em repouso em relação a um referencial inercial.

Em Dinamismo o peso da matéria imersa num campo gravitacional é igual ao produto existente entre sua massa pela força dinâmica gravitacional. Sendo que tal enunciado é expresso simbolicamente por:

$$p = m \cdot f$$

Sendo que a letra (p) representa o peso do corpo de massa (m) e, a letra (f) representa a força dinâmica gravitacional que produz em sua direção e sentido.

O enunciado anterior deixa de ser válido se a massa da partícula variar, fato que ocorre no mundo das partículas elementares.

3 - *Impulsão*

A impulsão é uma grandeza vetorial e dentro da teoria do Dinamismo é fundamental importância para o estudo dos *choques mecânicos*.

A grandeza em questão é a *impulsão de uma força*. Ela é igual ao peso vezes o intervalo de tempo. Portanto, pode-se escrever simbolicamente que:

$$D = p \cdot \Delta t$$

A impulsão (D) é uma grandeza vetorial e possui intensidade, direção e sentido.

4 - *Quantidade de Dinamismo*

A quantidade de dinamismo de um corpo de massa (m) e de força induzida (i) analisada num determinado referencial é expressa pela seguinte grandeza vetorial:

$$q = m \cdot i$$

A quantidade de dinamismo é uma grandeza vetorial e possui intensidade, direção e sentido. É igual ao produto existente entre a massa pela força induzida.

5 - *Teorema da Impulsão*

Foi demonstrada na presente obra a seguinte verdade:

a) $p = m \cdot f$
b) $f = \Delta i / \Delta t$

Substituindo convenientemente as duas últimas expressões, vem que:

$$p = m . \Delta i/\Delta t$$

Portanto, resulta que:

$$p . \Delta t = m . \Delta i$$
$$p . \Delta t = m . (i - i_0)$$
$$p . \Delta t = m . i - m . i_0$$

Porém, sabe-se que:

$$D = p . \Delta t$$
$$q = m . i$$
$$q_0 = m . i_0$$

Substituindo convenientemente as quatro últimas expressões, vem que:

$$D = q - q_0$$
$$D = \Delta q$$

Logo, a impulsão da força numa intensidade de força induzida é igual à variação da quantidade de dinamismo do ponto material no mesmo intervalo e intensidade de força induzida.

O referido enunciado é chamado por *teorema da impulsão*. Ele tem validade geral para todo tipo de movimento. Esse teorema estabelece um importante critério para a avaliação da quantidade de dinamismo. A variação ($\Delta q = q - q_0$) é a impulsão.

6 - *Conservação da Quantidade de Dinamismo*

Considerando um sistema de pontos materiais isolados da ação de forças externas, pode-se afirmar que a resultante dessas forças é nula e também é nula sua impulsão.

Pelo teorema da impulsão pode-se escrever que:

$$D = q - q_0$$

Como ($D = 0$), pode-se concluir que ($q - q_0 = 0$), portanto:

$$q = q_0$$

Decorre que a quantidade de dinamismo permanece constante. Desse movo pode-se enunciar o denominado *princípio da conservação da quantidade de dinamismo*. A saber: *A quantidade de dinamismo de um sistema de pontos materiais isolados de forças externas é constante.*

7 - Choque Mecânicos no Dinamismo

Quando dois corpos sofrem um impacto, ocorrem deformações nas suas formas, bem como variações na força induzida que transportam.

Quando as deformações causadas pelo choque central direto são elásticas, os corpos readquirem sua forma primitiva devolvendo a força induzida empregada na deformação.

Entretanto, se as deformações são plásticas, a força induzida é totalmente dissipada.

Pode-se facilmente demonstrar que no choque central entre dois corpos é verificada a seguinte igualdade:

$$i_2 - i_1 = k \cdot (i'_2 - i'_1)$$

Onde as letras (i'_1 e i'_2) representam as forças induzidas dos corpos antes do choque mecânica; (i_1 e i_2) representam as respectivas forças induzidas depois do choque e, a letra (k) é denominada por *proporção elástica*.

Logicamente o valor de (k) depende da elasticidade dos corpos que se chocam. Portanto, em termos teóricos, pode-se afirmar que num choque perfeitamente elástico, (k = 1), ocorre a conservação da quantidade de dinamismo. Desse modo pode-se escrever, simbolicamente, que:

$$m_1 . i'_1 + m_2 . i'_2 = m_1 . i_1 + m_2 . i_2$$

Diante dessa expressão, pode-se afirmar que em todos os choques mecânicos há sempre a conservação da quantidade de dinamismo.

CAPÍTULO VIII

INÉRCIA

1- *Introdução*

Neste *capítulo* será apresentada uma nova interpretação técnica para o estudo do conceito de *força de inércia*, bem como sua definição qualitativa e quantitativa. Também será analisada sua propriedade básica, bem como a sua natureza.

2 - *Natureza*

Quando uma força é aplicada externamente sobre um corpo em repouso, a massa do mesmo exerce uma oposição à aceleração. Este fenômeno, muito discutido por Galileu e Newton, é denominado por *inércia*.

Observa-se que nem todos os corpos são fáceis de se colocar em movimento. As experiências têm demonstrado que a dificuldade em acelerá-los aumenta com a massa.

Quando maior for a massa de um corpo, tanto menor será a aceleração provocada pela ação de uma mesma intensidade de força.

Logo, a massa qualifica a inércia de um corpo, ou seja, sua relutância à aceleração. Portanto, a inércia é uma força exercida pela matéria em oposição à aceleração.

Sua causa é bastante complexa. Do ponto de vista da relatividade é a resultante da deformação do espaço. Do ponto de vista clássico, a inércia é uma propriedade inerente à matéria e independe das circunstâncias em que ela esteja. Entretanto, na presente obra, será estudada a inércia sem a preocupação com sua natureza.

3- *Inércia*

A inércia não ficou suficientemente explicada na Física Clássica até que em 1978, Leandro deu início ao desenvolvimento de uma nova teoria denominada por Dinamismo.

A moderna teoria do Dinamismo propõe que uma força aplicada externamente sobre um corpo sofre um processo de desdobramento. Parte dela é empregada para vencer a inércia e a parte resultante provoca a aceleração do móvel. Esta última parte é denominada por força dinâmica, sendo responsável pelo aparecimento da força induzida que fica conservada no móvel.

Para que o corpo possa sair do seu estado de repouso é necessário que ele seja submetido a uma intensidade mínima de força externa para vencer a oposição oferecida pela inércia.

A força de inércia é uma característica que depende da massa e da própria força aplicada externamente sobre o corpo.

A força de inércia é definida como sendo igual à intensidade da força externa aplicada sobre o móvel, pela diferença da força dinâmica.

Simbolicamente o referido enunciado pode ser escrito da seguinte maneira:

$$I = F - f$$

Portanto, quando um corpo é submetido à ação de uma força externa, esta deve ser suficiente para superar a força de inércia para que o corpo possa movimentar-se.

A força dinâmica emerge da força externa, aplicada sobre o corpo, como uma resultante. Ela é a causa da aceleração e da força induzida que permanece conservada no móvel.

Quando desaparece a ação da força externa, também desaparece a força dinâmica, cessando a aceleração do móvel. Entretanto, a força induzida permanece conservada no móvel,

mantendo o movimento na forma retilínea e uniforme ao infinito.

4- *Propriedades*

No presente item será apresentada rapidamente alguma
das propriedades envolvidas no movimento de um corpo, a saber:

a) *Para que um corpo entre em movimento ou modifi-
que seu estado de movimento é necessário vencer sua inércia.*

b) *A inércia é uma força que se opõe à variação de
aceleração.*

c) *Quanto maior for a aceleração, tanto maior será a
força de inércia transportada pelo móvel.*

d) *Quanto maior for a variação da força externa, tanto
maior será a força de inércia a ser vencida.*

e) *A força de inércia depende da massa e da variação
da força externa aplicada sobre o móvel.*

f) *Um móvel só pode sofrer a ação de uma força externa, desde que esta força esteja em repouso relativo com o
mesmo.*

g) *Uma força externa variável aplicada continuamente,
está constantemente tirando o móvel do seu estado de repouso.*

h) *A força externa aplicada num móvel, engloba a força de inércia e a força dinâmica.*

i) *Sob a ação de forças externas, o móvel sofre indução
ou extração de forças.*

5- *Mobilidade*

Uma *mesma intensidade* de força externa ao ser aplicada em corpos de diferentes massas, emerge em diferentes intensidades de forças dinâmicas. Quanto maior for a massa do
móvel, tanto menor será a força dinâmica resultante. Isto indica
que o móvel apresenta uma força de inércia de sentido oposto à

ação da força aplicada. As forças de inércia automaticamente se opõem à ação da força aplicada, nunca a favorece. Considere um corpo em repouso no espaço. Suponha que seja ligado a ele um dinamômetro, para medir a força necessária para colocá-lo em movimento. Ao aplicar uma pequena força, verifica-se que o corpo não se move. Digo que a força aplicada é equilibrada por uma força de inércia oposta, exercida pela massa do corpo. Aumentando a força externa gradativamente obtém-se uma força definida para a qual o corpo apenas começa a deslocar-se. E uma vez iniciado o movimento, parte da força externa emerge numa força dinâmica.

O quociente do módulo da força de inércia pelo modulo da força externa é denominado por mobilidade.

Simbolicamente o referido enunciado permite escrever a seguinte sentença matemática:

$$\mu = I/F$$

Sendo (μ) a mobilidade, uma constante adimensional, sendo resultando da razão dos módulos de duas forças.

6- *Referencial e Inércia*

Quando um móvel é submetido à variação de uma força externa, o mesmo passa de um estado de inércia para outro. Isto significa que, em relação a um referencial, um corpo em repouso ao ser submetido à ação de uma força externa, vence sua inércia de repouso (I_0) e adquire uma aceleração, passando a um novo estado de inércia (I_1), sendo deixado em movimento livre.

Suponha agora que, se deseja dobrar a intensidade de força externa aplicada sobre o móvel. Isto significa que a fonte desta nova intensidade de força terá que se deslocar e entrar em repouso relativo com o móvel. Neste novo estado, o móvel apresenta em relação a esta fonte de força, uma inércia de repouso (I_0). Isto significa que, ao ser aplicado a força externa sobre o móvel, este adquire um novo estado de inércia (I_1) em relação a esta nova fonte de força. E com relação ao referencial *inicial*, que era o inercial, equivale a (I_2). Portanto a força de inércia dobrou de intensidade com a força externa.

Portanto, ao ser submetido à variação de uma força de intensidade (F_1) para (F_2), o móvel passa de um estado em que sua inércia era (I_1) a outro estado em que a sua inércia é (I_2).

À medida que a aceleração de um móvel aumenta, devido ao aumento da força externa, sua força de inércia aumenta, de forma que é necessária uma força cada vez maior para vencer a força de inércia.

E enquanto o móvel permanece num estado de inércia, ele não perde nenhuma intensidade de força induzida. Sua inércia permanece constante, logo o mesmo se acha num estado *estacionário*.

7- *Avaliação de Forças*

Quando uma força externa é aplicada sobre um corpo, ela é desdobrada em duas forças, a saber: força de inércia e força dinâmica.

Sendo (F) a intensidade de força externa aplicada sobre o móvel, (I) a parcela utilizada para vencer a inércia e (f) a parcela que se manifesta sob a forma dinâmica, de modo que:

$$F = I + f$$

Para avaliar que proporção de força aplicada sobre os fenômenos de inércia e dinâmica, passo a definir as seguintes grandezas:

I - Absorvidade Dinâmica

$$\eta = I/F$$

II - Fluxo Dinâmico

$$\phi = f/F$$

Somando as referidas grandezas, tem-se que:

$$\eta + \phi = I/F + f/F = (I + f)/F = F/F = 1$$

Portanto pode-se chegar à seguinte conclusão:

$$\eta + \phi = 1$$

As grandezas (η) e (ϕ) não possuem unidades, pois é a relação entre duas intensidades de forças. As grandezas que não apresentam unidades são denominadas por *grandezas adimensionais*.

8- *Força Induzida*

Foi apresentado na presente teoria que a força externa aplicada sobre um móvel é igual à soma entre a força de inércia pela força dinâmica.

Simbolicamente o referido enunciado é expresso pela seguinte igualdade:

$$F = I + f$$

Quando é interrompida a ação da força externa aplicada sobre o móvel, a força dinâmica desaparece e só permanece no móvel a força induzida, resultado da ação anterior.

O que desejo dizer quando falo em força dinâmica e força induzida?

A força dinâmica é a resultante da força externa aplicada sobre um móvel. E enquanto essa força interage sobre o móvel, o mesmo permanece acelerado. Entretanto, quando a força externa cessa a sua ação, a força dinâmica deixa de operar e o móvel entra em um estado de movimento uniforme em linha reta ao infinito.

O que faz o móvel continuar em seu estado de movimento uniforme em linha reta ao infinito sem a ação da força externa?

Esse movimento fica perfeitamente explicado pela ação da força induzida. Ou seja, a uniformidade e a continuidade do movimento são causadas pela constância da força induzida conservada no móvel. Desse modo o movimento oriundo da força induzida é diferente daquele que é provocado pela ação da força dinâmica.

Na fase de força induzida, o móvel não mantém sua aceleração porque a força dinâmica deixou de atuar quando a força externa foi retirada. Entretanto, o móvel passa a manter uma velocidade constante, porque a força induzida permanece conservada no móvel de forma constante.

Nesta situação pode-se afirmar que o móvel transporta e conserva de forma intrínseca uma força de inércia, que caracteriza seu novo estado de inércia em relação a um dado referencial. Transporta, também, uma intensidade de força induzida originada ou criada pela ação da força dinâmica até o instante em que se encontrava acelerado sob a ação dessa força dinâmica.

Também se pode definir uma grandeza física chamada por força motriz. Ela é igual à soma entre a força de inércia pela força induzida.

Simbolicamente o referido enunciado é expresso pela seguinte igualdade.

$$T = I + i$$

A força motriz transportada pelo móvel se converte em força de impacto num eventual choque mecânico.

9- *Conclusões*

Do presente estudo é possível extrair algumas conclusões básicas sobre a força de inércia e sua relação com as demais forças:

a) *Em Dinamismo a inércia é uma força.*

b) *A princípio a força de inércia é intrínseca à matéria.*

c) *Força é toda ação de altera o estado de repouso ou de movimento do corpo.*

d) *A força induzida é criada e armazenada no móvel pela interação da força dinâmica que atua num dado intervalo de tempo, impelindo o móvel.*

e) *É sempre necessária uma intensidade de força externa mínima para tirar o corpo do seu estado de repouso.*

f) *Toda vez que um corpo é submetido à ação de uma força externa ele está sujeito à ação de uma força dinâmica.*

g) *Toda vez que um corpo em movimento está sob a ação de uma força dinâmica ele apresenta uma força induzida.*

h) *A inércia se opõe à ação da força externa, porém não provoca sua diminuição.*

i) *A inércia é uma força que se opõe à força dinâmica, provocando sua alteração.*

j) *Um corpo em repouso está em um estado de inércia. Para vencer essa inércia inicial é necessário aplicar uma intensidade de força que o acelera. Ao ser submetido a uma aceleração constante, entra em um novo estado de inércia em relação à força à qual está submetido. Para vencer essa inércia é necessário aplicar uma força de maior intensidade que vem a alterar sua aceleração. E assim sucessivamente.*

k) *Em relação a uma intensidade de força externa constante, o móvel acelerado nunca sai do seu estado de repouso.*

l) *Qualquer intensidade de força externa aplicada num corpo, imprime no mesmo um estado de inércia em relação a um referencial em repouso.*

m) *A massa é o agente que se opõe à alteração do movimento.*

n) *Cada vez que o corpo sofre uma variação de aceleração, ele está literalmente saindo do seu estado de repouso em relação à força externa.*

o) *A força de inércia exerce uma oposição a partir do repouso relativo entre o corpo e a força externa.*

CAPÍTULO IX

FORÇA DINÂMICA E DE INÉRCIA

1 - *Introdução*

No presente *capítulo* será discutida a relação existente entre as forças externas, dinâmicas e de inércias. Estas três forças juntamente com a força induzida representam todo o arcabouço teórico e matemático do Dinamismo.

2 - *Observações Dinamísticas*

A força dinâmica (f) que provoca o aparecimento da força induzida num móvel depende da intensidade de força externa (F) aplicada sobre o corpo e também de sua massa (m). Essa afirmação pode ser comprovada experimentalmente. E, a título de ilustração, considere as seguintes observações.

I - Ao aplicar uma força externa de intensidade (F_1) num corpo de massa (m_1), a resultante emerge numa força dinâmica de intensidade (f_1). Um corpo com o dobro da massa (m_2) implica que a força dinâmica (f_1) tem a sua intensidade diminuída de $(f_1/2)$; isto é, a metade da força dinâmica anterior. Para uma outra massa, a mesma intensidade de força externa (F_1) aplicada acarretará uma outra modificação de força dinâmica inversamente proporcional.

Esta experiência indica que a intensidade de força dinâmica (f) de um móvel ao ser submetido à ação de uma força externa é inversamente proporcional à massa.

II - Considere, agora, um corpo de massa (m_1). Ao aplicar uma força externa de intensidade (F_1), a resultante emerge numa força dinâmica de intensidade (f_1). Uma elevação da força externa aplicada com uma intensidade duas vezes maior (F_2), provoca um aumento da força dinâmica com o dobro da intensidade anterior (f_2). E assim sucessivamente.

Portanto, a intensidade da força dinâmica (f) de um móvel submetido à ação de uma força externa é diretamente proporcional à intensidade da força externa (F) aplicada sobre o móvel.

III - Resumindo as conclusões anteriores pode-se enunciar a seguinte lei do Dinamismo: *A intensidade de força dinâmica de um móvel é diretamente proporcional à intensidade de força externa aplicada sobre o corpo e, inversamente proporcional à massa desse corpo.*

3 - *Dedução Teórica*

O Dinamismo de Leandro demonstra que a força dinâmica que emerge num móvel é igual ao produto entre o estímulo pela aceleração que adquire.

Simbolicamente o referido enunciado é expresso pela seguinte equação:

$$f = e \cdot \alpha$$

A Dinâmica de Newton demonstra que a intensidade de força externa aplicada sobre um corpo é igual ao produto existente entre sua massa pela aceleração adquirida.

Simbolicamente o referido enunciado é expresso pela seguinte equação:

$$F = m \cdot \alpha$$

Substituindo convenientemente as duas últimas expressões, vem que:

$$f = e \cdot F/m$$

Pela referida expressão pode-se afirmar que a força dinâmica é diretamente proporcional à força externa é inversamente proporcional à massa do corpo. Na referida expressão, a constante fundamental que estabelece a proporcionalidade entre a força externa e a massa é conhecida por *estímulo*.

Parece claro que, num movimento livre, o aumento da massa não interfere na força externa aplicada sobre o corpo, mas interfere na interação da força dinâmica, provocando sua diminuição e em conseqüência diminuindo o valor da aceleração. Entretanto, para um corpo imerso num campo gravitacional, o aumento da massa interfere na força externa, aumentando-a de forma proporcional, o que acarreta, em conseqüência, o aumento da força dinâmica. Porém, o aumento dessa massa interfere na interação da força dinâmica, provocando a sua diminuição, da mesma proporção do aumento da força externa.

Diante do fenômeno gravitacional pode-se afirmar que o aumento da força dinâmica que ocorreria pelo aumento da força externa é perdido pelo aumento da resistência oferecida pela inércia. Por causa desse fenômeno, a força dinâmica gravitacional mantém-se num valor constante e em conseqüência a aceleração da gravidade permanece constante.

4 - *Características da Equação*

A equação anterior é fundamental na compreensão da *Mecânica do Dinamismo*. Ela confirma o que as experiências diárias demonstram que, uma mesma intensidade de força externa aplicada a corpos de diferentes massas produzirá diferentes intensidades de forças dinâmicas.

Observe que a referida equação está em perfeito acordo com a Dinâmica Clássica e com a teoria do Dinamismo.

A primeira lei de Newton é prevista pela equação supra mencionada, como um caso particular do movimento. Se a força externa aplicada sobre o móvel for nula, a força dinâmica resultante será nula.

Portanto, na ausência de forças dinâmicas, um móvel desloca-se com velocidade constante ou está em repouso.

Se o móvel estivesse acelerado, ao cessar a ação da força externa, a força dinâmica se anula e o móvel deixa de receber a força induzida. Nestas condições passa a deslocar-se com velocidade constante em movimento retilíneo e uniforme.

A força dinâmica (f) é a resultante da força externa (F) aplicada sobre um corpo de massa (m). E neste sentido ela é diferente da força prevista pela segunda lei de Newton. Em outras palavras, a força dinâmica é o efeito que resulta da força newtoniana aplicada à matéria. Assim, as duas forças estão relacionadas.

Na verdade pode-se afirmar que, quanto maior for a intensidade de força externa aplicada sobre um móvel, tanto maior será a intensidade da força dinâmica resultante.

Também se pode afirmar que, quanto maior for a massa do móvel, tanto menor será a intensidade da força dinâmica resultante.

Pode-se constatar que a equação mencionada está plenamente de acordo com o princípio de Galileu Galilei (1564-1642). Eis que a força de atração gravitacional aumenta na mesma proporção da massa do corpo, de tal forma que a relação entre ambas permanece constante. Assim, em queda livre, a força dinâmica é a mesma para todos os corpos, provocando, portanto, a mesma aceleração.

Pelo que foi analisado no presente capítulo, pode-se inferir os seguintes princípios:

a) *A força dinâmica de um corpo está diretamente relacionada com a aceleração desse corpo.*

b) *Quando não há a interação da força dinâmica também não existe aceleração.*

c) *Uma força dinâmica constante produz uma aceleração constante na direção e sentido da força.*

5 - *Força de Inércia*

A experiência mostra que nem todos os corpos são igualmente fáceis de colocar em movimento. Na verdade a dificuldade em acelerá-los aumenta proporcionalmente com a quantidade de matéria que eles possuem.

Portanto, um corpo de maior massa apresenta uma maior resistência à alteração do seu estado inercial. Assim fica claro que a matéria não é inerte ou passiva, caso contrário não poderia resistir à alteração do seu estado inercial.

Essa quantidade de matéria é tecnicamente conhecida por *massa*. A princípio, qualitativamente, a massa de um corpo indica sua inércia e, portanto, sua relutância para acelerar.

Quando uma força atua sobre um corpo de massa (m), ele pode ou não sofrer um deslocamento. Este fenômeno é denominado por *inércia*. E a força que resiste ao movimento é chamada por *força de inércia*.

A força de inércia não ficou suficientemente explicada na Mecânica Clássica, até que em 1.978 foi desenvolvida uma nova teoria, levando em consideração o conceito de dinamismo.

No Dinamismo os movimentos são explicados em função das forças que operam no corpo. Com isso mais uma vez mais fica claro que a matéria é ela própria ativa.

O Dinamismo propõe que para o móvel se deslocar é necessário que ele seja submetido a uma intensidade mínima de força externa para vencer a força de inércia.

Logo, quando um corpo é submetido à ação de uma intensidade de força externa (F), esta deve ser suficiente para superar a força de inércia (I) da matéria, para que o corpo possa movimentar-se e a resultante da força manifesta-se sob a forma de uma força dinâmica (f).

Portanto, pode-se afirmar que a força externa é igual à soma entre a força de inércia pela força dinâmica.

Simbolicamente o referido enunciado é expresso pela seguinte equação fundamental:

$$F = I + f$$

Esta é a equação que explica e esclarece a relação existente entre a força externa, força de inércia e força dinâmica.

Ela afirma que para manter a força dinâmica (f) constante entre corpos de diferentes massas, será necessário aplicar uma força externa (F) de intensidade maior ou menor, quanto maior ou menor for a força de inércia.

6 - *Relação (I)*

Foi demonstrada na presente obra a seguinte verdade:

a) $f = \Delta i / \Delta t$
b) $f = F - I$

Substituindo convenientemente as duas últimas expressões, resulta que:

$$\Delta i = (F - I) \cdot \Delta t$$

7 - *Relação (II)*

Foi apresentada na presente obra a realidade das seguintes equações:

a) $F = e \cdot \alpha$
b) $f = F - I$

Substituindo convenientemente as duas últimas expressões, resulta que:

$$\alpha = (F - I)/e$$

8 - Relação (III)

Foi demonstrada na presente obra a seguinte verdade:

a) $f = e \cdot F/m$
b) $f = F - I$

Substituindo convenientemente as duas últimas expressões, vem que:

$$e \cdot F/m = F - I$$
$$e = [m \cdot (F - I)]/F$$
$$e = m \cdot (1 - I/F)$$

9 - Absorvidade Dinâmica

A absorvidade dinâmica é definida como sendo igual à diferença entre a força externa pela força dinâmica, inversa pela força externa.

Simbolicamente o referido enunciado é expresso por:

$$\eta = (F - f)/F$$

Portanto, resulta que:

$$\eta = 1 - f/F$$

Ocorre que o fluxo dinâmico é igual à relação entre a força dinâmica pela força externa. Com isso, pode-se escrever simbolicamente que:

$$\phi = f/F$$

Substituindo convenientemente as duas últimas expressões, resulta que:

$$\eta = 1 - \phi$$

Assim pode-se afirmar que a absorvidade dinâmica é igual ao número "um" menos o valor do fluxo dinâmico apresentado pelo móvel.

10 - *Fluxo Dinâmica*

O fluxo dinâmico é definido como sendo igual à diferença entre a força externa pela força de inércia, inversa pela força externa.
Simbolicamente o referido enunciado é expresso por:

$$\phi = (F - I)/F$$

Logo, resulta que:

$$\phi = 1 - I/F$$

Entretanto, a absorvidade dinâmica é igual à relação entre a força de inércia pela força externa. Sendo que esse enunciado permite escrever que:

$$\eta = I/F$$

Substituindo convenientemente as duas últimas expressões, vem que:

$$\phi = 1 - \eta$$

Logo o fluxo dinâmico é igual ao número "um" menos o valor da absorvidade dinâmica.

11 - *Característica da Força de Inércia*

Foi demonstrado que:

a) $F = I + f$
b) $F = m \cdot \alpha$
c) $f = e \cdot \alpha$

Substituindo convenientemente as três últimas expressões, resulta numa equação, a saber:

$$I = m \cdot \alpha - e \cdot \alpha$$

Ou seja:

$$I = (m - e) \cdot \alpha$$

A referida expressão prova que a força de inércia aumenta com o aumento da massa do corpo e também com a aceleração. Aliás, se a massa permanecer constante, a força de inércia é diretamente proporcional à aceleração do móvel. Ou seja, essa fórmula apresenta a idéia de que uma mesma partícula possui inércia diferente conforme a intensidade de força dinâmica a que esteja submetida.

CAPÍTULO X

AS FORÇAS

1 - *Introdução*

As forças são estudadas pelos efeitos que provocam. E na teoria do Dinamismo o principal efeito das forças, entre tantos outros, são os movimentos, as velocidades e as acelerações. Desse modo pode-se concluir que a força é o agente responsável pelo movimento dos corpos.

2 - *Conclusões*

O estudo geral da queda livre dos corpos permite chegar a algumas conclusões bastante interessantes sobre a força e aceleração.

Desprezada a resistência do ar, pode-se afirmar que:

a) *A ação da força dinâmica provoca o aparecimento da aceleração.*

b) *Uma força dinâmica constante provoca uma aceleração constante.*

c) *Uma força dinâmica variável provoca uma aceleração variável.*

d) *A anulação da força dinâmica provoca o desaparecimento da aceleração.*

e) *A força dinâmica que atua sobre um corpo em queda livre próximo à superfície da Terra é praticamente constante.*

f) *A força dinâmica que atua sobre um corpo em queda livre varia com a altitude.*

g) *A força dinâmica que atua sobre um corpo em queda livre não depende de sua massa ou peso.*

h) *Todos os corpos, independentemente de seu peso ou massa, caem com a mesma aceleração.*

i) *Em queda livre, todos os corpos, independentemente de seu peso ou massa, são submetidos à ação da mesma intensidade de força dinâmica gravitacional.*

Baseado nas conclusões acima estabelecidas, pode-se enunciar a seguinte lei: *Independentemente de sua massa ou peso, todos os corpos submetidos à ação de uma mesma força dinâmica, apresentam uma mesma aceleração.*

3 - *Força Dinâmica*

A força dinâmica gravitacional que atua sobre um corpo em queda livre não depende da massa ou peso. É fato comprovado que todos os corpos caem com a mesma aceleração, não importando sua massa ou peso.

Tendo em mente que somente uma força constante produz uma aceleração constante, então a segunda lei de Newton *não* serve para explicar teoricamente o fenômeno de queda livre. Pois exige que a força dependa da massa, o que contraria o princípio de Galileu.

Portanto, com fundamento no princípio enunciado no item anterior pode-se estabelecer uma lei relacionando as forças dinâmicas com a aceleração do móvel.

Sendo (f) a força dinâmica e (α) a aceleração que aparece, pode-se afirmar que a força dinâmica emergente no móvel é proporcional à aceleração que apresenta. Sendo que tal enunciado é expresso simbolicamente por;

$$f = e \cdot \alpha$$

Onde o símbolo (e) representa uma constante de caráter universal denominada por *estímulo*.

A referida equação explica todas conclusões do item anterior. Coisa que a segunda lei de Newton não consegue fazer.

Percebe-se facilmente que a força dinâmica de um móvel é diretamente proporcional à aceleração que aparece, e sua direção e sentido são os mesmo que os da força.

Deve-se chamar a atenção para mostrar que na referida equação, a aceleração independe da massa ou peso do corpo.

Observe também que a primeira lei de Newton está contida na referida equação, como caso particular. Pois quando (f = 0), resulta (α = 0). Ou seja, quando a força dinâmica que atua num corpo for nula, a aceleração também será nula. E o corpo passa a mover-se com velocidade constante para o infinito ou então está em repouso, conforme descreve a primeira lei de Newton.

A última expressão mostra claramente que, quando um corpo é submetido à ação de uma intensidade de força dinâmica (f), o mesmo fica sujeito a uma aceleração (α), diretamente proporcional a essa força. Assim, a aceleração que o corpo adquire depende unicamente da força dinâmica que interage com ele.

Foi demonstrado que a velocidade de um móvel é tanto maior quanto maior for a força induzida no mesmo. E a força induzida será tanto maior quanto maior for a força dinâmica à qual o móvel está submetido. Por sua vez, a força dinâmica será tanto maior quanto maior for a intensidade da força externa aplicada sobre o corpo e, tanto maior quanto menor for a força de inércia.

Em resumo, se a força externa deixar de atuar sobre o corpo, então a força dinâmica torna-se nula. Logo, na ausência de força dinâmica a aceleração é nula. O móvel passa a manter uma força induzida de valor constante. Isto significa que a velocidade permanece invariável. Portanto, o móvel passa a executar um movimento retilíneo uniforme indefinidamente. Tal condição permanecerá até que sofra a ação de forças externas que venham alterar a força induzida que transporta.

Nestas condições, um possível choque contra uma superfície qualquer provocaria deformações no corpo e na superfície. Este exemplo serve para demonstrar que o móvel em movimento retilíneo uniforme é portador de uma força. Pois somente uma força pode se opor a uma força. A teoria da Dinâmica Clássica não explica a existência dessa força transportada por um corpo em movimento inercial.

4 - *Princípio da Inércia no Dinamismo*

Diante dos conceitos apresentados até o presente momento podem-se enunciar alguns princípios fundamentais deduzidos do Dinamismo.

a) *Existe força induzida constante num ponto material isolado em movimento retilíneo e uniforme.*

Em Dinamismo, um corpo em repouso em relação a um referencial inercial, não apresenta força induzida. Este fato permite estabelecer o seguinte princípio:

b) *Inexiste força induzida num ponto material isolado em repouso.*

Os referidos princípios ou leis são de fato uma afirmação dinamistica sobre a primeira lei de Newton. O fato de corpos isolados permanecerem em movimento retilíneo uniforme ou em repouso, na ausência de forças externas aplicadas é, na realidade, uma propriedade caracterizada pela primeira lei de Newton.

Entretanto, em Dinamismo, o corpo isolado em repouso encontra-se na mais absoluta ausência de força induzida, enquanto que o corpo isolado em movimento retilíneo uniforme está sob a ação de forças induzidas. Esta descrição pormenorizada levou ao desdobramento da primeira lei de Newton em duas partes.

No Dinamismo, o princípio da inércia pode ser enunciado nos seguintes termos: *Um corpo isolado em repouso encontra-se na ausência de força induzida e, em movimento retilíneo uniforme encontra-se com uma força induzida constante.*

5 - *Inércia*

A Física Clássica permite inferir que a inércia é uma propriedade geral da matéria. Desse modo um corpo isolado em movimento tende, por inércia, a continuar em seu estado de movimento. E um corpo isolado em repouso tende, por inércia, a permanecer em seu estado de repouso. Esta explicação clássica é intelectualmente insatisfatória. Na verdade essa explicação lembra bastante o conceito filosófico de Aristóteles sobre o lugar natural ocupado pelos elementos. Por isso este é um outro ponto fraco na teoria Newtoniana.

Uma explicação satisfatória é aquela oriunda do Dinamismo, expressa nos seguintes moldes:

Um corpo em repouso tende a permanecer em repouso devido a ausência de forças induzidas. E um corpo em movimento tende a continuar indefinidamente em movimento retilíneo e uniforme devido à ação de forças induzidas. Extraia-se a força induzida e verificar-se-á a alteração do movimento.

Portanto, considerando a situação de inércia, pode-se afirmar que tanto em Dinâmica como em Dinamismo, o corpo não está sob a ação de forças externas. E até o presente momento em que este tratado está sendo escrito, a tendência do corpo continuar em seu estado de movimento ou de repouso, isto é, sua inércia, é de certa forma interpretada como uma propriedade inerente da matéria que dispensa maiores explicações. Na verdade tal conceito é extremamente medieval, próprio da filosofia escolástica. A interpretação da inércia de um corpo como sendo o resultado da conservação de força induzida ou de sua ausência, é uma idéia original que ocorreu a Leandro de 1.978.

O estudo dos movimentos e suas causas era um assunto que o absorvia profundamente nessa época. E por uma notável capacidade de inferência chegou ao conceito de *força induzida*. Esta simples idéia representa um rompimento com a Física tradicional. Na verdade a preocupação com este tipo de problema culminou de forma inesperada com a ruptura com a Mecânica Clássica, sob a forma de uma nova teoria que representa uma grande generalização daquela.

6 - *Resumo*

A estrutura básica da teoria do Dinamismo pode ser resumida em algumas leis, a saber:

a) *Um ponto material isolado está induzido por uma força ou não.*

$$i \neq 0 \text{ ou } i = 0$$

b) *Todos os corpos, independentemente de seu peso ou massa, ao entrarem em queda livre, próximo à superfície do planeta, ficam submetidos à ação da mesma intensidade de força dinâmica.*

$$f_1 = f_2 = f_3 = \ldots = f_n$$

c) *A força dinâmica que um móvel apresenta é igual ao produto entre o estímulo pela aceleração que adquire.*

$$f = e \cdot \alpha$$

d) *A força externa que atua sobre um móvel é igual à soma entre a força de inércia pela força dinâmica.*

$$F = I + f$$

e) *A força induzida em um móvel é igual ao produto entre a variação da força dinâmica pela variação de tempo em que atua.*

$$\Delta i = f . \Delta t$$

f) *A força induzida de um móvel é igual ao produto existente entre o estímulo pela velocidade.*

$$i = e . V$$

g) *A força de inércia é igual à relação entre a variação de ímpeto pela variação de tempo.*

$$I = \Delta H / \Delta t$$

h) *A força dinâmica gravitacional é proporcional à massa do planeta e inversamente proporcional ao quadrado da distância que separa o centro do planeta ao centro do móvel.*

$$f = e . G . M/d^2$$

i) *A indutória é o inverso do estímulo.*

$$B = 1/e$$

j) *A força externa é igual ao produto entre a massa do corpo por sua aceleração.*

$$F = m . \alpha$$

Estas leis respondem de forma clara e completa todas as questões da Cinemática e Dinâmica. Juntas caracterizam o arcabouço do Dinamismo. São perfeitamente válidas em relação a um referencial inercial.

CAPÍTULO XI

O PESO

1 - *Introdução*

Neste capítulo será apresentada uma nova e mais profunda definição da força conhecida por peso. Essa definição
será fundamentada dentro dos conceitos do Dinamismo. Também será analisada a conseqüência cinemática e dinâmica das
forças que interagem com a matéria.

2 - *Definição de Peso*

Seja (p) o peso de um corpo em repouso e, (f) a força
dinâmica gravitacional interagindo com sua massa (m). O peso
é uma grandeza vetorial cujo vetor tem o sentido do centro do
planeta.

Quando um corpo de massa (m) entra em queda livre,
sua aceleração (g) é a da gravidade. E a força que opera num
movimento não é o seu peso (p), pois um corpo em queda livre
apresenta peso nulo (p = 0).

Por esta razão, as velocidades que os corpos adquirem
em queda livre, não dependem do peso. Pois, (p_1 , p_2 , p_3 , ... ,
p_n = 0) em queda livre.

Desse modo pode-se afirmar que a força responsável
pela velocidade dos corpos em queda livre não é o seu peso.
Mas sim, a força dinâmica gravitacional cuja intensidade é
igual para todos os corpos, independentemente de sua massa ou
peso.

Na realidade, o peso é uma força estática que se manifesta somente quando o corpo está em repouso em relação a um referencial.

E sob todos os aspectos, a força dinâmica gravitacional (f) é a resultante que interage num corpo, seja num corpo em queda livre ou em repouso. Em queda livre, o corpo sofre o efeito da força induzida e, em repouso sofre a ação da força peso.

A definição de peso em Dinamismo é a seguinte: *O peso de um corpo é igual ao produto entre sua massa (m) pela força dinâmica gravitacional (f).*

Simbolicamente pode-se escrever que:

$$p = m \cdot f$$

Observa-se claramente que o peso é um conceito que relaciona a força dinâmica gravitacional com as propriedades do corpo.

3 - *Equações do Dinamismo*

As equações que fundamentam o Dinamismo são as seguintes:

a) $f = e \cdot \alpha$
b) $F = I + f$
c) $V = B \cdot i$
d) $\Delta i = f \cdot \Delta t$
e) $F = m \cdot \alpha$
f) $p = m \cdot f$
g) $f = e \cdot F/m$
i) $I = \Delta H/\Delta t$
j) $f = e \cdot G \cdot M/d^2$

Estas equações permitem unificar uma grande área da Física, além de permitir a previsão de novos resultados.

O extraordinário alcance e a generalidade das referidas equações são sublimes. Na verdade a simplicidade elementar dessas equações revela a forma poética pela qual o Criador escreveu a natureza.

4 - Conseqüências (I)

As equações anteriores permitem estabelecer as seguintes conclusões gerais:

a) *As forças são os agentes responsáveis por toda e qualquer forma de movimento.*

b) *Independentemente da ação de forças externas, qualquer corpo permanece em movimento enquanto permanecer sob a ação de forças induzidas.*

c) *Ao vencer a oposição da força de inércia, a força externa emerge numa resultante chamada por força dinâmica.*

d) *Qualquer que seja o movimento, o móvel transporta uma força induzida.*

e) *A força induzida é o agente que mantém o movimento.*

5 - Conseqüências (II)

Quando a força externa for nula (F = 0), têm-se as seguintes conseqüências:

a) *Se nenhuma força externa (F = 0) atua sobre o móvel, sua força dinâmica (f) é nula (f = 0).*

b) *Se nenhuma força externa (F = 0) atua sobre um móvel, a força induzida (i) permanece constante (i = cte).*

c) *Se nenhuma força externa (f = 0) atua sobre um móvel, sua velocidade (V) permanece constante (V = cte).*

d) *Na ausência de forças externas (F = 0), a força induzida no móvel mantém indefinidamente o movimento retilíneo e uniforme ao infinito.*

e) *Embora não sofra a ação de forças externas, o móvel possui em forma intrínseca uma força induzida. A existência de tal força é verificada pelo efeito da velocidade assumida pelo móvel e também pela deformação que pode provocar num eventual choque mecânico.*

6 - Conseqüências (III)

Quando a força externa for constante (F = cte), têm-se as seguintes conseqüências:

a) *Qualquer móvel sob a ação de uma força externa constante (F = cte), apresenta uma força dinâmica constante (f = cte).*

b) *Qualquer móvel sob a ação de uma força externa constante (F = cte), apresenta força induzida que varia uniformemente no decorrer do tempo.*

c) *Qualquer móvel sob a ação de uma força externa constante (F = cte), apresenta uma velocidade que varia uniformemente no passar do tempo.*

d) *Qualquer móvel sob a ação de uma força externa constante (F = cte), apresenta uma aceleração constante.*

e) *Qualquer móvel sob a ação de uma força externa constante (F = cte), caracteriza o movimento uniformemente variado.*

f) *Próximo à superfície do planeta, verifica-se que a força dinâmica gravitacional que atua sobre um corpo permanece constante durante todo o movimento.*

g) *Desprezada a resistência do ar, todo os corpos que caem de um mesmo ponto, são submetidos à ação de uma mesma intensidade de força dinâmica gravitacional, não importando seu tamanho, massa, peso ou forma. Isto significa* *que todos adquirem as mesmas forças induzidas e as mesmas velocidades.*

7 - *Conseqüências (IV)*

Quando a força externa for variável (F = Δ), tem-se as seguintes conseqüências:

a) *Se um móvel sofre a ação de uma força externa variável (F = Δ), sua força dinâmica (f) varia na mesma proporção (f = Δ).*

b) *Se um móvel sofre a ação de uma força externa que seja variável (F = Δ), sua aceleração também será variável (α = Δ).*

O estudo de corpos sob a ação de forças externas variáveis escapa ao nível didático do presente livro. Por esta razão não vou apresentá-lo aqui.

8 - *Conseqüências (V)*

Qualquer corpo que têm força dinâmica nula (i = 0), apresenta as seguintes características:

a) *Se a força induzida num corpo for nula (i = 0), ele estará em repouso (V = 0).*

b) *Um corpo em repouso (i = 0) pode estar sob a ação de uma força externa (F). Neste caso está submetido a uma força dinâmica (f). Isto caracteriza o conceito de força estática. Por exemplo: O peso é um corpo em repouso sob a ação de forças externas de origem gravitacional.*

c) *Um corpo em repouso (i = 0) pode não estar submetido à ação de uma força externa (F = 0). Neste caso, a força dinâmica é nula (f = 0). Isto caracteriza o princípio da inércia. Por exemplo: Um corpo isolado no espaço.*

É bom que fique bem claro que o presente tratado considera o estudo dos corpos sob o ponto de vista de um referencial inercial, bem como são desprezados os meios que podem exercer uma resistência ao movimento.

9 - *Resumo Matemático*

a)   **Movimento Uniforme**
$(F = 0) \Rightarrow (f = 0) \Rightarrow (i = cte) \Rightarrow (V = cte)$

b)   **Movimento Uniformemente Variado**
$(F = cte) \Rightarrow (f = cte) \Rightarrow (i = \Delta) \Rightarrow (V = \Delta)$

c)   **Inércia**
$(i = 0) \Rightarrow (V = 0) \Rightarrow (F = 0) \Rightarrow (f = 0)$

d)   **Força Estática (Peso)**
$(i = 0) \Rightarrow (V = 0) \Rightarrow (F \neq 0) \Rightarrow (f \neq 0)$

10 - *Força Induzida*

A lei da força induzida é uma das leis básicas da teoria do Dinamismo.

Quando um corpo é submetido a ação de uma força externa, esta emerge numa força dinâmica que produz o efeito de uma força induzida variável.

Se a força externa deixa de atuar sobre o móvel, a força dinâmica desaparece e a força induzida deixa de sofrer variações. Ou seja, passa a permanecer constante.

Como já foi dito, a força induzida que se observa é a causa da velocidade dos corpos. Em 1.978, Leandro conseguiu obter a lei que expressa a intensidade da força induzida, cuja importância na Física é extremamente grande, conforme se pode verificar na presente obra. Esta lei afirma que a variação de força induzida é igual ao produto entre a força dinâmica pela variação de tempo de ação da força externa.

A equação correspondente ao referido enunciado é expressa por:

$$\Delta i = f \, . \, \Delta t$$

O sentido da força induzida tende sempre a ser o mesmo da força dinâmica que a produz. Sendo que a referida lei fornece o valor exato para a força induzida qualquer que seja a origem da força externa, seja ela, por exemplo, a força muscular, a força da gravidade, a força eletrostática, a força magnética, a força elástica, ou ainda outra forma qualquer.

Em geral, o Dinamismo afirma que a ação de uma força externa sobre o móvel emerge numa força dinâmica que produz uma força induzida. Esta força induzida é intrínseca ao movimento. Ela é conservada e transportada pelo móvel. Pode-se ainda acrescentar que a força induzida é extraída do móvel somente pela ação de uma outra força externa que se oponha ao movimento.

CAPÍTULO XII

IMPULSO E FORÇA INDUZIDA

1 - *Introdução*

No presente *capítulo* serão consideradas duas grandezas importantes para a análise do impacto entre os corpos. Essas duas grandezas são o *impulso* e a *força induzida*.

Neste capítulo será considerado o teorema do impulso no Dinamismo e o principio da conservação da força induzida num móvel isolado da ação de forças externas.

2 - *Impulso*

Se um móvel animado com um movimento uniforme sofre a ação momentânea de uma força dinâmica, ele sofre uma variação de força induzida. Desse modo a força induzida naquele intervalo de tempo pode ser chamada por impulso.

No Dinamismo o impulso é definido como sendo igual ao produto existente entre a força dinâmica de valor constante que atua no móvel pelo intervalo de tempo que teve sua ação.

Simbolicamente o referido enunciado é expresso por:

$$M = f \cdot \Delta t$$

O impulso é uma grandeza vetorial. Portanto possui intensidade, direção e sentido.

3 - *Força Induzida*

A força induzida que um móvel apresenta em seu movimento uniforme é igual ao produto existente entre o estímulo pela velocidade desse móvel. Sendo que o referido enunciado é expresso simbolicamente pela seguinte igualdade:

$$i = e \cdot V$$

Evidentemente a força induzida é uma grandeza vetorial e possui intensidade, direção e sentido.

4 - *Teorema*

Um móvel ao ficar sujeito à ação de uma força dinâmica, durante um determinado intervalo de tempo, recebe dessa força um impulso.

Logo fica evidente que a força induzida será alterada pela ação da força dinâmica.

Para demonstrar as referidas grandezas, considere as seguintes realidades:

a) $M = f \cdot \Delta t$
b) $f = e \cdot \alpha$
c) $\alpha = \Delta V / \Delta t$

Portanto, substituindo convenientemente as três últimas expressões, vem que:

$$f = e \cdot \Delta V / \Delta t$$
$$f \cdot \Delta t = e \cdot \Delta V / \Delta t \cdot \Delta t$$
$$f \cdot \Delta t = e \cdot (V_2 - V_1) \Delta t \cdot \Delta t$$

Eliminando os termos em evidência, resulta que:

$$f \cdot \Delta t = e \cdot (V_2 - V_1)$$
$$f \cdot \Delta t = e \cdot V_2 - e \cdot V_1$$

Portanto conclui-se que:

$$M = i_2 - i_1$$
$$M = \Delta i$$

Dessa forma pode-se enunciar o seguinte teorema do Dinamismo: *O impulso comunicado a um móvel, num intervalo de tempo, é igual à variação da força induzida nesse móvel, no mesmo intervalo de tempo.*

5 - *Conservação da Força Induzida*

Considere um sistema isolado de forças externas. Nestas condições é possível demonstrar que a força induzida num móvel permanece conservada. Para isto considere as seguintes demonstrações:

$$M = \Delta i$$
$$f \cdot \Delta t = \Delta i$$

Como o sistema é isolado, pode-se afirmar que:

$$f = 0$$

Portanto vem que:

$$\Delta i = 0$$

Ou seja:

$$i_2 - i_1 = 0$$

Logo se pode concluir que:

$$i_2 = i_1 = cte$$

Assim pode-se enunciar o seguinte princípio: *Num sistema isolado, a força induzida permanece conservada de forma constante.*

Como a força induzida é a causa fundamental do movimento inercial, parece claro que o conceito de inércia é muito mais amplo do que o conceito de inércia retilínea apresentada por Newton em sua Dinâmica.

CAPÍTULO XIII

IMPACTO

1 - *Introdução*

No presente *capítulo* será considerado o estudo da teoria do impacto com base nos conceitos do Dinamismo. Pode-se afirmar que o impacto é uma parte do Dinamismo que estuda as forças transportadas por um móvel e, que são liberadas no momento de um eventual choque mecânico entre os corpos ou contra uma superfície.

2 - *Definição*

Para essa teoria o impacto é a força motriz com que um móvel atinge um corpo ou um anteparo qualquer. No momento em que ocorre o impacto, essa força é descarregada com violência e pode causar vários efeitos físicos na matéria. As principais são as deformações e os movimentos.

3 - *Equação Fundamental do Impacto*

A força de impacto é igual à força motriz transportada por um móvel no instante em que se dá a colisão da matéria contra a matéria.

Essa teoria considera que a força motriz transportada por um móvel é definida como sendo igual à soma entre a força de inércia pela força induzida do móvel.

Por essa interpretação, o referido enunciado pode ser expresso simbolicamente pela seguinte equação:

$$T = I + i$$

Porém, no instante em que ocorre a colisão a força motriz é liberada e passa a ser chamada por força de impacto. Ou seja, no momento da colisão a força motriz é igual à força de impacto.

O referido enunciado é expresso simbolicamente pela seguinte igualdade:

$$T = R$$

Portanto pode-se afirmar que a força de impacto de um móvel é igual à soma entre a força de inércia pela força induzida.

Simbolicamente o referido enunciado é expresso por:

$$R = I + i$$

4 - *Algumas Relações*

Pelo presente tratado, sabe-se que:

a) $T = I + i$
b) $i = e \cdot V$

Substituindo convenientemente as duas últimas expressões vem que:

$$T = I + e \cdot V$$

Também foi demonstrado que:

c) $T = I + i$
d) $i = f \cdot t$

Substituindo convenientemente as duas últimas expressões, resulta que:

$$T = I + f \cdot t$$

Na presente obra foi apresentada a seguinte verdade:

e) $T = I + i$
f) $F = I + f$

Substituindo convenientemente as duas últimas expressões, obtém-se que:

$$T = F - f + i$$

5 - *Movimento Uniforme*

Um móvel em movimento uniforme, embora esteja ausente da ação de forças externas e induzidas, na verdade transporta uma força motriz. E numa eventual colisão essa força motriz manifesta seu efeito numa força de impacto, deformando ou movimentando os corpos com que se choca.

6 - *Deformações Elásticas e a Força de Impacto*

Robert Hook demonstrou que a força aplicada sobre um corpo elástico é diretamente proporcional às deformações sofridas.

Simbolicamente o referido enunciado é expresso por:

$$F = k \cdot x$$

Sabe-se que a força de impacto com que um móvel atinge um corpo é igual à soma entre a força de inércia pela força induzida.

Simbolicamente o referido enunciado é expresso por:

$$R = I + i$$

Portanto numa eventual colisão de um móvel contra um corpo elástico, resulta na seguinte igualdade:

$$k \cdot x = I + i$$

7 - Prepacto

Muitas vezes numa colisão é necessário considerar a área que o móvel exerce sua força de impacto. Portanto, o prepacto nada mais é do que a pressão que a força de impacto exerce sobre determinada superfície.

Nestas condições pode-se afirmar que o prepacto é igual ao quociente da força de impacto, inversa pela área que o móvel atinge frontalmente.

Simbolicamente o referido enunciado é expresso pela seguinte relação:

$$C = R/A$$

Como ($R = I + i$), pode-se escrever que:

$$C = (I + i)/A$$

8 - Popacto

Em muitos fenômenos físicos é fundamental considerar a rapidez com que a força motriz é liberada em força de impacto. Assim uma força de impacto será tanto mais eficaz nos seus efeitos quanto menor for o tempo de liberação da força motriz. Dessa forma define-se a grandeza física *popacto* como sendo igual à relação entre a força de impacto pelo tempo decorrido na colisão.

Simbolicamente pode-se escrever que:

$$s = R/\Delta t$$

Sabe-se que $(R = I + i)$. Portanto pode-se escrever que:

$$s = (I + i)/\Delta t$$

9 - *Impacto Relativo*

Dois corpos em movimento apresentam uma força induzida relativa de aproximação. Antes da colisão, cada um transportava uma força motriz e que no instante da colisão é liberada na força de impacto.

Nestas condições a força de impacto será igual à soma das forças motrizes de cada móvel em seu movimento relativo de aproximação.

Simbolicamente o referido enunciado é expresso por:

$$R = T_1 + T_2$$

Se dois móveis apresentam o mesmo sentido em seus movimentos; porém, um dos móveis colide com a traseira de outro, então a força de impacto relativo será igual à diferença entre a força motriz do móvel que colidiu pela força motriz do móvel que sofreu o choque.

Simbolicamente pode-se escrever que:

$$R = T_1 - T_2$$

Evidentemente supondo-se que:

$$T_1 > T_2$$

10 - *Choques Relativos Elásticos*

Se uma colisão entre dois corpos for perfeitamente elástica, existe a conservação da força motriz durante a colisão, pois o sistema de corpos é isolado de forças externas. Dessa maneira têm-se dois pares de equações, *antes* e *depois* da colisão.

Ou seja, a soma da força motriz dos corpos antes da colisão é igual à soma da força motriz dos corpos depois da colisão.

Simbolicamente pode-se escrever que:

$$T_A = T_D$$

Portanto conclui-se que:

$$(T_1 + T_2)_A = (T_1 + T_2)_D$$

Ou seja:

$$T_A = (I_1 + i_1) + (I_2 + i_2)$$
$$T_B = (I_1 + i_1) + (I_2 + i_2)$$

Portanto vem que:

$$[(I_1 + i_1) + (I_2 + i_2)]_A = [(I_1 + i_1) + (I_2 + i_2)]_D$$

11 - *Índice de Conservação*

Se uma colisão entre dois corpos for parcialmente elástica ainda ocorre uma parcial conservação de força motriz. Para avaliar a perda de força motriz apresento uma grandeza adimensional que denominei por *índice de conservação*. O chamado índice de conservação serve para relacionar a força induzida relativa de afastamento dos corpos depois da colisão com a força induzida relativa de aproximação, antes do choque mecânico.

Simbolicamente pode-se escrever que:

$$n = (i_1 - i_2)_D/(i_1 - i_2)_A$$

Onde $(i_1 - i_2)_D$ são as forças induzidas *depois* do choque mecânico, e $(i_1 - i_2)_A$ as forças induzidas *antes* do choque mecânico e (n) é denominado por *índice de conservação*. O valor deste depende da elasticidade dos móveis que se chocam. Diante disso pode-se observar que:

a) Choque elástico: **(n = 1)**
b) Choque parcialmente elástico: **(0 < n < 1)**
c) Choque inelástico: **(n = 0)**

É evidente que na chamada *colisão perfeitamente elástica*, há conservação de força motriz, portanto a força induzida relativa de aproximação têm módulo igual à força induzida relativa de afastamento. Nestas condições tem-se que (n = 1) nessa colisão.

12 - *Conservação da Força Motriz*

Considere um sistema constituído por dois corpos. Sejam $(I_1$ e $I_2)$ suas forças de inércia e $(i_1$ e $i_2)$, suas forças induzidas. É evidente que a força motriz do sistema é a soma das duas quantidades, conforme a seguinte igualdade:

$$T_A = (I_1 + i_1)_A + (I_2 + i_2)_A$$

Suponha que esses móveis venham a sofrer um choque mecânico entre si e que depois do choque suas forças induzidas modificam-se para:

$$T_D = (I_1 + i_1)_D + (I_2 + i_2)_D$$

No instante do impacto, a força motriz que o primeiro móvel exerce sobre o segundo é a mesma que o segundo exerce sobre o primeiro móvel. Porém, em sentidos contrários. Evidente fica que o impacto é simétrico, pois o tempo de contato é o mesmo. Assim pode-se escrever que:

$$R_1 = (I_1 + i_1)_D - (I_1 + i_1)_A$$
$$R_2 = (I_2 + i_2)_D - (I_2 + i_2)_A$$

Como:

$$R_1 = -R_2$$

Vem que:

$$(I_1 + i_1)_D - (I_1 + i_1)_A = -[(I_2 + i_2)_D - (I_2 + i_2)_A]$$

Logo resulta:

$$(I_1 + i_1)_A + (I_2 + i_2)_A = (I_1 + i_1)_D + (I_2 + i_2)_D$$

Ou seja:

$$(T_A = T_D)$$

Portanto pode-se enunciar o seguinte princípio: *A força motriz de um sistema isolado permanece constante.*

CAPÍTULO XIV

TEORIA MECÂNICA DO DINAMISMO

1- *Introdução*

O presente *capítulo* assinala a origem de uma interpretação revolucionária na Física Clássica. Aqui serão examinados os caminhos que convergiram na concepção do Dinamismo. Serão demonstrados alguns dos aspectos onde falha a Mecânica Newtoniana. Considerar-se-á os vários processos nos quais a força interage com a matéria. Em cada caso obter-se-á evidência de que a força se comporta num dinamismo em sua interação com a matéria, diferentemente do comportamento dinâmico.

2- *Objeções à Teoria Newtoniana*

Alguns aspectos importantes do efeito da interação das forças com a matéria não podem satisfatoriamente ser explicados e interpretados em termos da teoria Dinâmica de Newton.

a) *A teoria newtoniana sugere que o peso é a força responsável pela queda livre dos corpos. Entretanto, as experiências demonstram que o peso é uma força de contato em repouso.*

b) *A segunda lei de Newton sugere que a força que atua num corpo em queda livre é o peso. Entretanto, as experiências demonstram que em queda livre o peso é nulo.*

c) *A segunda lei de Newton sugere que a aceleração dos corpos em queda livre depende do peso. Entretanto, de-*

monstra-se que depende apenas da intensidade do campo gravitacional do planeta.

d) *De acordo com a segunda lei de Newton, não há força interagindo com a matéria quando não há aceleração. Entretanto, partículas em movimento retilíneo uniforme manifestam a existência de forças nas colisões.*

e) *Segundo a teoria newtoniana, a força não esta diretamente relacionada com a velocidade do móvel. Todavia. As experiências têm demonstrado que, quanto maior for a velocidade de um móvel, tanto maior será os efeitos da força que advém de tal movimento.*

f) *A segunda lei de Newton sugere matematicamente que a força do corpo aumenta quando a massa aumenta. Entretanto, as experiências realizadas por Galileu mostram que, em se tratando de queda livre, os movimentos dos corpos independem da massa ou do peso.*

3- *Os Postulados do Dinamismo*

Todas as características das objeções levantadas contra a teoria newtoniana, bem como muitas outras que não foram apresentadas devem ser explicadas por uma teoria generalizada. E que tal teoria seja matematicamente consistente com a filosofia e a lógica precisa do Dinamismo.

Apesar da exigência desse rigor, em 1.978, Leandro desenvolveu uma teoria que apresenta uma notável concordância matemática e filosófica com os fenômenos dinâmicos e cinemáticos. Tem a atração de que a matemática envolvida é de fácil compreensão. Consegue explicar os efeitos dinâmicos das forças levantando uma hipótese extraordinária, a saber, que as forças são induzidas e transportada pela matéria em seu movimento.

Os postulados sobre os quais se assenta o Dinamismo, são os seguintes:

a) *Todo corpo em movimento transporta uma força in-trínseca.*

b) *Embora nenhuma força externa atue sobre um móvel em movimento retilíneo e uniforme, o mesmo transporta uma força induzida que mantém o movimento invariável.*

c) *A variação da força induzida (Δi) transportada por um móvel em movimento uniformemente variado é igual ao produto existente entre a força dinâmica (f) pelo tempo decorrido (Δt).*

$$\Delta i = f \cdot \Delta t$$

d) *A força dinâmica (f) que interage num móvel está relacionada com a aceleração (α). Estas duas grandezas, que estão na mesma direção e sentido, são diretamente proporcionais.*

$$f = e \cdot \alpha$$

e) *A força dinâmica (f) é a resultante da força externa aplicada sobre um móvel. Ela é igual à diferença entre a força aplicada externamente sobre um corpo, pela força de inércia.*

$$f = F - I$$

Nessa equação a letra (e) representa uma constante de proporcionalidade, denominada por *estimulo*.

f) *No Dinamismo o peso (p) de um corpo é igual ao produto entre a massa (m) do corpo pela força dinâmica (f).*

$$p = m \cdot f$$

g) *A variação de ímpeto é igual ao produto entre a força de inércia pela variação de tempo.*

$$\Delta H = I \cdot \Delta t$$

h) *A força dinâmica (f) que interage sobre um móvel é diretamente proporcional à força externa (F) aplicada sobre um móvel e inversamente proporcional à massa do móvel.*

$$f = e \cdot F/m$$

i) *A velocidade (V) de um móvel em movimento uniformemente variado ou em movimento retilíneo uniforme, está relacionada à intensidade de força induzida (i) pela seguinte equação:*

$$V = B \cdot i$$

Onde a letra (B) representa uma constante de proporcionalidade, denominada por indutória. Ela é o inverso do estímulo (e).

Estes postulados são as colunas sobre as quais estão assentados os fundamentos matemáticos e filosóficos do Dinamismo. Conseguem generalizar completamente a Mecânica Clássica moldando a Cinemática e a Dinâmica num conceito geral, denominado por Dinamismo.

É evidente que a justificativa digna para a aceitação dos postulados apresentados, somente pode ser encontrada na comparação das previsões teóricas com os resultados experimentais obtidos.

4- *Explicação das Objeções Pelo Dinamismo*

Considere, pois, como a teoria do Dinamismo explica as objeções levantadas contra a interpretação newtoniana do efeito das forças no movimento dos corpos.

I- Quanto a objeção do peso nulo, constata-se existir perfeita concordância entre a teoria do Dinamismo e a experiência. Realmente, a força que atua nos corpos em queda livre não é o seu peso, pois se assim fosse, corpos sob a ação de diferentes pesos deveriam apresentar diferentes acelerações. Na verdade, em queda livre o peso é nulo e todos os corpos ficam sujeitos a ação de uma força dinâmica de intensidade constante, que se mantém invariável durante todo o movimento, conforme a seguinte expressão ($f = e . \alpha$). Uma aceleração constante é caracterizada pela ação de uma força constante.

II- A resposta à objeção da ausência de forças em movimento uniforme, resulta da equação ($V = B . i$). Quando a força externa (F) deixa de atuar sobre o móvel, ele passa a deslocar-se em linha reta com velocidade constante. Nesta situação a força dinâmica (f) deixa de existir e a aceleração (α) é nula. O móvel segue indefinidamente seu movimento com velocidade que se mantém constante na proporção da força induzida (i) que transporta. O valor da força induzida (i) é aquele que apresentava até o instante em que deixou de sofrer a ação da força dinâmica ($f = 0$), obedecendo a seguinte expressão:

$$V_0 = B . i_0$$

A referida expressão afirma que uma vez iniciado o movimento, não é necessário a ação de forças externas para mantê-lo. Pois uma vez que tenha sofrido a interação de uma força dinâmica (f), a força induzida (i) permanece conservada no móvel.

Desse modo, embora não esteja sob a influência de forças externas, o móvel apresenta uma força induzida que mantém o movimento constante e indefinidamente.

Em resumo. Havendo força externa resultante, há força dinâmica. Havendo força dinâmica o móvel fica sujeito a forças induzidas. Desaparecendo a ação da força externa, a força dinâmica é nula e a força induzida é constante. E isto tem como resultado o efeito da velocidade constante.

III- A objeção da falta de dependência entre a velocidade e a força está perfeitamente de acordo com a teoria do Dinamismo, já que a força induzida (i) é de natureza diferente das forças externas (F) e dinâmica (f).

Quando uma força externa (F) de intensidade constante atua sobre um móvel, ele sofre a interação de uma força dinâmica (f). A ação dessa força dinâmica provoca o aparecimento de uma força induzida (i) que apresenta propriedades conservativas.

Enquanto o móvel estiver sob a ação da força externa, ele sofre a interação da força dinâmica. Esta provoca o aumento da força induzida no decorrer do tempo, conforme indica a seguinte expressão:

$$\Delta i = f \cdot \Delta t$$

Enquanto isto se processa, a velocidade do móvel aumenta na proporção em que a força induzida aumenta, conforme a seguinte expressão:

$$\Delta V = B \cdot \Delta i$$

Portanto, a velocidade não guarda relação direta com a força externa aplicada sobre o móvel ou com a força dinâmica que interage com o móvel. Porém, guarda relação direta com a força induzida no móvel.

Na verdade esta questão vem sendo debatida desde os tempos de Aristóteles. Entretanto, somente com a teoria do Dinamismo foi encontrada a explicação. Assim fica estabelecida a relação entre velocidade e força.

IV- Quanto a objeção do movimento em queda livre ser independente do peso, também esta de acordo com a teoria do Dinamismo. Eis que a força dinâmica que interage sobre os corpos em queda livre não depende do peso ou massa dos mesmos. Eis que a força dinâmica é de origem gravitacional e difere do peso que depende da massa do corpo.

Próximo à superfície da Terra a força dinâmica é igual para todos os corpos, independentemente da massa dos corpos e, permanece constante durante todo o movimento, conforme a seguinte expressão ($f = e \cdot \alpha$).

5- *Conclusão*

Neste trabalho, Leandro consegue sintetizar plenamente as idéias de Aristóteles, Galileu e Newton. E ao estabelecer as leis fundamentais que governam o Dinamismo dos corpos, foi levado à criação da *Teoria Mecânica do Dinamismo*, que unifica os vários campos da ciência.

O sucesso da presente teoria reside no fato de que o método está fundamentado em leis que apresentam formas simples, fornecendo resultado de acordo com a experiência.

Embora os postulados apresentados no presente artigo se ajustem perfeitamente aos fatos da Cinemática e Dinâmica, parecem entrar em terrível conflito com a teoria Dinâmica Newtoniana que, como se sabe, é comprovada por meio de muitas experiências.

O ponto de vista adotado atualmente sobre a natureza dinâmica do movimento é que o Dinamismo é uma generalização da Mecânica Clássica, onde a segunda lei de Newton funciona matematicamente, porém é incompleta em termos de interpretação, modelo e teoria filosófica.

Até aqui foram analisados os aspectos dinâmicos das forças. Já os aspectos estáticos ficarão para uma outra oportunidade.

Ceterum censeo Carthaginem esse delendam.

LIVRO II

CONCEITOS MATEMÁTICOS SOBRE O DINAMISMO

Toda a dificuldade jaz na debilidade e estreiteza do espírito humano.
Ellen Gould White
**Escritora, conferencista, conselheira
e educadora norte-americana.
(1827-1915)**

CAPÍTULO I

LEIS DO DINAMISMO

1- *Introdução*

O *Dinamismo* é uma nova teoria que visa explicar de forma consistente as causas fundamentais do movimento. Esta teoria generalizou a *Cinemática* e a *Dinâmica,* num conceito todo único e harmonioso. Ela estabelece a relação existente entre forças e movimento, bem como suas conseqüências. Nesta obra será abordado o estudo das relações matemáticas fundamentais do Dinamismo.

2- *Força Induzida*

No ano de 1978, Leandro lançou a ousada hipótese de que pela ação de uma força induzida constante, todo corpo move-se uniformemente em linha reta ao infinito, a menos que uma força externa venha a alterar tal força induzida. Portanto, para a teoria do Dinamismo, a força induzida conservada num móvel é o agente que faz com que ele venha a permanecer num estado de movimento retilíneo e uniforme.

As experiências permitem verificar que, sob a ação de uma força externa constante aplicada num corpo, a variação da força induzida em um móvel é igual ao produto existente entre a força dinâmica pela variação de tempo. Sendo que tal enunciado é expresso simbolicamente pela seguinte igualdade:

$$\Delta i = f \cdot \Delta t$$

Tal expressão demonstra que enquanto a força dinâmica permanecer interagindo num móvel no decorrer do tempo tanto maior será a quantidade de força induzida comunicada a esse móvel a cada instante. E que quanto maior força intensidade de força dinâmica, tanto maior será a quantidade de força induzida por instante.

3- *Força Externa*

A força externa consiste na ação de um agente externo que atua sobre o corpo para movimentá-lo, podendo perder o contato com o móvel depois que a ação dessa força for concluída.

Matematicamente a força externa é definida como sendo igual ao produto existente entre a massa do corpo pela aceleração adquirida.

Simbolicamente o referido enunciado é expresso pela seguinte equação:

$$F = m . \alpha$$

A força externa que atua sobre um corpo pode ser provocada por vários meios naturais. Entre esses meios destacam-se os seguintes: força muscular, força elástica, força magnética, força elétrica e força gravitacional.

4- *Força Dinâmica*

A força dinâmica é definida como sendo uma resultante da força externa, quando esta vence a oposição oferecida pela força de inércia.

Se a partir do repouso de um corpo, a força dinâmica for nula, não existirá a força induzida e por conseqüência o corpo continuará em repouso. Se a força dinâmica for constante, o corpo entrará num movimento uniformemente variado. E, se a força dinâmica deixar de interagir com o corpo, esta passará do seu estado de movimento uniformemente variado para o estado de movimento retilíneo e uniforme ao infinito.

Matematicamente a força dinâmica é definida como sendo igual ao valor da constante de proporcionalidade denominada por *estímulo*, multiplicada pelo valor da aceleração adquirida pelo móvel.

O referido enunciado é expresso simbolicamente pela seguinte igualdade:

$$f = e \cdot \alpha$$

Quanto maior for a interação da força dinâmica, tanto maior será a aceleração adquirida pelo móvel. Desse modo fica claro que a força dinâmica além de estar relacionada com a força induzida, também está relacionada com a aceleração adquirida por um corpo.

5- *Força de Inércia*

A força de inércia é aquela que oferece uma oposição à variação do movimento. Quanto maior for a variação do movimento e da massa, tanto maior será a intensidade da força de inércia.

A força de inércia é um conceito técnico próprio da teoria do Dinamismo. Essa força é definida, matematicamente, como sendo igual à força externa aplicada sobre o corpo pela diferença da força dinâmica.

Simbolicamente, o referido enunciado é caracterizado pela seguinte expressão:

$$I = F - f$$

As quatro forças verificadas até o presente momento são fundamentais para a perfeita compreensão da teoria do Dinamismo.

6- Equação Geral do Dinamismo

A equação geral do Dinamismo estabelece que a força dinâmica que interage num móvel é proporcional à intensidade de força externa e inversamente proporcional à massa do corpo.

Simbolicamente o referido enunciado é expresso pela seguinte relação matemática:

$$f = e \cdot F/m$$

A referida expressão mostra que quanto maior for a força externa aplicada sobre um móvel, tanto maior será a força dinâmica. E quanto maior for a massa do corpo, tanto menor será a força dinâmica. Também se pode verificar, pela referida expressão, que a alteração da massa, não altera de forma alguma a intensidade de força externa aplicada sobre o corpo, mas altera a intensidade de força dinâmica que interage nesse corpo.

O estudo da referida equação possibilita a definição da chamada *Variável de Estado Dinâmico do Movimento*. Estas definições serão amplamente discutidas nos futuros capítulos do presente livro.

7- Velocidade

A velocidade é um fenômeno cinemático cuja causa é devida à interação de forças induzidas. E quanto maior for a força induzida acumulada ou conservada num móvel, tanto maior será sua velocidade.

Em termos matemáticos pode-se dizer que a força induzida que interage sobre um corpo em movimento, é igual ao produto entre o estímulo pela velocidade do móvel.

Simbolicamente o referido enunciado é expresso pela seguinte equação:

$$i = e \cdot V$$

Esta equação estabelece a relação matemática que existe entre a força induzida de um móvel e a velocidade que o mesmo apresenta. Ela afirma que quanto maior for a força induzida conservada num móvel, tanto maior será a velocidade que apresenta. Dela pode-se concluir que a causa de todo e qualquer movimento é a força induzida conservada no móvel.

8- *Peso*

O peso de um corpo é uma força que se manifesta somente quando o corpo está em repouso em relação a um referencial.

Na teoria do Dinamismo o peso é definido como sendo igual ao produto existente entre a massa do corpo pela força dinâmica que interage nele. Sendo que tal enunciado é expresso simbolicamente pela seguinte equação:

$$p = m \cdot f$$

Tal equação afirma que quanto maior for a massa de um corpo, tanto maior será o seu peso. Também afirma que quanto maior for a intensidade de força dinâmica que interage nesse corpo, tanto maior será o peso desse corpo.

Por essa equação fica claro que se não houver a interação de nenhuma intensidade de força dinâmica, o corpo não apresentará nenhuma intensidade de peso.

9- *Ímpeto da Inércia*

Por uma simples questão de simetria que será verificada em capítulos futuros, define-se uma grandeza física denominada por variação de ímpeto da inércia, a qual é igual ao produto existente entre a força de inércia pela variação de tempo.

Simbolicamente o referido enunciado é expresso pela seguinte igualdade:

$$\Delta H = I \cdot \Delta t$$

Por essa equação pode-se afirmar que a variação de ímpeto da inércia será tanto maior quanto maior for a força de inércia. E também será tanto maior quanto maior for a variação de tempo.

10- *Força Dinâmica Gravitacional*

A força dinâmica gravitacional que atua sobre um corpo em queda livre ou em repouso é diretamente proporcional à massa do planeta e inversamente proporcional ao quadrado da distância que separa o centro do planeta ao corpo.

Simbolicamente o referido enunciado é expresso pela seguinte equação:

$$f = \omega \cdot M/d^2$$

Onde a letra (ω) representa uma constante de proporcionalidade.

A referida expressão mostra que a intensidade de força dinâmica que um corpo pode ser submetido num ponto do espaço do campo gravitacional depende apenas da massa do planeta e do quadrado da distância que separa o centro do planeta do ponto considerado.

CAPÍTULO II

ESPECTRO DINÂMICO

1- *Introdução*

O *espectro dinâmico* é o conjunto da forças inerciais e dinâmicas, resultantes da decomposição da força externa aplicada sobre um móvel.

Quando uma intensidade de força externa é aplicada externamente sobre um móvel, ela é parcialmente absorvida para vencer a oposição oferecida pela inércia e parcialmente transmitida como uma resultante denominada por força dinâmica.

2- *Equação Fundamental*

Sendo (F) a intensidade de força externa aplicada, (I) a parcela correspondente a força de inércia e, (f) a parcela que emerge numa resultante dinâmica. Então se pode afirmar que a força externa aplicada sobre um corpo é igual à soma das parcelas das forças de inércia e dinâmica.

Simbolicamente, o referido enunciado é expresso pela seguinte equação:

$$F = I + f$$

3- *Grandezas Adimensionais*

Para avaliar que proporção de força externa sofre os fenômenos dinâmicos de absorção e transmissão, podem-se definir duas grandezas adimensionais denominadas por:

a) Absorvidade Dinâmica (η)

b) Fluxo Dinâmico (ϕ)

4- *Absorvidade Dinâmica*

A absorvidade dinâmica é definida como sendo igual ao quociente da força de inércia (I) do móvel, inversa pela intensidade de força externa (F), aplicada sobre o corpo.

Simbolicamente o referido enunciado é expresso pela seguinte relação:

$$\eta = I/F$$

5- *Fluxo Dinâmico*

O fluxo dinâmico é definido como sendo igual ao quociente da força dinâmica (f) do móvel, inversa pela intensidade de força externa (F) aplicada sobre o corpo.

Simbolicamente, o referido enunciado é expresso pela seguinte relação:

$$\phi = f/F$$

6- *Equação Avaliatória*

A soma da absorvidade e do fluxo dinâmico permite escrever que:

$$\eta + \phi = I/F + f/F = (I + f)/F = F/F = 1$$

Portanto a referida soma estabelece que:

$$\eta + \phi = 1$$

A referida expressão é denominada por equação avaliatória. Desse modo, por exemplo, quando um móvel apresenta absorvidade dinâmica caracterizada por ($\eta = 0,3$) isto significa que 30% da intensidade de força aplicada externamente sobre o corpo foi absorvida para vencer a oposição da inércia. Os restantes (70%) caracterizam a intensidade de força dinâmica que resulta através do fluxo ($\phi = 0,7$).

7- Repouso

Por definição, *repouso* é o corpo que absorve toda a intensidade de força externa nele aplicada. Logo, decorre daí que sua absorvidade dinâmica é representada por:

$$\eta = 1 \ (100\%)$$

Nestas condições seu fluxo dinâmico apresenta o seguinte resultado:

$$\phi = 0$$

Isto significa que a força externa aplicada sobre o corpo não pode vencer a barreira da força de inércia. Nessa situação não houve força dinâmica resultante. Portanto o corpo permanece em seu estado de repouso.

8- Relação (I)

No presente capítulo foi demonstrada a seguinte verdade:

a) $\eta = I/F$
b) $F = I + f$

Portanto, substituindo convenientemente as duas últimas expressões, resulta que:

$$\eta = (F - f)/F$$

Eliminando os termos em evidência, vem que:

$$\eta = 1 - f/F$$

Entretanto, também foi demonstrado que:

$$\phi = f/F$$

Logo, substituindo convenientemente as duas últimas expressões, resulta que:

$$\eta = 1 - \phi$$

9 - Relação (II)

No presente capítulo foi demonstrado as seguinte verdades:

a) $\phi = f/F$
b) $F = I + f$

Logo, substituindo convenientemente as duas últimas expressões, vem que:

$$\phi = (F - I)/F$$

Eliminando os termos em evidência, resulta:

$$\phi = 1 - I/F$$

Porém, foi demonstrado que:

$$\eta = I/F$$

Portanto, substituindo convenientemente as duas últimas expressões, resulta que:

$$\phi = 1 - \eta$$

10 - *Força de Inércia*

A inércia é a força que tende a opor-se à ação da força externa aplicada sobre um corpo. Ela pode ser definida da seguinte maneira:

Sabe-se que:

a) $\eta = I/F$
b) $\eta = 1 - f/F$

Substituindo convenientemente as duas últimas expressões, resulta que:

$$I/F = 1 - f/F$$

Portanto, a força de inércia é expressa por:

$$I = F \cdot (1 - f/F)$$

Porém, sabe-se que:

$$\phi = f/F$$

Substituindo convenientemente as duas últimas expressões, resulta que:

$$I = F \cdot (1 - \phi)$$

Esse resultado é interessante porque mostra como a força de inércia reage em relação à intensidade de força externa aplicada sobre um corpo e também em relação ao comportamento do fluxo dinâmico.

11- *Força Dinâmica*

A força dinâmica é aquela que resulta da força externa ao vencer a oposição oferecida pela força de inércia. Em termos matemáticos ela pode ser definida da seguinte maneira:

Sabe-se que:

a) $\phi = f/F$
b) $\phi = 1 - I/F$

Igualando-se convenientemente as duas últimas expressões, resulta que:

$$f/F = 1 - I/F$$

Portanto pode-se concluir que a força dinâmica é expressa por:

$$f = F \cdot (1 - I/F)$$

Também foi demonstrado que:

$$\eta = I/F$$

Assim substituindo convenientemente as duas últimas expressões, resulta que:

$$f = F \cdot (1 - \eta)$$

Essa expressão mostra como é fixada a intensidade da força dinâmica em relação à intensidade da força externa aplicada sobre um corpo, bem como a relação com o comportamento da absorvidade dinâmica.

CAPÍTULO III

LEI GERAL DO DINAMISMO

1- *Introdução*

Segundo a teoria do Dinamismo, *estado dinâmico* do movimento de um corpo fica perfeitamente caracterizado pelos valores assumidos por quatro grandezas físicas, a saber:

a) Força externa (**F**)

b) Força dinâmica (**f**)

c) Força de inércia (**I**)

d) Massa (**m**)

Estas grandezas fundamentais à compreensão da Mecânica constituem as chamadas variáveis de estado dinâmico do movimento.

2- *Equação Geral do Dinamismo*

As principais variáveis de estado dinâmico (F, f e m) estão relacionadas com a denominada equação geral do Dinamismo. Ela sintetiza três leis básicas da transformação do movimento.

A referida equação estabelece que o produto existente entre a massa pela força dinâmica é diretamente proporcional à intensidade de força externa.

Simbolicamente o referido enunciado é expresso pela seguinte equação:

$$m \cdot f = e \cdot F$$

Onde (e) é uma constante de proporcionalidade igual para todos os corpos em movimento. Desse modo (e) não é uma constante característica de um movimento em particular, mas é uma constante universal.

A constante (e) é denominada por *estímulo*. Seu valor depende somente das unidades das variáveis: *força externa, força dinâmica* e *massa*.

3- *Estado Dinâmico*

saber:
Considere dois estado diferente de um movimento, a

a) Primeiro estado: m_1 , f_1, F_1

b) Segundo estado: m_2 , f_2 , F_2

Aplicando a equação geral apresentada anteriormente aos dois estados do movimento considerado, tem-se:

$$e \cdot F_1 = m_1 \cdot f_1$$
$$e \cdot F_2 = m_2 \cdot f_2$$

Dividindo-se membro a membro as expressões anteriores, obtém-se que:

$$F_1/F_2 = m_1 \cdot f_1/m_2 \cdot f_2$$

Ou melhor:

$$m_1 \cdot f_1/F_1 = m_2 \cdot f_2/F_2$$

A referida expressão representa analiticamente a denominada *lei geral do estado dinâmico*. Ela relaciona dois estados quaisquer de um dado movimento.

4- *Transformação de Estado*

Um determinado movimento sofre uma *transformação de estado* quando ocorre a modificação de pelo menos duas das variáveis de estado dinâmico.

Na realidade são bastante comuns as transformações em que ocorrem as modificações de duas variáveis, mantendo-se uma constante. Elas são classificadas da seguinte forma:

a) Transformação *Isodinamia*
b) Transformação *Isomaza*
c) Transformação *Isodine*

5- *Transformação Isodinamia*

A transformação do movimento é caracterizada pela modificação do estado dinâmico. E toda vez que a massa (m) e a força externa (F) variam, enquanto a força dinâmica (f) permanece constante, a transformação é denominada por ISODINAMIA (*Iso* = igual e *dinamia* = força).

Nestas condições, pode-se apresentar a seguinte demonstração:

$$m_1 . f_1/F_1 = m_2 . f_2/F_2$$

Entretanto, sabe-se que a transformação *isodinamia* é caracterizada pela seguinte igualdade:

$$f_1 = f_2$$

Então a expressão geral do Dinamismo fica reduzida à seguinte:

$$m_1/F_1 = m_2/F_2$$

A referida relação pode ser assim enunciada:
Quando a força dinâmica permanece constante, a massa e a força externa de um movimento são diretamente proporcionais.

O movimento de transformação *isodinâmia* é caracterizado pelo movimento dos corpos em queda livre num campo gravitacional uniforme.

6- *Transformação Isomaza*

A transformação do movimento de um móvel, no qual a força dinâmica (f) e a força externa (F) variam, enquanto a massa (m) é mantida constante, é denominada por transformação ISOMAZA (*Iso* = igual e *maza* = massa).

Dentro dos referidos parâmetros, pode-se apresentar a seguinte demonstração:

$$m_1 . f_1/F_1 = m_2 . f_2/F_2$$

Porém, como a transformação *isomaza* é caracterizada pela seguinte igualdade:

$$m_1 = m_2$$

Então, a expressão geral fica reduzida à seguinte:

$$f_1/F_1 = f_2/F_2$$

A referida relação é enunciada da seguinte maneira:
Quando a massa do corpo permanece constante, a força dinâmica e a força externa de um movimento são diretamente proporcionais.

7- *Transformação Isodine*

A transformação do movimento de um móvel, onde a massa (m) e a força dinâmica (f) variam, enquanto a força externa (F) é mantida constante, é denominada por transformação ISODINE (*Iso* = igual e *dine* = força).

Dentro dos referidos critérios pode-se apresentar a seguinte demonstração:

$$m_1 . f_1/F_1 = m_2 . f_2/F_2$$

Entretanto, na transformação *isodine* é válida a seguinte igualdade:

$$F_1 = F_2$$

Então, a expressão geral fica reduzida à seguinte igualdade:

$$m_1 . f_1 = m_2 . f_2$$

A referida igualdade pode ser enunciada da seguinte forma:
Sob a ação de força externa constante, a massa e a força dinâmica de um movimento são inversamente proporcionais.
Por *inversamente proporcional* deve-se entender que, toda vez que a massa aumentar, a força dinâmica decresce na mesma proporção e vice-versa.

8- Relação (I)

Sabe-se que a transformação *isodinamia* é caracterizada pela seguinte propriedade:

$$f_1 = f_2$$

Foi demonstrado que a equação fundamental é expressa por:

$$F = I + f$$

Substituindo convenientemente as duas últimas expressões, resulta que:

$$F_1 - I_1 = F_2 - I_2$$

A referida igualdade é uma característica da transformação *isodinamia*.

9- Relação (II)

Sabe-se que a transformação *isodine* está fundamentada na seguinte propriedade:

$$F_1 = F_2$$

Foi demonstrado que:

$$F = I + f$$

Substituindo convenientemente as duas últimas expressões, vem que:

$$I_1 + f_1 = I_2 + f_2$$

A referida igualdade é uma característica da transformação *isodine*.

10- Relação (III)

Finalmente, pode-se acrescentar uma nova transformação, denominada por *isoinercial*. Esta transformação é caracterizada pela seguinte propriedade:

$$I_1 = I_2$$

Foi demonstrado que:

$$F = I + f$$

Substituindo convenientemente as duas últimas expressões, pode-se escrever que:

$$F_1 - f_1 = F_2 - f_2$$

A referida igualdade é uma característica oriunda da chamada transformação *isoinercial*.

CAPÍTULO IV

EQUAÇÕES GERAIS

1- *Introdução*

O presente capítulo tem por objetivo fundamental apresentar algumas expressões matemáticas que venham a caracterizar a descrição geral do dinamismo dos corpos em movimento.

As referidas equações são aquelas que caracterizam o movimento dos corpos, onde as variáveis de estado dinâmico sofrem modificações.

2- *Equação Básica*

A equação básica do Dinamismo estabelece que a força externa é igual a soma entre a força de inércia com a força dinâmica.

Simbolicamente, o referido enunciado é expresso pela seguinte equação:

$$F = I + f$$

3- *Equação Geral*

A equação geral do Dinamismo afirma que a força dinâmica de um móvel é diretamente proporcional à intensidade de força externa e inversamente proporcional à massa do corpo.

Simbolicamente o referido enunciado é expresso pela seguinte equação:

$$f = e \cdot F/m$$

Onde a letra (e) representa uma constante universal denominada por estímulo. Ela também caracteriza o fluxo dinâmico em seu estado fundamental (ϕ_0).

Considera-se o estado fundamental quando a força e a massa apresentam o valor da unidade. Simbolicamente pode-se escrever que:

$$e \equiv \phi_0$$

Portanto, o estímulo (e) é numericamente igual ($\equiv$) ao fluxo dinâmico no seu estado fundamental (ϕ_0).

4- *Equação Fundamental*

A denominada equação fundamental do Dinamismo é deduzida da seguinte forma:

Foi demonstrado que:

$$f = e \cdot F/m$$

A segunda lei de Newton estabelece que a força externa aplicada sobre um móvel é igual ao produto existente entre sua massa pela aceleração adquirida pelo móvel.

$$F = m \cdot \alpha$$

Substituindo convenientemente as duas últimas expressões, obtém-se que:

$$f = e \cdot \alpha$$

Portanto, conclui-se que a força dinâmica apresentada por um móvel é igual ao produto existente entre o estímulo pela aceleração desenvolvida pelo móvel.

5- Relação (I)

No presente estudo foi apresentada a seguinte equação:

a) $F = I + f$
b) $f = e \cdot F/m$

Substituindo convenientemente as duas últimas expressões:

$$I = F \cdot (1 - e/m)$$

Essa expressão mostra como a força de inércia se comporta com a força externa aplicada sobre um corpo e com a massa desse corpo.

6- Relação (II)

No presente estudo foi apresentada a realidade das seguintes equações:

a) $F = I + f$
b) $F = m \cdot f/e$

Substituindo convenientemente as duas últimas expressões, vem que:

$$I = f \cdot (m/e - 1)$$

Essa expressão demonstra a maneira como a força de inércia se comporta em relação à força dinâmica e a massa do corpo.

7- Relação (III)

Na presente obra foi demonstrada a seguinte verdade:

a) $I = F - f$
b) $f = e \cdot \alpha$

Substituindo convenientemente as duas últimas expressões vem que:

$$I = F - e \cdot \alpha$$

8- Relação (IV)

A equação avaliatória do espectro dinâmico estabelece que a *absorvidade* e o *fluxo dinâmico* no estado fundamental estão relacionados pela seguinte expressão:

$$1 = \eta_0 + \phi_0$$

O fluxo dinâmico fundamental pode ser expresso pela seguinte relação:

$$\phi_0 = m \cdot f/F$$

Substituindo convenientemente as duas últimas expressões, resulta que:

$$\eta_0 = 1 - m \cdot f/F$$

Sabe-se que:

$$e \equiv \phi_0$$

Também se pode escrever que:

$$\eta_0 = 1 - e$$

Portanto, as referidas equações permitem estabelecer valor de uma constante universal (k), a qual é numericamente igual ($\equiv$) a absorvidade dinâmica (η_0) no seu estado fundamental.

Simbolicamente o referido enunciado é expresso por:

$$\eta_0 \equiv k$$

Isso porque (1 - e) corresponde a um valor constante (k).

9- Relação (V)

Foi demonstrado no presente estudo que:

a) $\eta_0 = 1 - e$
b) $\eta_0 \equiv k$

Substituindo convenientemente as duas últimas expressões, vem que:

$$1 = k + e$$

10- Relação (VI)

Foi demonstrado no presente estudo que:

$$\eta_0 = 1 - m \cdot f/F$$

Ocorre que a força de inércia inicial (I_0) de um corpo (quando m = 1) é expressa por:

$$I_0 = \eta_0 \cdot F$$

Portanto, substituindo convenientemente as duas últimas expressões, resulta que:

$$I_0/F = 1 - m \cdot f/F$$

Eliminando os termos em evidência, resulta que:

$$I_0 = F - m \cdot f$$

11- *Relação (VII)*

A equação geral do Dinamismo permite escrever que:

$$e = m \cdot f/F$$

No Dinamismo o peso de um corpo é expresso pela seguinte igualdade:

$$p = m \cdot f$$

Substituindo convenientemente as duas últimas expressões, resulta que:

$$e = p/F$$

Ou seja:

$$p = e \cdot F$$

Logo se pode afirmar que no Dinamismo o peso de um corpo é igual ao produto entre o estímulo pela força externa aplicada sobre o corpo. Diante dessa expressão matemática torna-se claro que o peso é uma grandeza física distinta da força externa.

12- *Relação (VIII)*

No presente estudo foi demonstrada a realidade das seguintes expressões:

a) $I_0 = F - m \cdot f$
b) $p = m \cdot f$

Substituindo convenientemente as duas últimas expressões, obtém-se que:

$$I_0 = F - p$$

Portanto, a inércia inicial de um corpo é uma força, igual à diferença matemática entre a força externa pelo peso do corpo.

13- *Relação (IX)*

No presente estudo foi apresentada a seguinte equação:

a) $F = I + f$
b) $p + m \cdot f$

Substituindo convenientemente as duas últimas expressões, obtém-se que:

$$p = m \cdot (F - I)$$

Observe como o peso se apresenta em relação ao comportamento da massa, da força externa e da força de inércia.

14- Relação (X)

No presente estudo foi demonstrada a seguinte verdade:

a) $p = e \cdot F$
b) $f = e \cdot \alpha$

Substituindo convenientemente as duas últimas expressões, pode-se escrever que:

$$p = f \cdot F/\alpha$$

Logo, em Dinamismo o peso de um corpo é igual ao produto existente entre a força dinâmica pela força externa, inversa pela aceleração a qual o corpo está sujeita.

15- Relação (XI)

No presente estudo foi apresentada a seguinte verdade:

$$f = F - I$$

Evidentemente pode-se escrever que:

$$f = F - I \cdot F/F$$

Desse modo pode-se expressar que:

$$f = F \cdot (1 - I/F)$$

Ocorre que pela segunda Lei de Newton, pode-se escrever que:

$$F = m \cdot \alpha$$

Substituindo convenientemente as duas últimas expressões, resulta que:

$$f = m \cdot \alpha \cdot (1 - I/F)$$

Portanto, pode-se escrever que:

$$f/\alpha = m \cdot (1 - I/F)$$

Porém, foi demonstrado que:

$$e = f/\alpha$$

Logo, substituindo convenientemente as duas últimas expressões, resulta que:

$$e = m \cdot (1 - I/F)$$

Também foi demonstrado que:

$$\eta = I/F$$

Assim, substituindo convenientemente as duas últimas expressões, resulta que:

$$e = m \cdot (1 - \eta)$$

Portanto, a constante fundamental denominada por estímulo é igual ao valor número "um" menos a absorvidade dinâmica, multiplicado pela massa do corpo.

16- *Relação (XII)*

Foi demonstrada no presente estudo a seguinte verdade:

a) $e = m \cdot (1 - \eta)$
b) $\eta = 1 - \phi$

Substituindo convenientemente as duas últimas expressões, obtém-se que:

$$e = m \cdot \phi$$

Portanto, pode-se afirmar que o estímulo é igual ao produto entre a massa pelo fluxo dinâmico.

17- *Relação (XIII)*

No presente estudo foi demonstrada a seguinte verdade:

a) $I = F \cdot (1 - \phi)$
b) $f = F \cdot (1 - \eta)$

Dividindo as referidas expressões, membro a membro, obtém-se que:

$$I/f = F \cdot (1 - \phi)/F \cdot (1 - \eta)$$

Eliminando os termos em evidência, resulta que:

$$I/f = 1 - \phi/1 - \eta$$

18- *Relação (XIV)*

Na presente obra foi demonstrada a seguinte verdade:

a) $I = F - f$
b) $f = e \cdot \alpha$
c) $F = m \cdot \alpha$

Substituindo convenientemente as três últimas expressões, resulta que:

$$I = \alpha \cdot (m - e)$$

A referida expressão consegue relacionar a força de inércia de um corpo com a aceleração desse corpo, sua massa e estímulo.

19- *Relação (XV)*

Foi demonstrado no presente estudo que:

a) $I_0 = F - p$
b) $p = e \cdot F$

Substituindo convenientemente as duas últimas expressões, resulta que:

$$p = F - I_0$$
$$e \cdot F = F - I_0$$
$$e = F/F - I_0/F$$

Eliminando os termos em evidência, conclui-se que:

$$e = 1 - I_0/F$$

20- *Relação (XVI)*

Foi demonstrada na presente obra a realidade das seguintes equações:

a) $F = I + f$
b) $I_0 = F - m \cdot f$

Substituindo convenientemente as duas últimas expressões, vem que:

$$I = F - f$$
$$I = I_0 + m \cdot f + f$$

Portanto, resulta que:

$$I = I_0 + f \cdot (m - 1)$$

21- Relação (XVII)

Neste estudo foi apresentada a seguinte equação:

a) $I_0 = F - p$
b) $F = m \cdot \alpha$
c) $p = m \cdot f$

Substituindo convenientemente as três últimas expressões, vem que:

$$I_0 = m \cdot \alpha - m \cdot f$$

Portanto, resulta que:

$$I_0 = m \cdot (\alpha - f)$$

22- Relação (XVIII)

Foi demonstrado no presente estudo que:

a) $p = m . (F - I)$
b) $p = m . f$
c) $I_0 = F - m . f$

Substituindo convenientemente as três últimas expressões, resulta que:

$$p = m . f - m . I$$
$$m . f = m . F - m . I$$

Como $(F - I_0 = m . f)$, vem que:

$$F - I_0 = m . F - m . I$$

Assim, pode-se escrever que:

$$m . I = m . F - F + I_0$$

Portanto, pode-se concluir que:

$$I . m = I_0 + F . (m - 1)$$

23- *Relação (XIX)*

Foi demonstrado que:

a) $F = I + f$
b) $F = m . f/e$

Substituindo convenientemente as duas últimas expressões, resulta que:

$$m . f/e = I + f$$

Portanto, resulta que:

$$m = e \cdot (I/f + 1)$$

24- Relação (XX)

Foi demonstrado que:

a) $F = I + f$

b) $F = m \cdot \alpha$

Substituindo convenientemente as duas últimas expressões, resulta que:

$$\alpha = (I + f)/m$$

Essa expressão é por demais evidente para receber qualquer interpretação.

CAPÍTULO V

EQUAÇÕES ISODINAMICAS

1- *Introdução*

As equações *isodinamicas* apresentam propriedades peculiares que definem o estado dinâmico quando a força dinâmica (f) permanece constante durante todo o movimento. Elas aplicam-se perfeitamente no Dinamismo dos corpos em queda livre próximo à superfície do planeta, explicando porque os corpos de diferentes pesos ou massas caem com a mesma aceleração.

Toda vez que a força dinâmica permanecer constante, o movimento do corpo é uniformemente variado.

2- *Relação (I)*

Foi demonstrado na presente obra que a força dinâmica que interage num móvel é igual à diferença existente entre a força externa pela força de inércia.

Simbolicamente, o referido enunciado é expresso por:

$$f = F - I$$

Como no estado *isodinamico* a força dinâmica permanece constante, pode-se escrever que:

$$f_1 = f_2 = ... = f_n$$

Substituindo convenientemente as duas últimas expressões, vem que:

$$F_1 - I_1 = F_2 - I_2 = \ldots = F_n - I_n$$

3- Relação (II)

Uma propriedade *isodinamica* é deduzida matematicamente da seguinte forma:

Sabe-se que:

$$F_1 - I_1 = F_2 - I_2$$

Portanto, pode-se concluir que:

$$F_2 - F_1 = I_2 - I_1$$

Logo, pode-se escrever que:

$$\Delta F = \Delta I$$

A referida expressão caracteriza uma propriedade *isodinamica*. Ela afirma que a força externa aumenta na mesma quantidade da força de inércia, o que mantém a força dinâmica constante no decorrer do movimento uniformemente variado. Isso explica porque um corpo em queda livre não sofre nenhuma alteração em seu estado de movimento em função do aumento do peso.

4- Relação (III)

Foi demonstrado que a força dinâmica é diretamente proporcional a força externa e inversamente proporcional a massa do corpo.

Simbolicamente, o referido enunciado é expresso por:

$$f = e \cdot F/m$$

Como no estado *isodinamico*, a força dinâmica é expressa por:

$$f_1 = f_2 = \ldots = f_n$$

Pode-se escrever que:

$$e \cdot F_1/m_1 = e \cdot F_2/m_2 = \ldots = e \cdot F_n/m_n$$

Eliminando os termos em evidência, resulta que:

$$F_1/m_1 = F_2/m_2 = \ldots = F_n/m_n$$

Isto significa que no estado *isodinamico* a relação entre força externa e massa é constante. Sabe-se, pela segunda lei de Newton, que essa constante é a própria aceleração.

5- *Relação (IV)*

Foi demonstrado no presente estudo que a força dinâmica é igual ao produto entre o estímulo pela aceleração.
Simbolicamente, o referido enunciado é expresso por:

$$f = e \cdot \alpha$$

No estado *isodinâmico*, a força dinâmica é expressa por:

$$f_1 = f_2 = \ldots = f_n$$

Logo se pode escrever que:

$$e \cdot \alpha_1 = e \cdot \alpha_2 = \ldots = e \cdot \alpha_n$$

Eliminando os termos em evidência, resulta que:

$$\alpha_1 = \alpha_2 = ... = \alpha_n$$

Portanto no estado *isodinamico*, a aceleração é constante para todos os corpos, independentemente de sua massa ou peso.

6- Relação (V)

Foi demonstrado no presente estudo que:

$$1/f = 1/I . [(m/e) - 1]$$

Entretanto, sabe-se que:

$$f_1 = f_2 = ... = f_n$$

Substituindo convenientemente as duas últimas expressões, resulta que:

$$1/I_1 . [(m_1/e) - 1] = 1/I_2 . [(m_2/e) - 1] = ... = 1/I_n . [(m_n/e) - 1]$$

7- Relação (VI)

Pela presente obra, foi demonstrada a realidade das seguintes expressões:

a) $f = p/m$
b) $f_1 = f_2 = ... = f_n$

Substituindo convenientemente as duas últimas expressões, resulta que:

$$p_1/m_1 = p_2/m_2 = ... = p_n/m_n$$

8- *Relação (VII)*

Na presente obra foi demonstrado que:

a) $f = F(1 - I/F)$

b) $f_1 = f_2 = ... = f_n$

Substituindo convenientemente as duas últimas expressões, obtém-se que:

$$F_1 \cdot (1 - I_1/F_1) = F_2 \cdot (1 - I_2/F_2) = ... = F_n \cdot (1 - I_n/F_n)$$

9- *Relação (VIII)*

No presente tratado foi considerada a seguinte equação:

a) $f = I \cdot (1 - \eta)/(1 - \phi)$

b) $f_1 = f_2 = ... = f_n$

Substituindo convenientemente as duas últimas expressões, resulta que:

$$I_1 \cdot (1 - \eta_1)/(1 - \phi_1) = I_2 \cdot (1 - \eta_2)/(1 - \phi_2) = ... = I_n \cdot (1 - \eta_n)/(1 - \phi_n)$$

10- *Relação (IX)*

No movimento *isodinamico* a força externa é igual à soma entre a inércia inicial pela força dinâmica, multiplicada pela massa do corpo.

Simbolicamente o referido enunciado é expresso pela seguinte equação:

$$F = m \cdot (I_0 + f)$$

Foi demonstrado que a força externa é expressa pelo produto entre a massa pela aceleração.

Simbolicamente, o referido enunciado é expresso por:

$$F = m \cdot \alpha$$

Substituindo convenientemente as duas últimas expressões, resulta que:

$$m \cdot \alpha = m \cdot (I_0 + f)$$

Eliminando os termos em evidência, resulta que:

$$I_0 = \alpha - f$$

Portanto, conclui-se que a inércia inicial é igual à diferença matemática entre a aceleração pela força dinâmica.

11- *Relação (X)*

Foi demonstrada na presente obra a seguinte verdade:

a) $F = m \cdot (I_0 + f)$
b) $I_0 = \alpha - f$

Substituindo convenientemente as duas últimas expressões, vem que:

$$F = m \cdot [(\alpha - f) + f]$$

12- *Relação (XI)*

Verifica-se que no estado dinâmico *isodinamico*, a força de inércia de um corpo em movimento é definida pela seguinte expressão:

$$I = (\alpha - f) + (F - \alpha)$$

13- *Relação (XII)*

No estudo das propriedades *isodinâmicas*, verifica-se que a aceleração é diretamente proporcional à inércia inicial do corpo.

Simbolicamente o referido enunciado é expresso pela seguinte equação:

$$\alpha = a . I_0$$

14- Relação (XIII)

Uma outra propriedade *isodinâmica* afirma que a força dinâmica é diretamente proporcional à inércia inicial.

Simbolicamente, o referido enunciado é expresso pela seguinte expressão:

$$f = b . I_0$$

15 - *Relação (XIV)*

No presente estudo foi apresentada a realidade das seguintes equações:

a) $f = b . I_0$
b) $\alpha = a . I_0$

Dividindo membro a membro, as referidas expressões ficam reduzidas à seguinte:

$$f/\alpha = b . I_0/a . I_0$$

Eliminando os termos em evidência, resulta que:

$$f/\alpha = b/a$$

Ocorre que foi demonstrada a realidade da seguinte relação:

$$e = f/\alpha$$

Substituindo convenientemente as duas últimas expressões, resulta que:

$$e = b/a$$

Note como a constante fundamental denominada por estímulo é a relação entre duas constantes.

CAPÍTULO VI

EQUAÇÕES ISOMAZAS

1 - *Introdução*

As equações *isomazas* apresentam propriedades peculiares que caracterizam o estado dinâmico do movimento *isomaza*, quando a massa (m) do corpo permanece constante durante todo o movimento. Este fenômeno é comum na natureza, pois dentro da visão clássica, a massa é constante.

2 - *Relação (I)*

Foi demonstrada na presente obra que a massa de um corpo é diretamente proporcional a força externa e inversamente proporcional à força dinâmica.

Simbolicamente, o referido enunciado é expresso pela seguinte equação:

$$m = e \cdot F/f$$

Como no estado dinâmico *isomaza*, a massa do corpo permanece constante, pode-se escrever que:

$$m_1 = m_2 = \ldots = m_n$$

Substituindo convenientemente as duas últimas expressões, pode-se escrever que:

$$e \cdot F_1/f_1 = e \cdot F_2/f_2 = \ldots = e \cdot F_n/f_n$$

Eliminando os termos em evidência, resulta que:

$$F_1/f_1 = F_2/f_2 = \ldots = F_n/f_n$$

Isto significa que no estado de *isomaza*, a relação entre a força externa pela força dinâmica é constante.

3 - Relação (II)

Foi demonstrada na presente obra a realidade das seguintes equações:

a) $F = m \cdot \alpha$
b) $f = e \cdot \alpha$

Substituindo convenientemente as duas últimas expressões, resulta que:

$$F/f = m \cdot \alpha/e \cdot \alpha$$

Eliminando os termos em evidência, resulta que:

$$F/f = m/e$$

4 - Relação (III)

Foi demonstrada a seguinte verdade:

a) $F = I + f$
b) $F_1/f_1 = F_2/f_2 = \ldots = F_n/f_n$

Substituindo convenientemente as duas últimas expressões, resulta que:

$$(I_1 + f_1)/f_1 = (I_2 + f_2)/f_2 = \ldots = (I_n + f_n)/f_n$$

5 - *Relação (IV)*

Foi apresentada no presente tratada a seguinte igualdade:

a) $f = F - I$
b) $F_1/f_1 = F_2/f_2 = ... = F_n/f_n$

Substituindo convenientemente as duas últimas expressões, resulta que:

$$F_1/(F_1 - I_1) = F_2/(F_2 - I_2) = ... = F_n/(F_n - I_n)$$

6 - *Relação (V)*

Foi demonstrada na presente obra a realidade das seguintes equações:

a) $p = m . f$
b) $m_1 = m_2 = ... = m_n$

Substituindo convenientemente as duas últimas expressões, resulta que:

$$p_1/f_1 = p_2/f_2 = ... = p_n/f_n$$

7 - *Relação (VI)*

Foi demonstrada no presente estudo a seguinte verdade:

a) $p = m . f$
b) $f = e . \alpha$

Substituindo convenientemente as duas últimas expressões, vem que:

$$p/f = m \cdot f/e \cdot \alpha$$

Ocorre que no estado *isomaza*, tem-se que:

$$F/f = m/e$$

Substituindo convenientemente as duas últimas expressões, resulta que:

$$p/f = F/\alpha$$

8 - Relação (VII)

Foi demonstrado no presente tratado que:

a) $F = m \cdot \alpha$
b) $m_1 = m_2 = \ldots = m_n$

Substituindo convenientemente as duas últimas expressões, resulta que:

$$F_1/\alpha_1 = F_2/\alpha_2 = \ldots = F_n/\alpha_n$$

9 - Relação (VIII)

No estado dinâmico de *isomaza*, verifica-se que o fluxo dinâmico é constante no decorrer do movimento, sendo igual ao quociente da força dinâmica inversa pela força externa.

Simbolicamente, o referido enunciado é expresso pela seguinte relação:

$$\phi = f/F = cte$$

Pois:

$$\phi = e/m = cte$$

Uma outra propriedade *isomaza* afirma que a absorvidade dinâmica é constante no decorrer do movimento. Ela é igual ao quociente da força de inércia, inversa pela força externa.

Simbolicamente, o referido enunciado é expresso pela seguinte relação:

$$\eta = I/F = cte$$

10 - *Relação (IX)*

Foi demonstrado no presente estudo que:

a) $\eta = I/F$
b) $\phi = f/F$

A relação entre ambos os termos resulta que:

$$\eta/\phi = I . F/f . F$$

Eliminando os termos em evidência, resulta que:

$$\eta/\phi = I/f$$

Entretanto, como no estado de movimento *isomaza* as grandezas adimensionais (ϕ e η) permanecem constantes, conclui-se que a relação entre (I e f) também é constante.

Portanto pode-se escrever que:

$$D = \eta/\phi$$

Onde a letra (D) representa uma constante de proporcionalidade.

Substituindo convenientemente as duas últimas expressões, pode-se escrever que:

$$I = D \cdot f$$

Logo, pode-se afirmar que no estado dinâmico *isomaza*, a força de inércia é diretamente proporcional à força dinâmica.

11 - *Relação (X)*

No estado dinâmico *isomaza* constata-se que a diferença entra a força externa pelo peso, divididos pela força de inércia é constante no decorrer do movimento.

Simbolicamente, pode-se escrever que:

$$E = (F - p)/I = cte$$

Onde a letra (E), neste caso, representa uma constante de proporcionalidade.

Também se pode escrever que:

$$E = F/I - p/I$$

Entretanto, sabe-se que:

$$1/\eta = F/I$$

Substituindo convenientemente as duas últimas expressões, resulta que:

$$E = 1/\eta - p/I$$

12 - *Relação (XI)*

No estado dinâmico *isomaza* constata-se que a diferença matemática entre a força externa pelo peso, divididos pela força dinâmica é constante.

Simbolicamente, o referido enunciado é expresso pela seguinte equação:

$$Z = (F - p)/f = cte$$

Onde a letra (Z) representa uma constante de proporcionalidade.

A referida expressão pode ser escrita da seguinte forma:

$$Z = F/f - p/f$$

Porém, foi demonstrado que:

$$1/\phi = F/f$$

Substituindo convenientemente as duas últimas expressões, resulta que:

$$Z = 1/\phi - p/f$$

13 - *Relação (XII)*

Foi apresentada neste estudo, a realidade das seguintes expressões:

a) $Z = F - p/f$
b) $F = m \cdot \alpha$
c) $p = m \cdot f$

Substituindo convenientemente as três últimas expressões, vem que:

$$Z = (m \cdot \alpha - m \cdot f)/f$$

Portanto, pode-se escrever que:

$$Z = (m \cdot \alpha)/f - (m \cdot f)/f$$

Assim, resulta que:

$$Z = m \cdot (\alpha/f - f/f)$$

Eliminando os termos em evidência, resulta que:

$$Z = m \cdot (\alpha/f - 1)$$

Entretanto, sabe-se que:

$$1/e = \alpha/f$$

Substituindo convenientemente as duas últimas expressões, vem que:

$$Z = m \cdot (1/e - 1)$$

Portanto está explicada a origem da constante (Z) no estado *isomaza*.

14 - *Relação (XIII)*

No presente estudo foi apresentada a realidade das seguintes equações matemáticas:

a) $E = (F - p)/I$

b) $F = m \cdot \alpha$
c) $p = m \cdot f$

Substituindo convenientemente as três últimas expressões, resulta que:

$$E = (m \cdot \alpha - m \cdot f)/I$$

Portanto, pode-se escrever que:

$$E = m \cdot \alpha/I - m \cdot f/I$$

Logo, vem que:

$$E = m \cdot (\alpha/I - f/I)$$

Entretanto, foi demonstrado que:

$$1/D = f/I$$

Substituindo convenientemente as duas últimas expressões, resulta que:

$$E = m \cdot (\alpha/I - 1/D)$$

CAPÍTULO VII

EQUAÇÕES ISODINAS

1 - *Introdução*

As equações *isodinas* são aquelas que apresentam propriedades peculiares que descrevem o estado dinâmico do movimento *isodina*, quando a força externa (F) permanece constante no decorrer do movimento.

Quando a força externa permanece constante, isto indica que a força dinâmica permanece constante. Logo, o movimento é uniformemente variado.

2 - *Relação (I)*

Verifica-se no Dinamismo que a força externa que atua sobre um móvel é igual à soma entre a força de inércia com a força dinâmica.

Simbolicamente, o referido enunciado é expresso pela seguinte equação:

$$F = I + f$$

Entretanto, como no estado *isodina* a força externa permanece constante, pode-se escrever que:

$$F_1 = F_2 = \ldots = F_n$$

Substituindo convenientemente as duas últimas expressões, pode-se escrever que:

$$I_1 + f_1 = I_2 + f_2 = \ldots = I_n + f_n$$

3 - Relação (II)

Uma propriedade do estado *isodina* é deduzida matematicamente da forma como se segue:
Pela relação anterior, pode-se escrever que:

$$I_1 + f_1 = I_2 + f_2$$

Portanto, concluí-se o seguinte:

$$I_2 - I_1 = f_2 - f_1$$

Assim, vem que:

$$\Delta I = \Delta f$$

Logo, pode-se afirmar que no estado dinâmico *isodina*, a variação da força de inércia é igual à variação da força dinâmica.

4 - Relação (III)

Foi demonstrado na presente obra que a força externa que atua sobre um móvel é igual ao quociente do produto entre a massa pela força dinâmica, imersa pelo estímulo.
Simbolicamente, o referido enunciado é expresso pela seguinte equação:

$$F = m \cdot f/e$$

Entretanto no estado *isodina* a força externa é expressa por:

$$F_1 = F_2 = \ldots = F_n$$

Substituindo convenientemente as duas últimas expressões, resulta que:

$$m_1 . f_1/e = m_2 . f_2/e = \ldots = m_n . f_n/e$$

Eliminando os termos em evidência, resulta que:

$$m_1 . f_1 = m_2 . f_2 = \ldots = m_n . f_n$$

5 - Relação (IV)

Foi apresentado no presente estudo que:

a) $m_1 . f_1 = m_2 . f_2 = \ldots = m_n . f_n$
b) $p = m . f$

Substituindo convenientemente as duas últimas expressões, vem que:

$$p_1 = p_2 = \ldots = p_n$$

6 - Relação (V)

No presente tratado, foi demonstrado que:

a) $\eta = I/F$
b) $F_1 = F_2 = \ldots = F_n$

Substituindo convenientemente as duas últimas expressões, vem que:

$$I_1/\eta_1 = I_2/\eta_2 = \ldots = I_n/\eta_n$$

7 - Relação (VI)

No presente estudo foi apresentada a realidade das seguintes equações:

a) $\phi = f/F$
b) $F_1 = F_2 = ... = F_n$

Substituindo convenientemente as duas últimas expressões, pode-se escrever que:

$$f_1/\phi_1 = f_2/\phi_2 = ... = f_n/\phi_n$$

8 - Relação (VII)

No presente tratado foi demonstrada a realidade das seguintes expressões:

a) $F = f/(1 - \eta)$
b) $F_1 = F_2 = ... = F_n$

Substituindo convenientemente as duas últimas expressões, pode-se escrever que:

$$f_1/(1 - \eta_1) = f_2/(1 - \eta_2) = ... = f_n/(1 - \eta_n)$$

9 - Relação (VIII)

No presente estudo foi apresentada a seguinte equação:

a) $F = I/(1 - \phi)$
b) $F_1 = F_2 = ... = F_n$

Substituindo convenientemente as duas últimas expressões, resulta que:

$$f_1/(1 - \phi_1) = f_2/(1 - \phi_2) = \ldots = f_n/(1 - \phi_n)$$

10 - Relação (IX)

Foi apresentada no presente estudo a realidade das seguintes equações:

a) $F = m \cdot \alpha$
b) $F_1 = F_2 = \ldots = F_n$

Substituindo convenientemente as duas últimas expressões, vem que:

$$m_1 \cdot \alpha_1 = m_2 \cdot \alpha_2 = \ldots = m_n \cdot \alpha_n$$

11 - Relação (X)

Uma propriedade do estado dinâmico *isodina* afirma que a força de inércia inicial (I_0) é definida como sendo igual à diferença existente entre a força externa pelo peso.

Simbolicamente, o referido enunciado pode ser expresso pela seguinte equação:

$$I_0 = F - p$$

Sabe-se que em Dinamismo o peso de um corpo é expresso pela seguinte equação:

$$p = m \cdot f$$

Também se sabe que a força externa é expressa pela seguinte equação:

$$F = m \cdot \alpha$$

Substituindo convenientemente as três últimas expressões, vem que:

$$I_0 = m \cdot \alpha - m \cdot f$$

Que resulta na seguinte expressão:

$$I_0 = m \cdot (\alpha - f)$$

12 - Relação (XI)

Foi demonstrada na presente obra a seguinte verdade:

a) $I_0 = F - p$
b) $F = I + f$

Substituindo convenientemente as duas últimas expressões, resulta que:

$$I_0 = I + f - p$$

13 - Relação (XII)

Foi demonstrada no presente estudo a seguinte realidade:

a) $I_0 = F - p$
b) $F = p/e$

Substituindo convenientemente as duas últimas expressões, resulta que:

$$I_0 = p \cdot [(1/e) - 1)]$$

Portanto, a relação entre a força de inércia inicial pelo peso é constante no estado *isodina*.

CAPÍTULO VIII

EQUAÇÕES ISOINERCIAIS

1 - *Introdução*

As equações *isoinerciais* são aquelas que apresentam propriedades peculiares que descrevem o estado dinâmico do movimento *isoinercial*. Esse estado ocorre quando a força de inércia (I) permanece constante no decorrer do movimento.

2 - *Relação (I)*

No Dinamismo a força externa é igual à soma entre a força de inércia com a força dinâmica.

Simbolicamente, o referido enunciado é expresso pela seguinte equação:

$$F = I + f$$

No estado dinâmico do movimento *isoinercial*, a força de inércia permanece constante.

Logo, pode-se escrever que:

$$I_1 = I_2 = ... = I_n$$

Substituindo convenientemente as duas últimas expressões, resulta que:

$$F_1 - f_1 = F_2 - f_2 = ... = F_n - f_n$$

3 - Relação (II)

Uma propriedade do estado *isoinercial* é deduzida matematicamente da forma que se segue:

Conforme foi demonstrado:

$$F_1 - f_1 = F_2 - f_2$$

Então, conclui-se que:

$$F_2 - F_1 = f_1 - f_2$$

A referida igualdade estabelece a chamada propriedade *isoinercial*.

4 - Relação (III)

Foi apresentada na presente obra a seguinte equação:

a) $f = e \cdot F/m$

b) $F_1 - f_1 = F_2 - f_2 = \ldots = F_n - f_n$

Substituindo convenientemente as duas últimas expressões, vem que:

$$F_1 - e \cdot F_1/m_1 = F_2 - e \cdot F_2/m_2 = \ldots = F_n - e \cdot F_n/m_n$$

Portanto, vem que:

$$F_1 \cdot [1 - (e/m_1)] = F_2 \cdot [1 - (e/m_2)] = \ldots = F_n \cdot [1 - (e/m_n)]$$

5 - Relação (IV)

No presente estudo foi demonstrada a seguinte verdade:

a) $F = f \cdot m/e$

b) $F_1 - f_1 = F_2 - f_2 = \ldots = F_n - f_n$

Substituindo convenientemente as duas últimas expressões, vem que:

$$(f_1 \cdot m_1/e) - f_1 = (f_2 \cdot m_1/e) - f_2 = \ldots = (f_n \cdot m_n/e) - f_n$$

Portanto, resulta que:

$$f_1 \cdot [(m_1/e) - 1] = f_2 \cdot [(m_2/e) - 1] = \ldots = f_n \cdot [(m_n/e) - 1]$$

6 - Relação (V)

No presente tratado foi demonstrada a realidade das seguintes equações:

a) $I = f \cdot (1 - \phi)/(1 - \eta)$

b) $I_1 = I_2 = \ldots = I_n$

Substituindo convenientemente as duas últimas expressões, vem que:

$$f_1 \cdot (1 - \phi_1)/(1 - \eta_1) = f_2 \cdot (1 - \phi_2)/(1 - \eta_2) = \ldots = f_n \cdot (1 - \phi_n)/(1 - \eta_n)$$

7 - Relação (VI)

Foi demonstrada no presente tratada a realidade das seguintes expressões:

a) $I = F \cdot (1 - \phi)$

b) $I_1 = I_2 = \ldots = I_n$

Substituindo convenientemente as duas últimas expressões, vem que:

$$F_1 . (1 - \phi_1) = F_2 . (1 - \phi_2) = ... = F_n . (1 - \phi_n)$$

8 - Relação (VII)

Foi demonstrada na presente obra a seguinte verdade:

a) $I = \eta . F$

b) $I_1 = I_2 = ... = I_n$

Substituindo convenientemente as duas últimas expressões, resulta que:

$$\eta_1 . F_1 = \eta_2 . F_2 = ... = \eta_n . F_n$$

9 - Relação (VIII)

No presente estudo foi apresentada a seguinte realidade:

a) $I = \alpha . (m - e)$

b) $I_1 = I_2 = ... = I_n$

Substituindo convenientemente as duas últimas expressões, vem que:

$$\alpha_1 . (m_1 - e) = \alpha_2 . (m_2 - e) = ... = \alpha_n . (m_n - e)$$

10 - Relação (IX)

No presente tratado foi demonstrada a realidade das seguintes equações:

a) $I_0 = F - m . f$

b) $I_1 = I_2 = ... = I_n$

Substituindo convenientemente as duas últimas expressões, vem que:

$$(F_1 - m_1 . f_1) = (F_2 - m_2 . f_2) = ... = (F_n - m_n . f_n)$$

11 - *Relação (X)*

No presente tratado foi demonstrado que:

a) $I_0 = F - p$
b) $I_1 = I_2 = ... = I_n$

Substituindo convenientemente as duas últimas expressões, vem que:

$$F_1 - p_1 = F_2 - p_2 = ... = F_n - p_n$$

CAPÍTULO IX

RELAÇÕES DA FORÇA INDUZIDA

1 - *Introdução*

O presente tratado sobre o Dinamismo não estaria completo sem levar em consideração a relação da força induzida com as demais forças definidas na presente obra.

Assim sendo, segue-se o estudo da *relação matemática* existente entre a força induzida com as forças externa, dinâmica e de inércia.

2 - *Equação da Força Induzida*

A variação da intensidade de força induzida em um móvel é definida como sendo igual ao produto existente entre a força dinâmica pela variação do tempo.

Simbolicamente, o referido enunciado é caracterizado pela seguinte expressão:

$$\Delta i = f \cdot \Delta t$$

3 - *Relação (I)*

Foi demonstrado que:

a) $f = F - I$

b) $\Delta i = f \cdot \Delta t$

Substituindo convenientemente as duas últimas expressões, resulta que:

$$F - I = \Delta i/\Delta t$$

4 - Relação (II)

Foi demonstrado que:

a) $f = e \cdot F/m$
b) $\Delta i = f \cdot \Delta t$

Substituindo convenientemente as duas últimas expressões, vem que:

$$\Delta i = e \cdot F \cdot \Delta t/m$$

5 - Relação (III)

Foi demonstrado que:

a) $f = e \cdot \alpha$
b) $\Delta i = f \cdot \Delta t$

Substituindo convenientemente as duas últimas expressões, resulta que:

$$\Delta i = e \cdot \alpha \cdot \Delta t$$

6 - Relação (IV)

Foi demonstrado que:

a) $\Delta i = e \cdot \alpha \cdot \Delta t$
b) $\Delta V = \alpha \cdot \Delta t$

Substituindo convenientemente as duas últimas equações, vem que:

$$\Delta i = e \cdot \Delta V$$

7 - Relação (V)

Foi demonstrado que:

a) $f = F \cdot (1 - \eta)$
b) $\Delta i = f \cdot \Delta t$

Substituindo convenientemente as duas últimas expressões, resulta que:

$$\Delta i = F \cdot \Delta t \cdot (1 - \eta)$$

8 - Relação (VI)

A Mecânica Clássica define uma grandeza chamada impulso como sendo igual ao produto entre a força externa pela variação de tempo.

Simbolicamente, pode-se escrever que:

$$T' = F \cdot \Delta t$$

Foi demonstrado no presente tratado que:

$$\Delta i = F \cdot \Delta t \cdot (1 - \eta)$$

Substituindo convenientemente as duas últimas expressões, resulta na seguinte:

$$\Delta i = T' \cdot (1 - \eta)$$

9 - Relação (VII)

Foi demonstrado que:

a) $F = I . (1 - \eta)/(1 - \phi)$
b) $\Delta i = f . \Delta t$

Substituindo convenientemente as duas últimas expressões, vem que:

$$\Delta i = I . \Delta t . (1 - \eta)/(1 - \phi)$$

10 - Relação (VIII)

Foi demonstrado que:

a) $\Delta H = I . \Delta t$
b) $\Delta i = I . \Delta t . (1 - \eta)/(1 - \phi)$

Substituindo convenientemente as duas últimas equações, resulta que:

$$\Delta i = \Delta H . (1 - \eta)/(1 - \phi)$$

11 - Relação (IX)

Foi demonstrado que:

a) $I = I_0 + f . (m - 1)$
b) $\Delta i = f . \Delta t$

Substituindo convenientemente as duas últimas expressões, resulta que:

$$\Delta i = \Delta t . (I - I_0)/(m - 1)$$

12 - *Relação (X)*

Foi demonstrado que no estado *isodinamico* tem-se as seguintes verdades:

a) $f = \alpha - I_0$
b) $\Delta i = f \cdot \Delta t$

Substituindo convenientemente as duas últimas expressões, resulta que:

$$\Delta i = (\alpha - I_0) \cdot \Delta t$$

13 - *Relação (XI)*

Foi demonstrado que no estado *isodinamico* que:

a) $\Delta i = (\alpha - I_0) \cdot \Delta t$
b) $\Delta V = \alpha \cdot \Delta t$

Substituindo convenientemente as duas últimas expressões, vem que:

$$\Delta i = \Delta V - I_0 \cdot \Delta t$$

14 - *Relação (XII)*

No estado *isomaza* foi demonstrado que a relação entre a força externa pela força dinâmica é uma constante.

Simbolicamente, o referido enunciado é expresso pela seguinte relação:

$$k = F/f$$

Sabe-se que a força induzida é expressa pela seguinte igualdade:

$$\Delta i = f \cdot \Delta t$$

Substituindo convenientemente as duas últimas expressões, resulta que:

$$\Delta i = F \cdot \Delta t/k$$

15 - Relação (XIII)

Foi demonstrado que no estado *isomaza* que:

a) $T' = F \cdot \Delta t$
b) $\Delta i = F \cdot \Delta t/k$

Substituindo convenientemente as duas últimas expressões, resulta que:

$$\Delta i = T'/k$$

16 - Relação (XIV)

No estado *isomaza* foi demonstrado que:

a) $f = p \cdot \alpha/F$
b) $\Delta i = f \cdot \Delta t$

Substituindo convenientemente as duas últimas expressões, vem que:

$$\Delta i = p \cdot \alpha \cdot \Delta t/F$$

17 - Relação (XV)

Foi demonstrado no estado *isomaza* que:

a) $\Delta i = p \cdot \alpha \cdot \Delta t / F$
b) $\Delta V = \alpha \cdot \Delta t$

Substituindo convenientemente as duas últimas expressões, vem que:

$$\Delta i = p \cdot \Delta V / F$$

18 - Relação (XVI)

Foi demonstrado no estado *isomaza* que:

a) $f = \phi \cdot F$
b) $\Delta i = f \cdot \Delta t$

Substituindo convenientemente as duas últimas expressões, obtém-se que:

$$\Delta i = \phi \cdot F \cdot \Delta t$$

19 - Relação (XVII)

Foi demonstrado no estado *isomaza* que:

a) $T' = F \cdot \Delta t$
b) $\Delta i = \phi \cdot F \cdot \Delta t$

Substituindo convenientemente as duas últimas expressões, resulta que:

$$\Delta i = \phi \cdot T'$$

Portanto, pode-se concluir que a variação de força induzida num móvel é igual ao produto entre o fluxo dinâmico pelo impulso do corpo.

20 - *Relação (XVIII)*

Foi demonstrado no estado *isomaza* que:

a) $f = \phi \cdot I/\eta$
b) $\Delta i = f \cdot \Delta t$

Substituindo convenientemente as duas últimas expressões, vem que:

$$\Delta i = \phi \cdot I \cdot \Delta t/\eta$$

21 - *Relação (XIX)*

No estado *isomaza*, foi demonstrado que:

a) $\Delta H = I \cdot \Delta t$
b) $\Delta i = \phi \cdot I \cdot \Delta t/\eta$

Substituindo convenientemente as duas últimas expressões, resulta que:

$$\Delta i = \phi \cdot \Delta H/\eta$$

22 - *Relação (XX)*

No estado *isomaza* foi demonstrado que:

a) $f = F - p/Z$
b) $\Delta i = f \cdot \Delta t$

Substituindo convenientemente as duas últimas expressões, vem que:

$$\Delta i = (F - p) \cdot \Delta t / Z$$

23 - *Relação (XXI)*

Foi demonstrado no estado *isodina* que:

a) $f = I_0 - I + p$
b) $\Delta i = f \cdot \Delta t$

Substituindo convenientemente as duas últimas expressões, resulta que:

$$\Delta i = (I_0 - I + p) \cdot \Delta t$$

CAPÍTULO X

O IMPULSO E QUANTIDADE DE MOVIMENTO

1 - *Introdução*

No presente capítulo será apresentada a definição de *impulso* e *quantidade de movimento*. Estas grandezas clássicas serão *relacionadas* aos conceitos da teoria do *Dinamismo*.

2 - *Impulso*

O impulso é uma grandeza definida na Física Clássica como sendo igual ao produto existente entre a força externa pela variação de tempo em que ela é aplicada ao móvel.

Simbolicamente o referido enunciado é expresso pela seguinte igualdade:

$$T' = F \cdot \Delta t$$

Esta é a equação que traduz a definição do impulso que uma força comunica a um corpo.

3 - *Relação (I)*

Na presente obra foi demonstrado que:

a) $F = I + f$
b) $T' = F \cdot \Delta t$

Substituindo convenientemente as duas últimas expressões, vem que:

$$T' = (I + f) \cdot \Delta t$$

4 - Relação (II)

Foi demonstrado que:

a) $\Delta i = f \cdot \Delta t$
b) $\Delta H = I \cdot \Delta t$
c) $T' = (I + f) \cdot \Delta t$

Substituindo convenientemente as três últimas expressões, vem que:

$$T' = \Delta H + \Delta i$$

Portanto, pode-se concluir que o impulso de uma força externa é definido como sendo igual a soma entre o ímpeto da inércia pela força induzida no móvel.

5 - Relação (III)

Foi demonstrada a seguinte verdade:

a) $F = m \cdot f/e$
b) $T' = F \cdot \Delta t$

Substituindo convenientemente as duas últimas expressões, resulta que:

$$T' = m \cdot f \cdot \Delta t/e$$

6 - Relação (IV)

Foi demonstrado que:

a) $p = m . f$
b) $T' = m . f . \Delta t/e$

Substituindo convenientemente as duas últimas expressões, vem que:

$$T' = p . \Delta t/e$$

7 - *Relação (V)*

Foi demonstrado que:

a) $\Delta i = f . \Delta t$
b) $T' = m . f . \Delta t/e$

Substituindo convenientemente as duas últimas expressões, obtém-se que:

$$T' = m . \Delta i/e$$

8 - *Relação (VI)*

Foi demonstrado que:

a) $f = e . \alpha$
b) $T' = m . f . \Delta t/e$

Substituindo convenientemente as duas últimas expressões, resulta que:

$$T' = m . e . \alpha . \Delta t/e$$

Eliminando os termos em evidência, vem que:

$$T' = m . \alpha . \Delta t$$

9 - Relação (VII)

Foi demonstrado que:

a) $T' = m . \alpha . \Delta t$
b) $\Delta V = \alpha . \Delta t$

Substituindo convenientemente as duas últimas expressões, vem que:

$$T' = m . \Delta V$$

10 - Relação (VIII)

Foi demonstrado que:

a) $F = I + e . \alpha$
b) $T' = F . \Delta t$

Substituindo convenientemente as duas últimas expressões, resulta que:

$$T' = (I + e . \alpha) . \Delta t$$

11 - Relação (IX)

Foi demonstrado que:

a) $F = I_0/\eta_0$
b) $T' = F . \Delta t$

Substituindo convenientemente as duas últimas expressões, vem que:

$$T' = I_0 . \Delta t / \eta_0$$

12 - *Relação (X)*

Foi demonstrado que:

a) $F = I_0 + m . f$
b) $T' = F . \Delta t$

Substituindo convenientemente as duas últimas expressões, resulta que:

$$T' = (I_0 + m . f) . \Delta t$$

13 - *Relação (XI)*

Foi demonstrado que:

a) $p = m . f$
b) $T' = (I_0 + m . f) . \Delta t$

Substituindo convenientemente as duas últimas expressões, vem que:

$$T' = (I_0 + p) . \Delta t$$

14 - *Relação (XII)*

Foi demonstrado que:

a) $T' = F . \Delta t$
b) $F = p . \alpha / f$

Substituindo convenientemente as duas últimas expressões, pode-se escrever que:

$$T' = p \cdot \alpha \cdot \Delta t/f$$

15 - Relação (XIII)

Foi demonstrado que:

a) $T' = p \cdot \alpha \cdot \Delta t/f$
b) $\Delta V = \alpha \cdot \Delta t$

Substituindo convenientemente as duas últimas expressões, resulta que:

$$T' = p \cdot \Delta V/f$$

16 - Relação (XIV)

No estado *isomaza* foi demonstrado que:

a) $F = f/\phi$
b) $T' = F \cdot \Delta t$

Substituindo convenientemente as duas últimas expressões, vem que:

$$T' = f \cdot \Delta t/\phi$$

17 - Relação (XV)

No estado *isomaza* foi demonstrado que:

a) $T' = f \cdot \Delta t/\phi$
b) $\Delta i = f \cdot \Delta t$

Substituindo convenientemente as duas últimas expressões, vem que:

$$T' = \Delta i/\phi$$

18 - Relação (XVI)

Foi demonstrado no estado *isomaza* que:

a) $F = I/\eta$
b) $T' = F . \Delta t$

Substituindo convenientemente as duas últimas expressões, vem que:

$$T' = I . \Delta t/\eta$$

19 - Relação (XVII)

Foi demonstrado no estado *isomaza* que:

a) $T' = I . \Delta t/\eta$
b) $\Delta H = I . \Delta t$

Substituindo convenientemente as duas últimas expressões, resulta que:

$$T' = \Delta H/\eta$$

20 - Relação (XVIII)

Foi demonstrado no estado *isodina* que:

a) $F = f/(1 - \eta)$

b) $T' = F \cdot \Delta t$

Substituindo convenientemente as duas últimas expressões, vem que:

$$T' = f \cdot \Delta t/(1 - \eta)$$

21 - Relação (XIX)

Foi demonstrado que no estado *isodina* que é válida as seguintes equações:

a) $\Delta i = f \cdot \Delta t$
b) $T' = f \cdot \Delta t/(1 - \eta)$

Substituindo convenientemente as duas últimas expressões, resulta que:

$$T' = \Delta i/(1 - \eta)$$

22 - Relação (XX)

No estado *isodina* foi demonstrado que:

a) $F = I/(1 - \phi)$
b) $T' = F \cdot \Delta t$

Substituindo convenientemente as duas últimas expressões, vem que:

$$T' = I \cdot \Delta t/(1 - \phi)$$

23 - Relação (XXI)

No estado *isodina* foi demonstrado que:

a) $\Delta H = I \cdot \Delta t$

b) $T' = I \cdot \Delta t / (1 - \phi)$

Substituindo convenientemente as duas últimas expressões, vem que:

$$T' = \Delta H / (1 - \phi)$$

24 - *Quantidade de Movimento*

A quantidade de movimento é uma grandeza definida na Física Clássica como sendo igual ao produto existente entre a massa do corpo pela velocidade que adquire.

Simbolicamente, o referido enunciado é expresso pela seguinte igualdade:

$$Q = m \cdot V$$

A referida expressão traduz a grandeza física denominada por quantidade de movimento.

25 - *Teorema do Impulso*

O chamado teorema do impulso afirma que o impulso de uma força externa sobre um corpo é igual à variação da quantidade de movimento do móvel, no intervalo de tempo considerado.

Agora, considere a seguinte demonstração:

$$F = (I + f)$$
$$F \cdot \Delta t = (I + f) \cdot \Delta t$$
$$m \cdot \alpha \cdot \Delta t = \Delta H + \Delta i$$
$$m \cdot \Delta t \cdot (V - V_0)/\Delta t = \Delta H + \Delta i$$

Eliminando os termos em evidência, resulta que:

$$m \cdot (V - V_0) = \Delta H + \Delta i$$
$$m \cdot V - m \cdot V_0 = \Delta H + \Delta i$$

Portanto, conclui-se que:

$$Q - Q_0 = \Delta H + \Delta i$$

Como: $(\Delta Q = Q - Q_0)$, pode-se escrever que:

$$\Delta Q = \Delta H + \Delta i$$

A referida expressão explica a variação da quantidade de movimento de um móvel, como sendo igual à soma entre a variação do ímpeto da inércia com a variação da força induzida.

26 - Relação (XXII)

Foi demonstrado na presente obra que:

a) $\Delta i = \Delta Q - \Delta H$
b) $\Delta i = e \cdot \Delta V$

Substituindo convenientemente as duas últimas expressões, vem que:

$$\Delta V = (\Delta Q - \Delta H)/e$$

27 - Relação (XXIII)

Foi demonstrado na presente obra que:

a) $\Delta i = \Delta Q - \Delta H$
b) $\Delta i = f \cdot \Delta t$

Substituindo convenientemente as duas últimas expressões, resulta que:

$$f = (\Delta Q - \Delta H)/\Delta t$$

28 - Relação (XXIV)

Foi demonstrado na presente obra que:

a) $f = (\Delta Q - \Delta H)/\Delta t$
b) $f = e \cdot \alpha$

Substituindo convenientemente as duas últimas expressões, vem que:

$$\alpha = (\Delta Q - \Delta H)/e \cdot \Delta t$$

29 - Relação (XXV)

Foi demonstrado na presente obra que:

a) $f = (\Delta Q - \Delta H)/\Delta t$
b) $f = e \cdot F/m$

Substituindo convenientemente as duas últimas expressões, resulta que:

$$F = (\Delta Q - \Delta H) \cdot m/e \cdot \Delta t$$

CAPÍTULO XI

ENERGIA

1 - *Introdução*

No presente capítulo serão considerados os conceitos de energia cinética e potencial, definidas através das grandezas físicas desenvolvidas no Dinamismo.

2 - *Energia Cinética*

A variação de energia cinética de um móvel é definida como sendo igual à metade da massa multiplicada pelo quadrado da variação da velocidade do móvel.

Simbolicamente o referido enunciado é expresso por:

$$\Delta E_c = m \cdot \Delta V^2 / 2$$

Pela Dinâmica sabe-se que a variação da quantidade de movimento de um móvel é igual ao produto existente entre a massa pela variação de velocidade que apresenta.

O referido enunciado é expresso simbolicamente pela seguinte equação:

$$\Delta Q = m \cdot \Delta V$$

Substituindo convenientemente as duas últimas expressões, resulta que:

$$\Delta E_c = \Delta Q \cdot \Delta V / 2$$

3 - *Relação (I)*

Foi demonstrada no Dinamismo que a variação da quantidade de movimento de um móvel é igual à soma entre a variação do ímpeto pela variação da força induzida.

Simbolicamente, o referido enunciado é expresso pela seguinte igualdade:

$$\Delta Q = \Delta H + \Delta i$$

Foi demonstrado no item anterior que:

$$\Delta E_c = \Delta Q \cdot \Delta V/2$$

Substituindo convenientemente as duas últimas expressões, vem que:

$$\Delta E_c = (\Delta H + \Delta i) \cdot \Delta V/2$$

4 - *Relação (II)*

O Dinamismo demonstra que a variação de velocidade de um móvel é igual à relação matemática existente entre a variação de força induzida pelo estímulo.

O referido enunciado é expresso simbolicamente pela seguinte igualdade:

$$\Delta V = \Delta i/e$$

No item anterior foi demonstrado que:

$$\Delta E_c = (\Delta H + \Delta i) \cdot \Delta V/2$$

Substituindo convenientemente as duas últimas expressões, resulta que:

$$\Delta E_c = (\Delta H + \Delta i) \cdot \Delta i / 2e$$

5 - *Energia Potencial*

A energia potencial de um corpo é definida como sendo igual ao produto entre a força externa que atua sobre um corpo pela altura de queda livre.

Simbolicamente, o referido enunciado é expresso por:

$$\Delta E_p = F \cdot \Delta h$$

No Dinamismo foi demonstrado que a força externa que atua sobre um corpo é igual à soma entre a força de inércia pela força dinâmica.

O referido enunciado é expresso simbolicamente pela seguinte igualdade:

$$F = I + f$$

Substituindo convenientemente as duas últimas expressões, resulta que:

$$\Delta E_p = (I + f) \cdot \Delta h$$

6 - *Relação (III)*

A equação de Torricelli permite afirmar que o quadrado da variação de velocidade é igual ao dobro da aceleração multiplicada pela variação de altura.

Simbolicamente, o referido enunciado é expresso por:

$$\Delta V^2 = 2\alpha \cdot \Delta h$$

Ocorre que a aceleração é igual a relação entre a força dinâmica pelo estímulo.

O referido enunciado é expresso simbolicamente por:

$$\alpha = f/e$$

Substituindo convenientemente as duas últimas expressões, vem que:

$$\Delta V^2 = 2f \cdot \Delta h/e$$

Sabe-se que o quadrado da variação da velocidade do móvel é igual ao quociente do quadrado da variação da força induzida, inversa pelo quadrado do estímulo.

Simbolicamente o referido enunciado é expresso pela seguinte relação:

$$\Delta V^2 = \Delta i^2/e^2$$

Substituindo convenientemente as duas últimas expressões, vem que:

$$\Delta i^2/e^2 = 2f \cdot \Delta h/e$$

Eliminando os termos em evidência, resulta que:

$$\Delta i^2/e = 2f \cdot \Delta h$$

Ou seja:

$$\Delta i^2 = 2e \cdot f \cdot \Delta h$$

Assim, pode-se escrever que:

$$\Delta h = \Delta i^2/2e \cdot f$$

Foi demonstrado no item anterior que:

$$\Delta E_p = (I + f) \cdot \Delta h$$

Substituindo convenientemente as duas últimas expressões, vem que:

$$\Delta E_p = (I + f) \cdot \Delta i^2 / 2e \cdot f$$

CAPÍTULO XII

FORÇA GRAVITACIONAL

1 - *Introdução*

A queda livre de corpos abandonados próximo à superfície do planeta descrever um movimento uniformemente variado no estado *isodinamico*.

Isto significa que a força dinâmica resultante permanece constante para todos os corpos durante o movimento.

2 - *Questões*

O Dinamismo afirma que, se a mesma força externa for aplicada a dois corpos de massas diferentes, o corpo de menor massa ficará sujeito a uma força dinâmica maior do que o corpo de maior massa.

Entretanto, Galileu demonstrou que, dois corpos que caem da mesma altura chegarão ao solo com as mesmas velocidades, independentemente de qualquer diferença nas suas massas.

Portanto pode-se afirmar que todos os corpos, independentemente de sua massa, caem sob a ação de uma mesmo força dinâmica.

Alguns poderiam apontar o seguinte problema:

I - Tendo em vista a segundo lei de Newton, como é possível que um corpo de grande massa não caia mais rapidamente do que o leve?

II - Tendo em vista a lei da inércia, um corpo de menor massa deve oferecer menos resistência à atração gravitacional e, por conseguinte, como é possível que não caia mais depressa do que um corpo de massa maior?

O Dinamismo é a única teoria que responde adequadamente a estas perguntas.

3 - *Lei da Queda Livre*

Para responder os problemas levantados pelas questões anteriores, considere a seguinte demonstração:

Foi apresentado que no estado *isodinamico*, são válidas as seguintes equações:

a) $F = I + f$
b) $f_1 = f_2$

Substituindo convenientemente as duas últimas expressões, resulta que:

$$F_1 - I_1 = F_2 - I_2$$

Pode-se escrever que:

$$F_2 - F_1 = I_2 - I_1$$

Assim, resulta que:

$$\Delta F = \Delta I$$

Portanto, conclui-se que:

$$\Delta F - \Delta I = 0$$

Logo, em queda livre a variação da força externa pela diferença da variação da força de inércia é nula.

Desse modo, sob a perspectiva do corpo em queda livre, o aumento da força de inércia é anulado pelo aumento da força externa. Portanto, um corpo de menor massa é atraído com menos força externa do que um corpo de maior massa, numa proporção que anula exatamente a sua força de inércia, de tal forma que a força dinâmica gravitacional permanece constante.

Assim sendo, quando dois corpos de diferentes massas estão em queda livre sob atração gravitacional, ambos apresentam a mesma força dinâmica gravitacional. Eis que quanto maior for a massa do corpo, tanto maior será a força externa.

Entretanto, quanto maior for a massa, tanto maior será a força de inércia que se opõe à força externa, anulando-se mutuamente.

Portanto, o aumento ou diminuição da massa implica num respectivo aumento ou diminuição da força externa, bem como num respectivo aumento ou diminuição da força de inércia, de tal forma que a proporção entre a força externa e a força de inércia anula-se.

4 - *Força Dinâmica Gravitacional*

A força dinâmica constante dos corpos em queda livre é denominada por *força dinâmica gravitacional*. Ela é representada pela letra (f).

Assim como a aceleração da gravidade, seu valor varia com a latitude e altitude. É menor no Equador do que nos Pólos, devido ao movimento de rotação do planeta.

A força dinâmica gravitacional é definida como sendo igual ao produto existente entre o estímulo (e) pela aceleração da gravidade (g).

Simbolicamente, o referido enunciado é expresso pela seguinte equação:

$$f = e \cdot g$$

5 - *Lei Gravitacional*

De acordo com a lei de atração gravitacional, a aceleração da gravidade (g) é proporcional a massa (M) do planeta e inversamente proporcional ao quadrado da distância (d).
Simbolicamente, o referido enunciado é expresso por:

$$g = G \cdot M/d^2$$

Onde a letra (G) representa uma constante denominada por *constante de gravitação universal*.

Foi apresentado no presente capítulo que a força dinâmica gravitacional é igual ao produto entre o estímulo pela aceleração da gravidade.

Simbolicamente o referido enunciado pode ser expresso por:

$$f = e \cdot g$$

Substituindo convenientemente as duas últimas expressões, resulta que:

$$f = e \cdot G \cdot M/d^2$$

O produto entre as constantes (G) e (e), resulta numa nova constante, a saber:

$$\omega = G \cdot e$$

Substituindo convenientemente as duas últimas expressões, vem que:

$$f = \omega \cdot M/d^2$$

Essa expressão demonstra que o valor da intensidade da força dinâmica gravitacional, próxima a superfície do planeta pode ser considerada praticamente constante, tendo em vista que as grandezas físicas envolvidas são constantes.

Ela também demonstra que a força dinâmica gravitacional que interage sobre os corpos em *queda livre* ou em *repouso* não depende de tais corpos, mas apenas da fonte do campo gravitacional.

6 - Relação (I)

Foi demonstrado no presente estudo que:

a) $\mathbf{f = F - I}$
b) $\mathbf{f = \omega \cdot M/d^2}$

Substituindo convenientemente as duas últimas expressões, resulta que:

$$\mathbf{F = \omega \cdot M/d^2 + I}$$

7 - Relação (II)

No presente estudo foi demonstrado que:

a) $\mathbf{f = F \cdot (1 - \eta)}$
b) $\mathbf{f = \omega \cdot M/d^2}$

Igualando convenientemente as duas últimas expressões, vem que:

$$\mathbf{F = \omega \cdot M/d^2 \cdot (1 - \eta)}$$

8 - Relação (III)

Foi demonstrada na presente obra a seguinte equação:

a) $f = g - I_0$

b) $f = \omega \cdot M/d^2$

Substituindo convenientemente as duas últimas expressões, vem que:

$$g = (\omega \cdot M/d^2) + I_0$$

9 - Relação (IV)

Foi apresentada na presente obra a seguinte verdade:

a) $f = I \cdot (1 - \eta)/(1 - \phi)$

b) $f = \omega \cdot M/d^2$

Substituindo convenientemente as duas últimas expressões, vem que:

$$I = \omega \cdot M \cdot (1 - \phi)/d^2 \cdot (1 - \eta)$$

10 - Relação (V)

Na presente obra foi demonstrado que:

a) $f = p/m$

b) $f = \omega \cdot M/d^2$

Substituindo convenientemente as duas últimas expressões, vem que:

$$p = \omega \cdot M \cdot m/d^2$$

11 - Força Induzida Orbital

A velocidade orbital de um satélite em torno do planeta é determinada como sendo igual à raiz quadrada do produto entre a constante de gravitação universal pela massa do planeta, inversa pelo raio da órbita.

Simbolicamente, o referido enunciado é expresso pela seguinte equação:

$$V = \sqrt{G} \cdot M/d$$

Foi demonstrado que a força induzida é igual ao produto entre o estímulo pela velocidade.

O referido enunciado é expresso simbolicamente pela seguinte igualdade.

$$i = e \cdot V$$

Substituindo convenientemente as duas últimas expressões, obtém-se a determinação da força induzida orbital de um satélite em torno de um planeta.

$$i = e \cdot \sqrt{G} \cdot M/d$$

Ou seja:

$$i^2 = e^2 \cdot G \cdot M/d$$

12 - *Energia Cinética Orbital*

No presente estudo foi demonstrado que a energia cinética de um móvel é expressa por:

$$E_c = (H + i) \cdot i/2e$$

Portanto, pode-se escrever que:

$$E_c = H \cdot i + i^2/2e$$

Teoria Matemática e Mecânica do Dinamismo

270

Também se pode escrever que:

$$E_c = H . i/2e + i^2/2e$$

Ocorre que foi demonstrado que o quadrado da força induzida é expressa por:

$$i^2 = e^2 . G . M/d$$

Substituindo convenientemente as duas últimas expressões, vem que:

$$E_c = H . i/2e + e^2 . G . M/2e . d$$

Eliminando os termos em evidência, resulta que:

$$E_c = H . i/2e + e . G . M/2$$

13 - Relação (VI)

Na presente obra foi demonstrado que a energia cinética de um móvel é expressa por:

$$E_c = (H + i) . V/2$$

Sabe-se que a velocidade orbital de um satélite é expressa por:

$$V = \sqrt{G} . M/d$$

Substituindo convenientemente as duas últimas expressões, vem que:

$$E_c = (H + i)/2 . \sqrt{G} . M/d$$

Também se pode estabelecer que:

$$E_c^2 = (H + i)^2 \cdot G \cdot M/4d$$

14 - *Relação (VII)*

Considerando que a energia cinética orbital de um satélite é expressa pela seguinte relação:

$$E_c = G \cdot M \cdot m/2d$$

Onde a letra (m) representa a massa do satélite, a letra (M) a massa do planeta, a letra (d) o raio que parte do centro do planeta ao centro do satélite.

Com relação à última expressão pode-se escrever que:

$$2E_c/d = G \cdot M \cdot m/d^2$$

Sabe-se que a força de atração é expressa por:

$$F = G \cdot M \cdot m/d^2$$

Substituindo convenientemente as duas últimas expressões, vem que:

$$F = 2E_c/d$$

Assim vem que:

$$E_c = F \cdot d/2$$

Pela teoria do Dinamismo, sabe-se que:

$$F = I + f$$

Substituindo convenientemente as duas últimas expressões, obtém-se que:

$$E_c = (I + f) \cdot d/2$$

15 - *Força Gravitacional*

Foi demonstrado no presente trabalho que a força gravitacional que um planeta exerce sobre um corpo em órbita é expressa por:

$$F = 2E_c/d$$

Ocorre que foi demonstrado que a energia cinética de um corpo é expressa por:

$$E_c = (H + i) \cdot V/2$$

Substituindo convenientemente as duas últimas expressões, vem que:

$$F = 2(H + i) \cdot V/2d$$

Eliminando os termos em evidência, resulta que:

$$F = (H + i) \cdot V/d$$

16 - *Relação (VIII)*

Sabe-se que a força dinâmica centrípeta é expressa por:

$$f_c = I \cdot V/d$$

Foi demonstrado no item anterior que:

$$F = (H + i) \cdot V/d$$

Substituindo convenientemente as duas últimas expressões, vem que:

$$F = (H + i) \cdot f_c \cdot d/d \cdot i$$

Eliminando os termos em evidência, vem que:

$$F = (H + i) \cdot f_c/i$$
$$F = (H \cdot f_c + I \cdot f_c)/i$$
$$F = H \cdot f_c/i + I \cdot f_c/i$$

Eliminando os termos em evidência, resulta que:

$$F = H \cdot f_c/i + f_c$$

Assim, conclui-se que:

$$F = f_c \cdot (H/i + 1)$$

17 - *Relação (IX)*

Foi demonstrado que:

$$F = (H + i) \cdot V/d$$

Foi apresentado que:

$$V = \sqrt{G} \cdot M/d$$

Substituindo convenientemente as duas últimas expressões, obtém-se que:

$$F = (H + i)/d \cdot \sqrt{G} \cdot M/d$$

$$F^2 = (H + i)^2 \cdot G \cdot M/d^2 \cdot d$$

$$F^2 = (H + i)^2 \cdot G \cdot M/d^3$$

Assim conclui-se que:

$$F = (H + i) \cdot \sqrt{G} \cdot M/d^3$$

CAPÍTULO XIII

RELAÇÕES RELATIVISTICAS DO DINAMISMO

1 - *Introdução*

No presente capítulo serão apresentadas algumas equações relativísticas elementares relacionadas com os conceitos da teoria do Dinamismo.

2 - *Postulado Fundamental*

Um dos postulados básicos da Teoria da Relatividade afirma que a velocidade da luz é uma constante universal.

O Dinamismo afirma que a força induzida (i) é igual ao produto entre o valor do estímulo (e) pela velocidade (V) do móvel. Ora! Se a velocidade da luz é uma constante universal, então se pode afirmar que o produto do estímulo (e) pela velocidade da luz (c) é igual a uma força induzida constante e universal (i_c).

Simbolicamente pode-se escrever que:

$$i_c = e \cdot c$$

Portanto, pode-se enunciar o seguinte postulado: *A força induzida da luz é uma constante universal*.

3 - *Contração do Comprimento*

A Teoria da Relatividade Restrita demonstra que o comprimento (x) de uma barra, medido num referencial (s), é menor do que o comprimento (x') da mesma barra, medido num referencial (s'), animado de velocidade (v) em relação ao referencial (s).

A contração do comprimento é expressa pela seguinte equação:

$$x = (\sqrt{1 - V^2/c^2}) \cdot x'$$

Pela Teoria do Dinamismo, sabe-se que:

a) $V^2 = i^2/e^2$
b) $c^2 = i_c^2/e^2$

Substituindo convenientemente as três últimas expressões, obtém-se que:

$$x = (\sqrt{1 - i^2/i_c^2}) \cdot x'$$

4 - Dilatação do Tempo

Considere que (t) seja o intervalo de tempo de duração de um fenômeno qualquer medido por um cronômetro num referencial (s'), que se move com velocidade (V) em relação a um referencial (s).

A dilatação de tempo é expressa na Relatividade Restrita pela seguinte equação:

$$t = t'/(\sqrt{1 - V^2/c^2})$$

Como $(V^2 = i^2/e^2)$ e $(c^2 = i_c^2/e^2)$, pode-se escrever que:

$$t = t'/(\sqrt{1 - i^2/i_c^2})$$

Pela referida expressão, (t) é maior do que (t'), porque $(1/\sqrt{1 - i^2/i_c^2})$ é menor do que um.

5 - Dilatação da Massa

Seja (m_0) a massa de repouso de um corpo medida em relação a um referencial em repouso em relação a um referencial inercial. Seja (m) a massa do mesmo corpo, medida num referencial que se move com velocidade (V) em relação ao referencial em repouso.

De acordo com a Teoria da Relatividade Restrita, a dilatação da massa é expressa por:

$$m = m_0/\sqrt{1 - V^2/c^2}$$

Como ($V^2 = i^2/e^2$) e ($c^2 = i_c^2/e^2$), pode-se escrever que:

$$m = m_0/\sqrt{1 - i^2/i_c^2}$$

Como ($1/\sqrt{1 - i^2/i_c^2}$ é ≥ 1) decorre que o corpo terá maior massa quando em movimento relativo do que estando em repouso.

6 - Quantidade de Movimento

A quantidade de movimento na Teoria da Relatividade Restrita é expressa por:

$$Q = m_0 \cdot V/\sqrt{1 - i^2/i_c^2}$$

Porém, sabe-se pelo Dinamismo que a quantidade de movimento de um corpo medida em relação a um referencial em repouso em relação a um referencial inercial é expressa por:

$$Q_0 = H + i$$

Substituindo convenientemente as duas últimas expressões, obtém-se que:

$$Q = (H + i)/(\sqrt{1 - i^2/i_c^2})$$

7 - *Força Peso*

A força peso de um corpo sob a ação externa é expressa por:

$$p = m \cdot f$$

Sabe-se que:

$$f = i/t$$

Portanto, pode-se definir que:

$$p = m \cdot i/t$$

Então se pode escrever que:

$$p = d/dt(m \cdot i)$$

Pela Teoria da Relatividade Restrita, pode-se escrever que:

$$m = m_0/(\sqrt{1 - i^2/i_c^2})$$

Substituindo convenientemente as duas últimas expressões, vem que:

$$p = d/dt(m_0 \cdot i/\sqrt{1 - i^2/i_c^2})$$

Pode-se escrever que:

$$p = d/dt[m_0 . i/(1 - i^2/i_c^2)^{1/2}]$$

Assim vem que:

$$p = m_0 . (di/dt)/(1 - i^2/i_c^2)^{3/2}$$

Desse modo, conclui-se que:

$$p = m/(1 - i^2/i_c^2) . di/dt$$

8 - *Força Dinâmica*

Pela Teoria da Relatividade Restrita pode-se escrever que a aceleração de um corpo é expressa por:

$$\alpha = F/[m . (1 - i^2/i_c^2)^{3/2}]$$

Como $(f = e . \alpha)$, pode-se escrever que:

$$f = e . \alpha = e . F/[m . (1 - i^2/i_c^2)^{3/2}]$$

Portanto, pode-se concluir que:

$$f = e . F/[m . (1 - i^2/i_c^2)^{3/2}]$$

Ceterum censeo Carthaginem esse delendam.

LIVRO III

PRINCÍPIOS DA MECÂNICA DOS MOVIMENTOS

Contemplai as belas e maravilhosas obras da natureza. Considerai a sua admirável adaptação às necessidades e à felicidade, não só do homem, mas de todas as criaturas viventes.

Ellen Gould White
Escritora, conferencista, conselheira
e educadora norte-americana.
(1827-1915)

CAPÍTULO I

REPOUSO

1- *Introdução*

Com o presente capítulo será dado início ao estudo da *Mecânica dos Movimentos*. Aqui serão definidos novos conceitos fundamentais e necessários ao desenvolvimento do estudo do repouso e do movimento. Como por exemplo, posição, tempo, massa e momento espacial.

2- *Ponto Material*

No estudo dos fenômenos mecânicos, define-se o ponto material como sendo um corpo cujas *dimensões* não interferem na análise de determinado fenômeno.

3- *Tempo*

Classicamente o tempo é uma grandeza fundamental na descrição de qualquer movimento. Tal noção está associada ao conceito do *antes* e do *depois*, cuja cronometragem ocorre por meio de qualquer fenômeno freqüente e uniforme.

A variação de tempo decorrido é igual à diferença matemática entre um instante *posterior* por um instante *anterior*.

Simbolicamente o referido enunciado é expresso por:

$$\Delta t = t - t_0$$

4- Posição

Uma das primeiras etapas no estudo da mecânica está em determinar a posição de um ponto material. Ela é determinada como sendo a distância do ponto em relação a um referencial.

5- Movimento

Um ponto material está em movimento quando sua posição muda no decorrer do tempo.

6- Repouso

Um ponto material está em repouso em relação a um referencial, quando sua posição permanecer invariável com o decorrer do tempo. Caracterizando, em relação ao referencial a total ausência de movimento.

7- Trajetória

Quando um ponto material muda de uma posição para outra, ele descreve uma trajetória. Ela é caracterizada pela posição inicial e final.

A trajetória pode ser orientada e nestas condições, transforma-se numa noção algébrica.

8- Espaço

Espaço é a grandeza física associada ao movimento que mede a variação de posição de um ponto material.

A variação de espaço é a diferença matemática entre uma posição *posterior* pela *anterior*.

Simbolicamente o referido enunciado pode ser expresso por:

$$\Delta S = S - S_0$$

9- *Móvel*

Móvel é qualquer ponto material em movimento.

10- *Referencial*

Na natureza tudo depende de um referencial. O referencial é o ponto em relação ao qual se considera a observação do corpo em repouso ou em movimento.

11- *Massa*

Massa é a grandeza escalar que define a quantidade de matéria apresentada por um corpo.

12- *Momento Espacial*

Por uma questão de simetria da Mecânica dos Movimentos, o momento espacial é definido como sendo igual ao produto existente entre a massa de um ponto material pela sua posição.

Simbolicamente o referido enunciado é expresso por:

$$\Psi = m . S$$

A referida definição representa o princípio fundamental do repouso. Para cada ponto do Universo ele é constante.

13- *Unidade de Momento Espacial*

A unidade de momento espacial é igual à unidade de massa multiplicada pela unidade de espaço que é o comprimento.

No Sistema Internacional de Unidades, a unidade do momento espacial é o quilograma x metro (Kg . m). Esta unidade não tem nenhum nome especial.

14- *Força Vazia*

O repouso é caracterizado pelo conceito de força vazia. Ela é definida como sendo a inexistência de força. Ou seja, não existe força que venha a ser aplicada num ponto material. O corpo ocupa uma posição imutável.

Simbolicamente, a força vazia é expressa pela seguinte igualdade:

$$F = (\ )$$

Isto significa que uma força *nunca* atuou sobre um ponto material.

CAPÍTULO II

MOVIMENTO UNIFORME

1- *Introdução*

Neste capítulo serão analisadas as propriedades do movimento uniforme. Nesse tipo de movimento a força aplicada sobre o móvel é nula e sua velocidade é constante com o decorrer do tempo.

2- *Velocidade*

A velocidade é uma grandeza física que mede a intensidade do movimento por meio da variação da posição de um móvel no decorrer do tempo.

Desse modo num instante (t_1) sua posição é (S_1) e num instante posterior (t_2) sua posição é (S_2). No intervalo de tempo $\Delta t = t - t_0$, a variação de posição é $\Delta S = S - S_0$, chamada espaço.

Diante dessa condição, a velocidade (V) é definida como sendo igual ao quociente da variação de posição (ΔS), inversa pela variação de tempo (Δt).

Simbolicamente, o referido enunciado é expresso por:

$$V = \Delta S / \Delta t$$

3- *Movimento Uniforme*

No movimento uniforme o móvel percorre distâncias iguais em intervalos de tempos iguais. Nestas condições sua velocidade média em qualquer intervalo de tempo é constante.

Portanto, no movimento uniforme, a velocidade média, em qualquer intervalo de tempo considerado é sempre igual à velocidade em qualquer instante.

Simbolicamente, o referido enunciado é expresso por:

$$V_m = V$$

4- Unidade de Velocidade

A unidade de velocidade é igual à relação existente entre as unidades de comprimento (espaço) pela de tempo.

Portanto, pode-se escrever que:

Unidade de Velocidade = Unidade de comprimento/Unidade de tempo

No Sistema Internacional de Unidades, a unidade de espaço é o metro (m) e a unidade de tempo é o segundo (s).

Logo, a unidade de velocidade é expressa por:

$$U(V) = m/s$$

Ou seja, a unidade de velocidade no Sistema Internacional de Unidades é o metro por segundo.

5- Classificação do Movimento Uniforme

O espaço percorrido por um móvel pode ser positivo ou negativo. É positivo quando ($S_2 > S_1$) e, negativo quando ($S_2 < S_1$). Evidentemente o sinal da variação de posição determina o sinal da velocidade.

Diante destas circunstâncias, o Movimento Uniforme pode ser classificado da seguinte forma:

I) Movimento Progressivo

No movimento progressivo a velocidade do móvel é positiva. Isto indica que se desloca a favor da orientação positiva da trajetória $(S_2 > S_1)$.

Portanto, pode-se escrever que: $(V > 0)$

II) Movimento Retrógrado

No movimento retrógrado a velocidade do móvel é negativa. Isto indica que se desloca contra a orientação positiva da trajetória $(S_2 < S_1)$.

Logo, pode-se escrever que: $(V < 0)$

6- *Espaço Médio*

No movimento uniforme, o espaço médio (S_m), verificado num intervalo de tempo, é calculado como sendo igual à média aritmética dos espaços nos instantes que definem o intervalo.

Simbolicamente pose-se escrever que:

$$S_m = (S_1 + S_2)/2$$

A referida relação define uma propriedade básica do movimento uniforme.

7- *Função Espaço*

A velocidade é definida como sendo expressa pela seguinte relação:

$$V = \Delta S/\Delta t$$

Porém, como:

a) $\Delta S = S_2 - S_1$
b) $\Delta t = t_2 - t_1$

Pode-se escrever que:

$$V = (S_2 - S_1)/(t_2 - t_1)$$

Entretanto, se ($t_1 = 0$), então a posição (S_1) é chamada por *espaço inicial*, sendo indicada por (S_0).

E sendo (t) um instante qualquer, tem-se em correspondência o espaço (S) caracterizado no instante considerado.

Portanto, a última expressão pode ser escrita da seguinte maneira:

$$V = (S - S_0)/t$$

O que resulta na seguinte função:

$$S = S_0 + V . t$$

Essa função relaciona a variação de espaço no decurso do tempo. Nela (S_0) e (V) são constantes e logicamente em cada valor de (t) há um correspondente valor de (S).

CAPÍTULO III

DINÂMICA DO MOVIMENTO UNIFORME

1- *Introdução*

Dando prosseguimento ao estudo do Movimento Uniforme, neste capítulo serão discutidos os processos dinâmicos que caracterizam o movimento uniforme, tais como *quantidade de movimento* e *momento espacial.*

2- *Quantidade de Movimento*

No presente estudo ficou bem definido que no Movimento Uniforme a velocidade de um móvel é igual ao quociente da variação de espaço, inversa pela variação de tempo.

Simbolicamente, pode-se escrever que:

$$V = \Delta S/\Delta t$$

Como o espaço varia uniformemente no decorrer do tempo, isto significa que o momento espacial também varia uniformemente no passar do tempo.

Simbolicamente, pode-se escrever que:

$$\Psi_2 - \Psi_1 = m \,.\, (S_2 - S_1)$$

Combinando as duas últimas expressões, chega-se à definição de uma grandeza física denominada *quantidade de movimento.*

No movimento uniforme a quantidade de movimento (Q) é igual ao quociente da variação do momento espacial (ΔΨ), inversa pela variação de tempo (Δt).

Simbolicamente, o referido enunciado é expresso por:

$$Q = \Delta\Psi/\Delta t$$

Logo, a quantidade de movimento é uma grandeza física associada à dinâmica dos corpos em movimento uniforme que mede a variação do momento espacial no passar do tempo.

No movimento uniforme o móvel apresenta momentos espaciais iguais em intervalos de tempos iguais. Portanto, a quantidade de movimento médio em qualquer intervalo de tempo é constante no decorrer do tempo.

3- *Unidade de Quantidade de Movimento*

A unidade de quantidade de movimento pode ser definida como sendo igual à relação existente entre a unidade de momento espacial pela unidade de tempo. Ou seja:

> **Unidade de Quantidade de Movimento = Unidade de momento espacial/Unidade de tempo**

No Sistema Internacional de Unidades, a unidade de quantidade de movimento é o quilograma x metro por segundo. Simbolicamente pode-se escrever que:

$$U(Q) = Kg \cdot m/s$$

5- *Relação entre Velocidade e Quantidade de Movimento*

No presente tratado foi demonstrado que:

a) $Q = \Delta\Psi/\Delta t$

b) $V = \Delta S / \Delta t$

Substituindo convenientemente as duas últimas expressões resulta que:

$$Q/V = \Delta\Psi/\Delta S$$

6- *Equação do Momento Espacial*

No primeiro capítulo ficou bem definido que o momento espacial é igual ao produto existente entre a massa do corpo pela sua posição.

Simbolicamente, o referido enunciado é expresso por:

$$\Psi = m \cdot S$$

Porém, no movimento uniforme, o momento espacial varia uniformemente no decorrer do tempo, caracterizando o aparecimento de uma variação de espaço que varia no decorrer do tempo.

Seja (Ψ_1) o momento espacial do móvel caracterizado numa posição (S_1). Seja (Ψ_2) o momento espacial que caracteriza uma posição (S_2). Portanto para o movimento uniforme o momento espacial pode ser expresso da seguinte forma:

$$\Delta\Psi = m \cdot \Delta S$$

Logo, no movimento uniforme, a variação do momento espacial é igual ao produto existente entre a massa do corpo pela variação de espaço sofrida pelo móvel.

7- *Primeira Função do Momento Espacial*

No presente estudo foi demonstrado que:

$$\Delta\Psi = m \, . \, \Delta S$$

Também ficou demonstrado que:

$$\Delta S = V \, . \, t$$

Substituindo convenientemente as duas últimas expressões, vem que:

$$\Delta\Psi = m \, . \, V \, . \, t$$

Como ($\Delta\Psi = \Psi - \Psi_0$), resulta que:

$$\Psi = \Psi_0 + m \, . \, V \, . \, t$$

A referida função estabelece o valor do momento espacial em relação ao tempo. Nela (Ψ_0), (m) e (V) são constantes e a cada valor de (t) há um correspondente valor de (Ψ).

4- *Quantidade de Movimento Médio e Instantâneo*

No movimento uniforme, o momento espacial varia uniformemente no decorrer do tempo. A quantidade de movimento é medida pela variação do momento espacial no tempo.

Portanto no movimento uniforme a quantidade de movimento é constante no decorrer do tempo. Logo, a quantidade de movimento instantâneo é a própria quantidade de movimento médio.

Simbolicamente, o referido enunciado é expresso por:

$$Q = Q_m$$

8- *Segunda Função do Momento Espacial*

Quando o móvel está em movimento uniforme e se (t = 0), então se tem um momento espacial inicial (Ψ_0). Se (t) é um instante qualquer, então se tem um momento espacial (Ψ) num instante qualquer.

Logo, tem-se o seguinte:

a) $\Delta\Psi = \Psi - \Psi_0$
b) $\Delta t = t - 0 = t$

Assim, pode-se escrever que:

$$Q = (\Psi - \Psi_0)/t$$

Ou seja:

$$\Psi = \Psi_0 + Q \cdot t$$

A referida função estabelece a variação do momento espacial no decorrer do tempo. Nela (Ψ_0) e (Q) são constantes e, portanto, a cada valor de (t), têm-se um valor correspondente de (Ψ).

9- *Equação da Quantidade de Movimento*

No presente capítulo foi demonstrado que:

$$Q/V = \Delta\Psi/\Delta S$$

Também foi demonstrado que:

$$m = \Delta\Psi/\Delta S$$

Igualando convenientemente as duas últimas expressões, resulta que:

$$m = Q/V$$

Ou seja:

$$Q = m . V$$

Logo, conclui-se que a quantidade de movimento de um móvel em movimento uniforme é constante. Sendo igual ao produto existente entre sua massa pela velocidade que apresenta.

A referida expressão é a equação fundamental que caracteriza a dinâmica do movimento uniforme.

10- *Força Nula*

O movimento uniforme está fundamentado dinamicamente no conceito de força nula. Isto significa que a força aplicada sobre o móvel deixou de atuar, ou seja, tornou-se nula. Simbolicamente, o referido enunciado é expresso por:

$$F = 0$$

Logo, no movimento uniforme a força que atua sobre o móvel é nula. Esta é a sua característica dinâmica fundamental.

11- *Movimento Espacial Médio*

No movimento uniforme, o momento espacial médio (Ψ_m) de um corpo, verificado num intervalo de tempo, é calculado como sendo igual à média aritmética dos momentos espaciais nos instantes que definem o intervalo. Simbolicamente, o referido enunciado é expresso por:

$$\Psi_m = (\Psi_1 + \Psi_2)/2$$

A referida expressão define em termos dinâmicos a propriedade básica do movimento uniforme.

12- *Classificação do Movimento*

O momento espacial pode ser *positivo* ou *negativo*. É positivo quando ($\Psi_2 > \Psi_1$) e negativo quando ($\Psi_2 < \Psi_1$). Desse modo o movimento uniforme pode ser classificado da seguinte forma:

a) Movimento Progressivo: **(Q > 0)**

b) Movimento Retrogrado: **(Q < 0)**

CAPÍTULO IV

MOVIMENTO UNIFORMEMENTE VARIADO

1- *Introdução*

No presente capítulo será considerado o estudo do Movimento Uniformemente Variado e de suas propriedades.

Neste movimento a força aplicada sobre o móvel atua com uma intensidade constante no decorrer do tempo, provocando o aparecimento de uma aceleração constante.

2- *Aceleração*

No movimento uniformemente variado a velocidade do móvel sofre variações uniformes no decorrer do tempo. Para avaliar a variação dessa velocidade, define-se uma grandeza física denominada *aceleração*.

Portanto conclui-se que a aceleração é a grandeza associada à Cinemática que mede a variação da velocidade do ponto material no decorrer do tempo. Ela é definida como sendo igual ao quociente da variação de velocidade, inversa pela variação de tempo.

Simbolicamente, o referido enunciado é expresso por:

$$\alpha = \Delta V / \Delta t$$

3- *Unidade de Aceleração*

A unidade de aceleração é o quociente da unidade de velocidade por unidade de tempo. Ou seja:

> Unidade de Aceleração = Unidade de Velocidade/Unidade de Tempo

No Sistema Internacional de Unidades, a unidade de velocidade é o metro por segundo (m/s) e a unidade de intervalo de tempo é em segundos (s). Desse modo a unidade de aceleração será expressa por:

$$U(\alpha) = m/s/s$$

A referida expressão é indicada simplesmente por:

$$U(\alpha) = m/s^2$$

Que se lê: *metros por segundo ao quadrado*.

4- *Movimento Uniformemente Variado*

No movimento uniformemente variado, a velocidade varia uniformemente com o decorrer do tempo. Nestas condições, o móvel apresenta velocidades iguais em intervalos de tempos iguais. Em outras palavras, a variação de velocidade é sempre a mesma dentro do mesmo intervalo de tempo.

Portanto, a aceleração média (α_m) é constante com o tempo e caracteriza a própria aceleração (α) do movimento.

Simbolicamente, o referido enunciado é expresso por:

$$\alpha_m = \alpha$$

Neste movimento a força aplicada externamente ao móvel é constante no decorrer do tempo.

5- *Classificação do Movimento Uniformemente Variado*

A aceleração é uma grandeza algébrica, podendo ser positiva ou negativa, conforme a *velocidade* seja *positiva* ou *negativa*.

O movimento pode ser acelerado ou retardado. No movimento acelerado o módulo da velocidade do móvel aumenta no decorrer do tempo. Já no chamado movimento retardado, o módulo da velocidade do móvel diminui no decorrer do tempo.

Como já foi esclarecido, o sinal da aceleração está na dependência do sinal da variação de velocidade. Para isso é necessário convencionar uma orientação da trajetória. Podendo o movimento acelerado ser progressivo ou retrógrado. O mesmo ocorrendo com o movimento retardado.

Uma análise geral do movimento uniformemente variado permite estabelecer a seguinte classificação:

a) Movimento acelerado progressivo: **(V > 0); (α > 0)**

b) Movimento acelerado retrógrado: **(V < 0); (α < 0)**

c) Movimento retardado progressivo: **(V > 0); (α < 0)**

d) Movimento retardado retrógrado: **(V < 0); (α > 0)**

Dessa análise concluí-se que, para classificar o movimento deve-se comparar os sinais da velocidade e da aceleração.

6- *Velocidade Média*

No movimento uniformemente variado, a velocidade média em um intervalo de tempo, é a média aritmética das velocidades nos instantes que definem o intervalo. Simbolicamente, pode-se escrever que:

$$V_m = (V_1 + V_2)/2$$

A referida expressão traduz uma propriedade básica característica do Movimento Uniformemente Variado.

7- *Função Velocidade*

No movimento uniformemente variado, a força aplicada sobre o móvel é constante no decorrer do tempo. Nesta condição a aceleração é definida como sendo igual ao quociente da variação de velocidade, inversa pela variação de tempo. Simbolicamente, o referido enunciado é expresso por:

$$\alpha = (V - V_0)/(t - t_0)$$

Considerando que em $(t_0 = 0)$, tem-se neste instante uma velocidade inicial (V_0) e em $(t \neq 0)$, tem-se uma velocidade (V) em um instante qualquer. Logo, pode-se escrever que:

$$\alpha = (V - V_0)/t$$

Que vem a resultar na seguinte função:

$$V = V_0 + \alpha . t$$

A referida função expressa a variação de velocidade no decorrer do tempo. Nela as grandezas (V_0) e (α) são constantes. Portanto, a cada valor de tempo (t) tem-se um correspondente valor de velocidade (V).

8- *Função Espaço*

O movimento uniformemente variado é caracterizado por uma aceleração constante com o tempo. Logo apresenta uma velocidade que varia uniformemente conforme indica a seguinte função:

$$V = V_0 + \alpha . t$$

Entretanto, a referida função não esclarece como o espaço varia no decorrer do tempo. Portanto para que a descrição cinemática do movimento uniformemente variado seja completa é necessário conhecer a função espaço.

$$S = f(t)$$

Demonstra-se facilmente que a referida função é do segundo grau em (t) com a seguinte forma:

$$S = S_0 + V_0 . t + \alpha . t^2/2$$

Observe a demonstração: Sabe-se que a velocidade média de um corpo em movimento uniformemente variado é expressa pela seguinte relação:

$$V_m = (V + V_0)/2$$

Sabendo-se que:

$$\Delta S = V_m . t$$

Portanto o espaço percorrido pelo móvel é caracterizado por:

$$\Delta S = (V + V_0) . t/2$$

Porém, também se sabe que:

$$V = V_0 + \alpha . t$$

Assim, substituindo convenientemente as duas últimas expressões, obtém-se que:

$$\Delta S = (V_0 + \alpha . t + V_0) . t/2$$

Logo vem que:

$$\Delta S = (2V_0 + \alpha . t) . t/2$$

Eliminando o termo em evidência, pode-se concluir que:

$$S - S_0 = V_0 . t + \alpha . t^2/2$$

Portanto resulta que:

$$S = S_0 + V_0 . t + \alpha . t^2/2$$

Na referida função (S_0) é o espaço inicial, (V_0) a velocidade inicial e, (α) é a aceleração constante. A cada valor de (t) obtém-se em correspondência um valor de (S).

9- Equação de Torricelli

As funções cinemáticas que caracterizam o movimento uniformemente variado são as seguintes:

a) $S = S_0 + V_0 . t + \alpha . t^2/2$
b) $V = V_0 + \alpha . t$

Simplificando as referidas expressões, pode-se escrever que:

c) $\Delta S = \alpha . t^2/2$
d) $\Delta V = \alpha . t$

Combinando convenientemente as duas últimas expressões e eliminando a variável tempo (t), obtém-se a conhecida equação de Torricelli.

Observe a demonstração a seguir: Substituindo convenientemente as duas últimas expressões e eliminando a grandeza (t), resulta na seguinte igualdade:

$$t = \Delta V/\alpha$$

Que elevado ao quadrado, resulta em:

$$t^2 = \Delta V^2/\alpha^2$$

Substituindo convenientemente a referida expressão em (c), vem que:

$$\Delta S = \alpha \cdot \Delta V^2/2\alpha^2$$

Eliminando os termos em evidência, pode-se escrever que:

$$\Delta S = \Delta V^2/2\alpha$$

Ou seja:

$$\Delta V^2 = 2\alpha \cdot \Delta S$$

Portanto conclui-se que:

$$V^2 = V_0^2 + 2\alpha \cdot \Delta S$$

Na referida expressão, (V_0^2) é a velocidade inicial e (α) a aceleração do móvel. São valores constantes e, portanto, a cada valor de (ΔS) tem-se um correspondente valor de velocidade (V^2).

CAPÍTULO V

DINÂMICA DO MOVIMENTO UNIFORMEMENTE VARIADO

1- *Introdução*

O movimento uniformemente variado é caracterizado dinamicamente pela ação de uma intensidade de força constante com o decorrer do tempo. No presente capítulo será definido o conceito de força, bem como sua relação com os fenômenos que envolvem o movimento uniformemente variado.

2- *Força*

Quando o movimento é uniformemente variado, sua aceleração é constante com o tempo. Isto implica que a intensidade de força aplicada sobre o móvel é constante no decorrer do tempo.

No presente estudo foi demonstrado que a aceleração de um móvel em movimento uniformemente variado é igual ao quociente da variação da velocidade, inversa pela variação de tempo.

Simbolicamente, o referido enunciado é expresso por:

$$\alpha = \Delta V / \Delta t$$

Como a velocidade varia uniformemente no decurso do tempo, isto implica que a quantidade de movimento também varia de forma uniforme no decorrer do tempo.

Com este fundamento pode-se definir uma grandeza física denominada *força*.

A força (F) aplicada sobre um móvel é definida como sendo igual ao quociente da variação da quantidade de movimento (ΔQ), inversa pela variação de tempo (Δt).

O referido enunciado é expresso simbolicamente por:

$$F = \Delta Q / \Delta t$$

Assim, força é uma grandeza física associada à dinâmica dos corpos que avalia a variação da quantidade de movimento de um móvel no decorrer do tempo.

No movimento uniformemente variado a força é constante no decorrer do tempo. Portanto, o móvel sofre variações de quantidade de movimentos iguais em intervalos de tempos iguais. A força média calculada em qualquer intervalo de tempo apresenta a mesma intensidade.

3- *Unidade de Força*

No Sistema Internacional de Unidades, a unidade de força é o Newton (N), quando a massa estiver em quilograma e a aceleração em metros por segundo ao quadrado.

Costuma-se usar um submúltiplo do *Newton* (N), denominada *dina* (d), quando a massa estiver em gramas e a aceleração em centímetros por segundo ao quadrado.

A relação entre Newton e dina é a seguinte:

$$1N = 10^5 d$$

4- *Relação Entre Força e Aceleração*

No presente estudo foi demonstrada a seguinte verdade:

a) $F = \Delta Q / \Delta t$
b) $\alpha = \Delta V / \Delta t$

Substituindo convenientemente as duas últimas expressões resulta que:

$$F/\alpha = \Delta Q/\Delta V$$

5- Quantidade de Movimento Médio

No movimento uniformemente variado, a quantidade de movimento médio de um corpo, num intervalo de tempo, é a média aritmética das quantidades de movimento no intervalo considerado.

Simbolicamente, o referido enunciado é expresso por:

$$Q_m = (Q + Q_0)/2$$

Evidentemente a referida expressão caracteriza uma propriedade exclusiva de um corpo em movimento uniformemente variado.

6- Equação da Quantidade de Movimento

No estudo do movimento uniforme ficou estabelecido que a quantidade de movimento é igual ao produto existente entre a massa pela velocidade do móvel. Simbolicamente o referido enunciado é expresso por:

$$Q = m \cdot V$$

Na referida expressão, a quantidade de movimento é constante no decorrer do tempo.

Já no movimento uniformemente variado, a quantidade de movimento varia uniformemente no decorrer do tempo fundamentado numa velocidade que varia de forma uniforme no decorrer do tempo.

Assim, a equação anterior pode ser escrita da seguinte forma:

$$\Delta Q = m \cdot \Delta V$$

Portanto, no movimento uniformemente variado, a variação da quantidade de movimento é igual ao produto entre a massa do móvel pela variação da velocidade.

7- *Função Quantidade de Movimento (I)*

No presente ficou demonstrado que a variação de velocidade de um móvel em movimento uniformemente variado é expresso pela seguinte equação:

$$V = V_0 + \alpha \cdot t$$

Entretanto como ($\Delta V = V - V_0$), pode-se escrever que:

$$\Delta V = \alpha \cdot t$$

Também foi demonstrado que a variação de quantidade de movimento do móvel animado num movimento uniformemente variado é expresso por:

$$\Delta Q = m \cdot \Delta V$$

Substituindo convenientemente as duas últimas expressões, resulta que:

$$\Delta Q = m \cdot \alpha \cdot t$$

Como ($\Delta Q = Q - Q_0$), vem que:

$$Q = Q_0 + m \cdot \alpha \cdot t$$

Nesta função as grandezas (Q_0) quantidade de movimento inicial, (m) massa do móvel e (α) aceleração são constantes e, portanto, a cada valor de tempo (t) corresponde um valor de quantidade de movimento (Q).

8- *Função Quantidade de Movimento (II)*

No decorrer do estudo do movimento uniformemente variado, verificou-se que a quantidade de movimento sofre uma variação uniforme no decorrer do tempo, com uma intensidade de força constante conforme expressa a seguinte relação:

$$F = (Q - Q_0)/(t - t_0)$$

Considerando que em ($t_0 = 0$), tem-se uma quantidade de movimento inicial (Q_0) e em ($t \neq 0$), tem-se uma quantidade de movimento (Q) em um instante qualquer, então se pode escrever que:

$$F = (Q - Q_0)/t$$

Que resulta na seguinte função:

$$Q = Q_0 + F \cdot t$$

A referida função expressa a natureza existente entre a variação da quantidade de movimento no decurso do tempo. Nela as grandezas (Q_0) e (F) são constantes e, portanto, a cada valor de tempo (t) corresponde a um valor de quantidade de movimento (Q).

9- *Equação de Newton*

No presente estudo foi demonstrada a realidade das seguintes expressões matemáticas:

a) $F/\alpha = \Delta Q/\Delta V$
b) $m = \Delta Q/\Delta V$

Substituindo convenientemente as duas últimas expressões, resulta que:

$$m = F/\alpha$$

Ou seja:

$$F = m \cdot \alpha$$

Portanto conclui-se que a força aplicada sobre um móvel é igual ao produto existente entre sua massa pela aceleração adquirida.

O resultado obtido é conhecido como sendo a segunda lei de Newton. Ela representa o princípio fundamental da Dinâmica.

Toda vez que a intensidade de força for constante, isto indica que a quantidade de movimento apresentada pelo móvel varia uniformemente no decorrer do tempo.

10- *Função Momento Espacial (I)*

A variação do momento espacial é definida como sendo igual ao produto existente entre a massa do móvel pela variação do espaço percorrido pelo móvel.

Simbolicamente pode-se escrever que:

$$\Delta\Psi = m \cdot \Delta S$$

Foi apresentado no presente estudo que a função espaço pode ser expressa por:

$$\Delta S = V_0 . t + \alpha . t^2/2$$

Substituindo convenientemente as duas últimas expressões, vem que:

$$\Delta \Psi = m . (V_0 . t + \alpha . t^2/2)$$

Como $(\Delta \Psi = \Psi - \Psi_0)$, resulta que:

$$\Psi = \Psi_0 + m . (V_0 . t + \alpha . t^2/2)$$

A referida função define o momento espacial no movimento uniformemente variado.

11- *Função Momento Espacial (II)*

Sabe-se que o movimento uniformemente variado é caracterizado por uma força constante com o tempo. Ele apresenta uma quantidade de movimento que varia uniformemente conforme indica a seguinte função:

$$Q = Q_0 + F . t$$

A referida expressão não esclarece como o momento espacial varia com o passar do tempo. Logo, para que a descrição dinâmica do movimento uniformemente variado seja completa é necessário conhecer a chamada função momento espacial.

$$\Psi = f(t)$$

Demonstra-se facilmente que a referida função é do segundo grau em (t). Observe a dedução.

Sabe-se que a quantidade de movimento média de um corpo em movimento uniformemente variado é expressa pela seguinte relação:

$$Q_m = (Q + Q_0)/2$$

Sabe-se que o momento espacial é expresso por:

$$\Delta\Psi = Q_m \cdot t$$

Substituindo as duas últimas expressões resulta que:

$$\Delta\Psi = (Q + Q_0) \cdot t/2$$

Também se sabe que:

$$Q = Q_0 + F \cdot t$$

Assim, substituindo convenientemente as duas últimas expressões, obtém-se que:

$$\Delta\Psi = (Q_0 + F \cdot t + Q_0) \cdot t/2$$

Logo vem que:

$$\Delta\Psi = (2Q_0 + F \cdot t) \cdot t/2$$

Eliminando o termo em evidência, pode-se concluir que:

$$\Psi - \Psi_0 = Q_0 \cdot t + F \cdot t^2/2$$

Portanto resulta que:

$$\Psi = \Psi_0 + Q_0 \cdot t + F \cdot t^2/2$$

Na referida função (Ψ_0) é o momento espacial inicial, (Q_0) a quantidade de movimento inicial e, (F) é a intensidade de força constante. A cada valor de (t) obtém-se em correspondência um valor de (Ψ).

12- *Equação Independente do Tempo*

As funções dinâmicas que caracterizam o movimento uniformemente variado são as seguintes:

a) $\Psi = \Psi_0 + Q_0 \cdot t + F \cdot t^2/2$
b) $Q = Q_0 + F \cdot t$

Combinando convenientemente as duas últimas expressões e eliminando a grandeza tempo (t), obtém-se a seguinte equação:

$$Q^2 = Q_0^2 + 2F \cdot \Delta\Psi$$

Esse resultado é demonstrado em conformidade com os seguintes passos: Sabe-se que a quantidade de movimento de um móvel é avaliada pela seguinte equação:

$$Q = Q_0 + F \cdot t$$

Portanto, pode-se escrever que:

$$t = (Q - Q_0)/F$$

Também foi demonstrada a seguinte função horária do momento espacial:

$$\Psi = \Psi_0 + Q_0 \cdot t + F \cdot t^2/2$$

Portanto pode-se escrever que:

$$\Psi - \Psi_0 = Q_0 \cdot t + F \cdot t^2/2$$

Substituindo convenientemente as duas últimas expressões, resulta que:

$$\Delta\Psi = Q_0 \cdot (Q - Q_0)/F + F/2 \cdot [(Q - Q_0)/F]^2$$

$$\Delta\Psi = Q \cdot (Q_0 - Q^2_0)/F + F/2 \cdot [(Q^2 - 2Q) \cdot (Q_0 + Q^2_0)]/F^2$$

Eliminando os termos em evidência, vem que:

$$\Delta\Psi = (Q \cdot Q_0 - Q^2_0)/F + [(Q^2 - 2Q) \cdot (Q_0 + Q^2_0)]/2F$$

Assim pode-se escrever:

$$\Delta\Psi = [2Q_0 \cdot (Q - 2Q^2_0) + (Q^2 - 2Q) \cdot (Q_0 + Q^2_0)]/2F$$

Subtraindo os termos em comum, vem que:

$$\Delta\Psi = (Q^2 - Q^2_0)/2F$$

Portanto pode-se escrever que:

$$Q^2 = Q^2 + 2F \cdot \Delta\Psi$$

Na referida expressão, (Q_0^2) e a quantidade de movimento inicial e, (F) é a força aplicada sobre o móvel numa intensidade constante. Portanto, a cada valor de $(\Delta\Psi)$ obtém-se um correspondente valor de quantidade de movimento (Q^2).

13- *Classificação do Movimento*

Sob o ponto de vista da dinâmica, o movimento uniformemente variado pode ser classificado da seguinte maneira:

a) Movimento acelerado progressivo: $(Q > 0)$; $(F > 0)$
b) Movimento acelerado retrógrado: $(Q < 0)$; $(F < 0)$
c) Movimento retardado progressivo: $(Q > 0)$; $(F < 0)$

d) Movimento retardado retrógrado: **(Q < 0)**; **(F > 0)**

Dessa análise nota-se que, para classificar o movimento dentro das grandezas dinâmicas é necessário comparar os sinais da quantidade de movimento e da força.

O sinal algébrico da quantidade de movimento acompanha o sinal da velocidade do móvel. Portanto, a força é uma grandeza algébrica podendo ser positiva ou negativa, conforme a quantidade de movimento seja positiva ou negativa.

14- *Energia*

Sabe-se que a energia mecânica pode ser caracterizada de duas formas:

Energia Potencial

Essa forma de energia de um corpo depende de sua posição em relação a um referencial.

Energia Cinética

Essa modalidade de energia de um móvel está relacionada com a sua velocidade em relação a um dado referencial.

15- *Energia Potencial*

A energia potencial é definida como sendo igual ao produto existente entre a força pela altura que possui num campo de força em relação a um nível de referência.

Simbolicamente o referido enunciado é expresso por:

$$E_p = F \cdot h$$

Tendo em vista que:

$$F = m \cdot \alpha$$

Pode-se escrever que:

$$E_p = m . \alpha . h$$

Tendo em vista que:

$$\Psi = m . h$$

Pode-se escrever que:

$$E_p = \Psi . \alpha$$

Portanto, pode-se afirmar que a energia potencial de um corpo é igual ao produto entre o momento espacial pela aceleração.

16- *Energia Cinética*

A energia cinética de um móvel é definida como sendo igual à metade da massa multiplicada pelo quadrado da velocidade.

Simbolicamente, o referido enunciado é expresso por:

$$E_c = m . V^2/2$$

Note que a energia cinética que um móvel apresenta depende apenas da velocidade em relação ao referencial considerado.

17- *Energia Mecânica*

A energia mecânica de um sistema é igual à soma das suas energias cinética e potencial. Simbolicamente, o referido enunciado é expresso por:

$$E = E_c + E_p$$

CAPÍTULO VI

MOVIMENTO DINÂMICO UNIFORMEMENTE VARIADO

1- *Introdução*

No presente capítulo são analisados os principais conceitos do movimento dinâmico uniformemente variado.

Procura-se estabelecer a relação existente entre forças que variam uniformemente com os efeitos que aparecem, como por exemplo: velocidades, acelerações, etc.

2- *Movimento Dinâmico Variado*

No movimento dinâmico variado, a força aplicada sobre o móvel varia no decorrer do tempo, provocando uma celeridade variável. Nesse caso a celeridade média varia com o intervalo de tempo e, portanto, deve ser verificada em intervalos de tempo extremamente pequenos para que se obtenha a *celeridade instantânea*.

Entretanto, se a força aplicada sobre o móvel variar uniformemente no decorrer do tempo, então a celeridade média calculada em qualquer intervalo de tempo é sempre a mesma. Portanto, a celeridade média é a própria celeridade do movimento. Nestas condições o movimento é chamado por *movimento dinâmico uniformemente variado*.

3- *Celeridade*

É extremamente comum a aceleração de um móvel variar no decorrer do tempo. Por esta razão é absolutamente necessário definir o conceito de celeridade.

Celeridade é a grandeza física associada ao movimento que avalia a variação da aceleração do móvel no decorrer do tempo.

Seja então, (α_1) a aceleração do móvel num instante (t_1) e, (α_2) a aceleração num instante (t_2). Desse modo a celeridade (β) é definida como sendo igual à relação entre a variação de aceleração pela variação de tempo correspondente.

Simbolicamente, o referido enunciado é expresso por:

$$\beta = (\alpha - \alpha_0)/(t - t_0)$$

Como $(\Delta\alpha = \alpha - \alpha_0)$ e, $(\Delta t = t - t_0)$, pode-se escrever que:

$$\beta = \Delta\alpha/\Delta t$$

Logo, no movimento dinâmico uniformemente variado, o móvel é submetido a acelerações iguais em intervalos de tempos iguais; ou seja, a variação de aceleração apresenta sempre o mesmo valor dentro do mesmo intervalo de tempo. Nestas condições a celeridade média é constante com o decorrer do tempo e representa a própria celeridade do movimento. Simbolicamente pode-se escrever que:

$$\beta_m = \beta$$

Existe celeridade sempre que a aceleração de um móvel sofrer variação, seja aumentando ou diminuindo.

4- Unidade de Celeridade

A unidade de celeridade é definida como sendo igual à relação entre a unidade de aceleração pela unidade de tempo.

Portanto pode-se escrever que:

> Unidade de Celeridade = Unidade de Aceleração/Unidade de Tempo

Se a variação de aceleração estiver em metros por segundo ao quadrado (m/s²), e a variação do tempo estiver em segundos (s); então a celeridade será medida da seguinte forma:

$$U(\beta) = m/s^2/s$$

Que é indicada por metros por segundo ao cubo.

$$U(\beta) = m/s^3$$

5- *Algebricidade da Celeridade*

A celeridade é uma grandeza algébrica, podendo ser positiva ou negativa, conforme a variação da aceleração seja positiva ou negativa, já que a variação de tempo é sempre positiva.

No movimento uniformemente variado, a aceleração é constante e a celeridade é nula.

6- *Classificação do Movimento Dinâmico*

No movimento dinâmico um móvel pode apresentar movimento propagado quando o módulo de sua aceleração aumenta no decorrer do tempo.

Quando o módulo da aceleração diminui com o decorrer do tempo, o movimento é chamado de regressivo.

O sinal da celeridade está na dependência do sinal da variação da aceleração e, evidentemente, há a necessidade de convencionar uma orientação da trajetória.

Dessa maneira, o movimento apresenta as seguintes características:

a) Movimento acelerado progressivo propagado:

$$(V > 0); (\alpha > 0); (\beta > 0)$$

b) Movimento acelerado retrógrado propagado:

$$(V < 0); (\alpha < 0); (\beta < 0)$$

c) Movimento retardado progressivo propagado:

$$(V > 0); (\alpha < 0); (\beta < 0)$$

d) Movimento retardado progressivo regressivo:

$$(V > 0); (\alpha < 0); (\beta > 0)$$

e) Movimento retardado retrógrado propagado:

$$(V < 0); (\alpha > 0); (\beta > 0)$$

f) Movimento retardado retrógrado regressivo:

$$(V < 0); (\alpha > 0); (\beta < 0)$$

Disso decorre que para analisar um movimento e classificá-lo é absolutamente necessário comparar os sinais da velocidade, aceleração e celeridade.

7- *Aceleração Média*

No movimento dinâmico uniformemente variado, a aceleração (α_m), num intervalo de tempo, é calculada como sendo igual à média aritmética das acelerações nos instantes que definem o intervalo.

Simbolicamente, o referido enunciado é expresso por:

$$\alpha_m = (\alpha + \alpha_0)/2$$

Esta equação caracteriza uma propriedade fundamental do movimento dinâmico uniformemente variado.

8- *Função Aceleração*

No movimento dinâmico uniformemente variado, a aceleração varia uniformemente com o tempo. A celeridade é definida como sendo igual ao quociente da variação da aceleração pela variação de tempo. Neste movimento em particular a celeridade é constante no decorrer do tempo.

$$\beta = (\alpha - \alpha_0)/(t - t_0)$$

Considerando que em ($t_0 = 0$), tem-se uma aceleração inicial (α_0) e em ($t \neq 0$) tem-se uma aceleração (α) em um instante qualquer, então se pode escrever que:

$$\beta = (\alpha - \alpha_0)/t$$

O que resulta na seguinte função:

$$\alpha = \alpha_0 + \beta \cdot t$$

Ela expressa a variação da aceleração no decurso do tempo; onde as grandezas (α_0) e (β) são constantes e, portanto, a cada valor de tempo (t) corresponde um valor de aceleração (α).

9- *Função Velocidade*

Ficou demonstrado que o movimento dinâmico uniformemente variado é caracterizado por uma celeridade escalar constante com o tempo e aceleração variável conforme indica a seguinte função:

$$\alpha = \alpha_0 + \beta \cdot t$$

Entretanto a referida função não informa como a velocidade do móvel varia no decurso do tempo. Para isto é necessário estabelecer a chamada função velocidade.

$$V = f(t)$$

A função velocidade desse movimento é uma função do segundo grau em (t), conforme demonstra a seguinte expressão:

$$V = V_0 + \alpha_0 . t + \beta . t^2/2$$

Observe como a referida expressão é deduzida matematicamente.

Sabe-se que a aceleração média de um corpo nesse tipo de movimento é expressa pela seguinte relação:

$$\alpha_m = (\alpha + \alpha_0)/2$$

Sabendo-se que:

$$\Delta V = \alpha_m . t$$

Portanto a variação de velocidade apresentada pelo móvel é expressa por:

$$\Delta V = (\alpha + \alpha_0) . t/2$$

Porém, também se sabe que:

$$\alpha = \alpha_0 + \beta . t$$

Assim, substituindo convenientemente as duas últimas expressões, obtém-se que:

$$\Delta V = (\alpha_0 + \beta . t + \alpha_0) . t/2$$

Logo vem que:

$$\Delta V = (2\alpha_0 + \beta . t) . t/2$$

Eliminando o termo em evidência, pode-se concluir que:

$$V - V_0 = \alpha_0 \cdot t + \beta \cdot t^2/2$$

Portanto resulta que:

$$V = V_0 + \alpha_0 \cdot t + \beta \cdot t^2/2$$

Sendo que (V_0) é a velocidade inicial, (α_0) é a aceleração inicial e, (β) é a celeridade constante no movimento dinâmico uniformemente variado.

10 - *Equação da Aceleração ao Quadrado*

Foi demonstrado que a velocidade (V) e a aceleração (α) de um móvel, em movimento dinâmico uniformemente variado, sofrem variações no decorrer do tempo, conforme as seguintes funções indicam:

a) $V = V_0 + \alpha_0 \cdot t + \beta \cdot t^2/2$
b) $\alpha = \alpha_0 + \beta \cdot t$

Simplificando as referidas expressões, pode-se escrever que:

c) $\Delta V = \beta \cdot t^2/2$
d) $\Delta \alpha = \beta \cdot t$

Substituindo convenientemente as duas últimas expressões e eliminando a grandeza (t), resulta na seguinte demonstração:

$$t = \Delta \alpha / \beta$$

Que elevado ao quadrado, resulta em:

$$t^2 = \Delta\alpha^2/\beta^2$$

Substituindo convenientemente a referida expressão em (c), vem que:

$$\Delta V = \beta \cdot \Delta\alpha^2/2\beta^2$$

Eliminando os termos em evidência, pode-se escrever que:

$$\Delta V = \Delta\alpha^2/2\beta$$

Ou seja:

$$\Delta\alpha^2 = 2\beta \cdot \Delta V$$

Portanto conclui-se que:

$$\alpha^2 = \alpha_0^2 + 2\beta \cdot \Delta V$$

Esta é a denominada equação da aceleração ao quadrado para o movimento dinâmico uniformemente variado.

11- *Função Espaço*

No movimento dinâmico uniformemente variado demonstra-se que as posições (S) assumidas por um móvel no decorrer do tempo é uma função do terceiro grau em (t), conforme a seguinte equação:

$$S = S_0 + V_0 \cdot t + \alpha_0 \cdot t^2/2 + \beta \cdot t^3/6$$

Observe a demonstração algébrica: Sabe-se que a velocidade média de um corpo em movimento uniformemente variado é expressa pela seguinte relação:

$$V_m = (V + V_0)/2$$

Sabendo-se que:

$$\Delta S = V_m \cdot t$$

Portanto o espaço percorrido pelo móvel é caracterizado por:

$$\Delta S = (V + V_0) \cdot t/2$$

Porém, também se sabe que:

$$V = V_0 + \alpha_0 \cdot t + \beta \cdot t^2/2$$

Assim, substituindo convenientemente as duas últimas expressões, obtém-se que:

$$\Delta S = (V_0 + \alpha_0 \cdot t + \beta \cdot t^2/2 + V_0) \cdot t/2$$

Logo vem que:

$$\Delta S = (2V_0 + \alpha_0 \cdot t + \beta \cdot t^2/2) \cdot t/2$$

Eliminando o termo em evidência, pode-se concluir que:

$$S - S_0 = V_0 \cdot t + \alpha_0 \cdot t^2/2 + \beta \cdot t^3/4$$

Portanto resulta que:

$$S = S_0 + V_0 . t + \alpha_0 . t^2/2 + \beta . t^3/4$$

Ocorre que o cálculo integral exige a seguinte correção:

$$S = S_0 + V_0 . t + \alpha_0 . t^2/2 + \beta . t^3/6$$

Verifica-se que (S_0) é a posição inicial, (V_0) a velocidade inicial, (α_0) a aceleração inicial e (β) a celeridade constante desse movimento.

12- *Equação da Aceleração ao Cubo*

A função espaço pode ser simplificada para a seguinte relação:

$$\Delta S = \beta . t^3/6$$

Sabe-se que:

$$t^3 = \Delta\alpha^3/\beta^3$$

Substituindo convenientemente as duas últimas expressões, vem que:

$$\Delta S = \beta . \Delta\alpha^3/6\beta^3$$

Eliminando os termos em evidência, resulta que:

$$\Delta S = \Delta\alpha^3/6\beta^2$$

Portanto vem que:

$$\alpha^3 = \alpha_0^3 + 6\Delta S . \beta^2$$

Esta é a denominada equação da aceleração ao cubo do movimento dinâmico uniformemente variado.

CAPÍTULO VII

DINÂMICA DO MOVIMENTO DINÂMICO UNIFORMEMENTE VARIADO

1- *Introdução*

O movimento dinâmico uniformemente variado é caracterizado pela ação de uma força aplicada sobre o móvel, cuja intensidade varia uniformemente no decorrer do tempo.

Neste capítulo será definida a grandeza física *fluxo de força* e sua relação com a cinemática do movimento dinâmico uniformemente variado.

2- *Fluxo de Força*

Quando o movimento é dinâmico uniformemente variado, com a celeridade constante, conclui-se que existe uma força sendo aplicada no móvel, e que varia uniformemente no decorrer do tempo.

Ficou claro no presente trabalho que a celeridade de um móvel é igual ao quociente da variação da aceleração inversa pela variação de tempo.

Simbolicamente, o referido enunciado é expresso por:

$$\beta = \Delta\alpha/\Delta t$$

Como a aceleração varia uniformemente no decorrer do tempo, isto indica que a força também está variando uniformemente no decorrer do tempo, pois a aceleração indica o comportamento da força. Portanto, pode-se perfeitamente definir uma grandeza física denominada por fluxo de força.

O fluxo de força é definido como sendo igual ao quociente da variação da força aplicada, inversa pela variação do tempo.

Simbolicamente, o referido enunciado é expresso por:

$$\phi = \Delta F/\Delta t$$

Portanto, o fluxo de força (ϕ) é a grandeza física associada à dinâmica dos corpos que mede a variação da força aplicada ao móvel no decorrer do tempo.

Nestas condições o móvel é submetido à ação de forças de intensidades iguais em intervalos de tempos iguais. Logo seu fluxo de força médio em qualquer intervalo de tempo apresenta o mesmo valor. Portanto, no movimento dinâmico uniformemente variado, o fluxo de força é constante no decorrer do tempo.

3- *Unidade de Fluxo de Força*

A unidade de fluxo de força é definida como sendo igual à relação da unidade de força pela unidade de tempo.

Então pode-se escrever que:

Unidade de fluxo de força = Unidade de força/Unidade de tempo

No Sistema Internacional de Unidades, a força é o Newton (N) e o tempo é o segundo (s).

Assim sendo a unidade do fluxo de força no Sistema Internacional de Unidades é o Newton por segundo.

Simbolicamente, pode-se escrever que:

$$U(\phi) = N/s$$

4- *Relação Entre Fluxo de Força e Celeridade*

Foi demonstrado no presente estudo que:

a) $\phi = \Delta F/\Delta t$
b) $\beta = \Delta\alpha/\Delta t$

Substituindo convenientemente as duas últimas expressões, resulta na seguinte relação:

$$\phi/\beta = \Delta F/\Delta\alpha$$

5- *Segunda Lei de Newton*

Isaac Newton (1642-1727) demonstrou que a força aplicada externamente sobre um corpo é igual ao produto existente entre a sua massa pela aceleração adquirida.

Simbolicamente, o referido enunciado é expresso por:

$$F = m \cdot \alpha$$

A referida equação é perfeitamente válida para o movimento uniformemente variado. Entretanto, no movimento dinâmico uniformemente variado, a força varia no decorrer do tempo, provocando o aparecimento de uma aceleração que varia no decorrer do tempo.

Portanto, seja (F_1) a força aplicada sobre o móvel que produz uma aceleração (α_1) e (F_2) a força que produz uma aceleração (α_2). Logo a lei de Newton pode ser escrita da seguinte maneira:

$$\Delta F = m \cdot \Delta\alpha$$

Assim pode-se afirmar que a variação de força aplicada sobre um móvel em movimento dinâmico uniformemente variado é igual à massa que o mesmo apresenta multiplicada pela variação da aceleração produzida.

6- *Força Média*

No movimento dinâmico uniformemente variado, a intensidade de força média (F_m), num intervalo de tempo, é calculada como sendo igual à média aritmética das forças nos instantes que definem o intervalo.

Simbolicamente o referido enunciado é expresso por:

$$F_m = (F_1 + F_2)/2$$

Esta equação caracteriza uma propriedade básica do movimento dinâmico uniformemente variado.

7- *Função Força (I)*

No estudo do movimento dinâmico uniformemente variado foi demonstrado que a variação de aceleração de um móvel é expresso por:

$$\Delta\alpha = \beta \cdot t$$

Também ficou demonstrado que a variação da intensidade de força de um corpo em movimento dinâmico uniformemente variado é expresso por:

$$\Delta F = m \cdot \Delta\alpha$$

Substituindo convenientemente as duas últimas expressões, resulta que:

$$\Delta F = m \cdot \beta \cdot t$$

Como ($\Delta F = F - F_0$), vem que:

$$F = F_0 + m \cdot \beta \cdot t$$

Nesta função as grandezas (F_0) intensidade de força inicial, (m) massa do móvel e (β) celeridade são constantes e, portanto, a cada valor de tempo (t), há um correspondente valor na intensidade de força (F).

8- *Função Força (II)*

No estudo do movimento dinâmico uniformemente variado constatou-se que a força aplicada sobre um móvel sofre uma variação uniforme no decorrer do tempo, com um fluxo de força constante conforme expressa pela seguinte relação:

$$\phi = (F - F_0)/(t - t_0)$$

Considerando que em ($t_0 = 0$), tem-se uma intensidade de força (F_0) e em ($t \neq 0$), tem-se uma intensidade de força (F) em um instante qualquer, então se pode escrever que:

$$\phi = (F - F_0)/t$$

Que resulta na seguinte função:

$$F = F_0 + \phi \cdot t$$

A referida função expressa a natureza existente entre a variação de força no decurso do tempo. Nela as grandezas (F_0) e (ϕ) são constantes e, portanto, cada valor de tempo (t), há um correspondente valor de intensidade de força (F).

9- *Equação Fundamental*

No presente tratado foi demonstrada a realidade das seguintes expressões matemáticas:

a) $\phi/\beta = \Delta F/\Delta\alpha$
b) $m = \Delta F/\Delta\alpha$

Substituindo convenientemente as duas últimas expressões, resulta que:

$$m = \phi/\beta$$

Ou seja:

$$\phi = m \cdot \beta$$

Portanto pode-se concluir que o fluxo de força de um corpo animado em movimento dinâmico uniformemente variado é igual ao produto existente entre a massa do corpo pela celeridade.

O resultado obtido representa o princípio fundamental da dinâmica do movimento dinâmico uniformemente variado.

Toda vez que a celeridade for constante, isto indica que a força aplicada sobre o móvel varia uniformemente no decorrer do tempo.

10- *Equações Básicas*

Os princípios fundamentais obtidos do movimento dinâmico uniformemente variado até o presente momento são os seguintes:

1º- A aceleração é o parâmetro de referência que indica o comportamento das forças.

2º- No movimento dinâmico uniformemente variado a celeridade é constante. Ela é igual a razão entre a variação da aceleração pelo tempo gasto nessa variação. Isto implica que a aceleração aumenta ou diminui de quantidades iguais em tempos iguais.

Simbolicamente, pode-se escrever que:

$$\beta = \Delta\alpha/\Delta t$$

3º-) No movimento dinâmico uniformemente variado o fluxo de força apresenta sempre o mesmo valor. Ele é a razão entre a variação de força aplicada pelo tempo decorrido durante o qual ocorre a variação. Simbolicamente, pode-se escrever que:

$$\phi = \Delta F/\Delta t$$

4º-) A equação fundamental do movimento dinâmico uniformemente variado afirma que o fluxo de força é igual ao produto existente entre a massa do móvel pela celeridade. Simbolicamente pode-se escrever que:

$$\phi = m \cdot \beta$$

11- Função Momento Espacial (I)

Ficou demonstrado no presente tratado que a variação de momento espacial é igual ao produto existente entre a massa pela variação de espaço percorrido pelo móvel. Simbolicamente o referido enunciado é expresso por:

$$\Delta\Psi = m \cdot \Delta S$$

Também foi demonstrado que no movimento dinâmico uniformemente variado, a variação de espaço é expresso por:

$$\Delta S = V_0 \cdot t + \alpha_0 \cdot t^2/2 + \beta \cdot t^3/6$$

Substituindo convenientemente as duas últimas expressões, resulta que:

$$\Psi = \Psi_0 + m \cdot (V_0 \cdot t + \alpha_0 \cdot t^2/2 + \beta \cdot t^3/6)$$

A referida função caracteriza o momento espacial de um ponto material em movimento dinâmico uniformemente variado.

12- *Função Quantidade de Movimento (I)*

Sabe-se a variação da quantidade de movimento é igual ao produto entre a massa do móvel pela variação de sua velocidade.

Simbolicamente o referido enunciado é expresso por:

$$\Delta Q = m \cdot \Delta V$$

Foi demonstrado que no movimento dinâmico uniformemente variado a variação de velocidade de um móvel é expressa pela seguinte equação:

$$\Delta V = \alpha_0 \cdot t + \beta \cdot t^2/2$$

Substituindo convenientemente as duas últimas expressões resulta que:

$$Q = Q_0 + m \cdot (\alpha_0 \cdot t + \beta \cdot t^2/2)$$

A referida função caracteriza a quantidade de movimento de um ponto material em movimento dinâmico uniformemente variado.

13- *Função Quantidade de Movimento (II)*

A dinâmica do movimento dinâmico uniformemente variado é caracterizado por um fluxo de força constante no decorrer do tempo e intensidade de força variável, conforme indica a seguinte função:

$$F = F_0 + \phi \cdot t$$

Porém a referida função não esclarece como a quantidade de movimento varia no decorrer do tempo nesse tipo de movimento. Portanto é necessário estabelecer a chamada função quantidade de movimento.

$$Q = f(t)$$

A função quantidade de movimento desse movimento é uma função do segundo grau em (t), conforme está apresentado na seguinte demonstração:

Sabe-se que a intensidade de força média de um corpo nesse tipo de movimento é expressa pela seguinte relação:

$$F_m = (F + F_0)/2$$

Sabendo-se que:

$$\Delta Q = F_m \cdot t$$

Portanto a variação de quantidade de movimento apresentada pelo móvel é expressa por:

$$\Delta Q = (F + F_0) \cdot t/2$$

Porém, também se sabe que:

$$F = F_0 + \phi \cdot t$$

Assim, substituindo convenientemente as duas últimas expressões, obtém-se que:

$$\Delta Q = (F_0 + \phi \cdot t + F_0) \cdot t/2$$

Logo vem que:

$$\Delta Q = (2F_0 + \phi \cdot t) \cdot t/2$$

Eliminando o termo em evidência, pode-se concluir que:

$$Q - Q_0 = F_0 \cdot t + \phi \cdot t^2/2$$

Portanto resulta que:

$$Q = Q_0 + F_0 \cdot t + \phi \cdot t^2/2$$

Sendo que (Q_0) é a quantidade de movimento inicial, (F_0) é a intensidade de força inicial e (ϕ) é o fluxo de força constante no movimento dinâmico uniformemente variado.

14- *Equação da Força ao Quadrado*

No presente capítulo ficou demonstrado que a quantidade de movimento (Q) e a intensidade de força (F) de um móvel em movimento dinâmico uniformemente variado, sofrem variações no decorrer do tempo, conforme as seguintes funções indicam:

a) $Q = Q_0 + F_0 \cdot t + \phi \cdot t^2/2$
b) $F = F_0 + \phi \cdot t$

Para efeitos de cálculos as expressões supra mencionadas podem ser simplificadas para a seguinte forma:

c) $\Delta Q = \phi \cdot t^2/2$

d) $\Delta F = \phi \cdot t$

Na presente demonstração será eliminada a grandeza (t), conforme a demonstração que se segue:

$$t = \Delta F/\phi$$

Que elevado ao quadrado, resulta em:

$$t^2 = \Delta F^2/\phi^2$$

Substituindo convenientemente a referida expressão em (c), vem que:

$$\Delta Q = \phi \cdot \Delta F^2/2\phi^2$$

Eliminando os termos em evidência, pode-se escrever que:

$$\Delta Q = \Delta F^2/2\phi$$

Ou seja:

$$\Delta F^2 = 2\phi \cdot \Delta Q$$

Portanto conclui-se que:

$$F^2 = F_0^2 + 2\phi \cdot \Delta Q$$

Esta é a denominada equação da força ao quadrado para o movimento dinâmico uniformemente variado.

15- *Função Momento Espacial (II)*

No movimento dinâmico uniformemente variado de-monstra-se que os momentos espaciais (Ψ) assumidos por um móvel no decorrer do tempo é uma função do terceiro grau em (t), conforme a seguinte expressão:

$$\Psi = \Psi_0 + Q_0 \cdot t + F_0 \cdot t^2/2 + \phi \cdot t^3/6$$

Observe a seguinte demonstração algébrica: Foi demonstrado que:

$$Q_m = (Q + Q_0)/2$$

Sabendo-se que:

$$\Delta\Psi = Q_m \cdot t$$

Portanto o momento especial do móvel é caracterizado por:

$$\Delta\Psi = (Q + Q_0) \cdot t/2$$

Porém, também se sabe que:

$$Q = Q_0 + F_0 \cdot t + \phi \cdot t^2/2$$

Assim, substituindo convenientemente as duas últimas expressões, obtém-se que:

$$\Delta\Psi = (Q_0 + F_0 \cdot t + \phi \cdot t^2/2 + Q_0) \cdot t/2$$

Logo vem que:

$$\Delta\Psi = (2Q_0 + F_0 \cdot t + \phi \cdot t^2/2) \cdot t/2$$

Eliminando o termo em evidência, pode-se concluir que:

$$\Psi - \Psi_0 = Q_0 \cdot t + F_0 \cdot t^2/2 + \phi \cdot t^3/4$$

Portanto resulta que:

$$\Psi = \Psi_0 + Q_0 \cdot t + F_0 \cdot t^2/2 + \phi \cdot t^3/4$$

Ocorre que o cálculo integral exige a seguinte correção:

$$\Psi = \Psi_0 + Q_0 \cdot t + F_0 \cdot t^2/2 + \phi \cdot t^3/6$$

Nota-se que (Ψ_0) é o momento espacial inicial, (Q_0) a quantidade de movimento inicial, (F_0) a intensidade de força inicial e (ϕ) o fluxo de força constante do movimento dinâmico uniformemente variado.

16- *Equação da Força ao Cubo*

A função momento espacial anterior pode ser simplificada para a seguinte relação:

$$\Delta\Psi = \phi \cdot t^3/6$$

Sabe-se que:

$$t^3 = \Delta F^3/\phi^3$$

Substituindo convenientemente as duas últimas expressões e eliminando os termos em evidência resulta que:

$$\Delta\Psi = \Delta F^3/6\phi^2$$

Portanto, resulta que:

$$F^3 = F_0^3 + 6\Delta\Psi \cdot \phi^2$$

Esta é a denominada equação da força ao cubo do movimento dinâmico uniformemente variado.

17- *Classificação do Movimento*

Sob a óptica da dinâmica, o movimento dinâmico uniformemente variado, pode ser classificado da seguinte forma:

a) Movimento acelerado progressivo propagado:

$(Q > 0); (F > 0); (\phi > 0)$

b) Movimento acelerado retrógrado propagado:

$(Q < 0); (F < 0); (\phi < 0)$

c) Movimento retardado progressivo propagado:

$(Q > 0); (F < 0); (\phi < 0)$

d) Movimento retardado progressivo regressivo:

$(Q > 0); (F < 0); (\phi > 0)$

e) Movimento retardado retrógrado propagado:

$(Q < 0); (F > 0); (\phi > 0)$

f) Movimento retardado retrógrado regressivo:

$(Q < 0); (F > 0); (\phi < 0)$

Disso conclui-se que para analisar um movimento dinâmico uniformemente variado é necessário comparar os sinais algébricos da quantidade de movimento (Q), da intensidade de força (F) e do fluxo de força (ϕ).

Isto indica que as grandezas dinâmicas são também grandezas algébricas, podendo ser negativas ou positivas.

18- *Poder Mecânico*

No movimento dinâmico a energia mecânica está relacionada com a grandeza física chamada *poder mecânico*. Em um campo de força característico do movimento dinâmico uniformemente variado, este poder apresenta-se sob duas formas, a saber:

a) **Poder Cinético**

Essa modalidade de poder de um corpo está relacionada com a sua velocidade em relação a um dado referencial.

b) **Poder Dinâmico**

Essa forma de poder que um corpo apresenta depende da sua aceleração em relação a um dado referencial.

19- *Poder Cinético*

É o poder que o corpo possui devido sua velocidade em um movimento dinâmico uniformemente variado.

O poder cinético é definido como sendo igual ao produto existente entre o fluxo de força pela velocidade do móvel.

Simbolicamente o referido enunciado é expresso por:

$$W_c = \phi \cdot V$$

Tendo em vista que o fluxo de força é expresso por:

$$\phi = m \cdot \beta$$

Então se pode escrever que:

$$W_c = m \cdot \beta \cdot V$$

Tendo em vista que a quantidade de movimento é expressa por:

$$Q = m \cdot V$$

Também se pode escrever que:

$$W_c = Q \cdot \beta$$

Note que o poder cinético de um corpo em movimento dinâmico uniformemente variado depende apenas da velocidade desse corpo em relação a um referencial adotado.

20- *Poder Dinâmico*

Toda vez que um móvel estiver em movimento dinâmico ele apresenta o chamado *poder dinâmico*. Esse poder é definido multiplicando-se a metade da massa do corpo pelo quadrado de sua aceleração.

Simbolicamente, o referido enunciado é expresso por:

$$W_d = m . \alpha^2/2$$

Observa-se que o poder dinâmico de um móvel em movimento dinâmico uniformemente variado depende apenas da aceleração que esse corpo apresenta em relação a um referencial inercial.

21- *Poder Mecânico*

Toda vez que se referir ao poder mecânico de um sistema, considera-se que o mesmo é igual à soma dos seus poderes cinético e dinâmico.

Simbolicamente, pode-se escrever que:

$$W = W_c + W_d$$

O poder mecânico é conservado de tal forma que ocorre uma compensação entre os poderes cinético e dinâmico.

CAPÍTULO VIII

MOVIMENTO DINAMIZADO UNIFORMEMENTE VARIADO

1- *Introdução*

O presente capítulo será dedicado ao estudo dos fenômenos cinemáticos que emergem quando a celeridade sofre variações uniformes no decorrer do tempo.

Será definido o conceito de agilidade, bem como a sua relação com o conceito de movimento dinamizado uniformemente variado.

2- *Agilidade*

Evidentemente a celeridade pode sofrer variações no decorrer do tempo. Por esta razão define-se a grandeza física denominada *agilidade*.

Considere um móvel sob a ação de forças externas de tal modo que, num intervalo de tempo ($\Delta t = t - t_0$), sua celeridade (β) tenha sofrido uma variação ($\Delta\beta = \beta - \beta_0$).

Dessa maneira a agilidade (ω) é definida como sendo igual ao quociente da variação da celeridade ($\Delta\beta$), inversa pela variação de tempo (Δt) correspondente à variação da celeridade.

Simbolicamente, o referido enunciado é expresso por:

$$\omega = \Delta\beta/\Delta t$$

Como o presente capítulo considera o estudo dos fenômenos uniformes, a agilidade é constante no decorrer do tempo e caracteriza a própria agilidade do movimento. Logo o móvel apresenta celeridades iguais em intervalos de tempos iguais.

Como a grandeza tempo (Δt) é positiva, então a agilidade (ω) apresentará sempre o mesmo sinal algébrico da celeridade ($\Delta\beta$).

3- *Unidade de Agilidade*

A unidade de agilidade é igual à relação existente entre a unidade de celeridade pela unidade de tempo.

Portanto, se a variação de celeridade estiver na unidade de metros por segundo ao cubo (m/s^3) e a variação de tempo estiver na unidade de segundos (s), concluí-se que a agilidade será medida da seguinte forma:

$$\textbf{Unidade de Agilidade} = \textbf{m/s}^3\textbf{/s}$$

O que é indicada por metros por segundo à quarta potência.

Simbolicamente, pode-se escrever que:

$$U(\omega) = m/s^4$$

4- *Movimento Dinamizado Variado*

Se o movimento dinâmico variado não for uniforme, o fluxo de força varia, provocando uma celeridade variável.

Porém, se o fluxo de força aplicado sobre o móvel variar de forma uniforme no decorrer do tempo, então a celeridade varia de forma uniforme no passar do tempo.

Portanto, a agilidade média calculada em qualquer intervalo de tempo será sempre a mesma. Nesta situação o movimento do móvel é conhecido por *movimento dinamizado uniformemente variado*.

Assim, a agilidade média é constante no decorrer do tempo e representa a própria agilidade do movimento.

Simbolicamente o referido enunciado é expresso por:

$$\omega_m = \omega$$

5- *Classificação do Movimento Dinamizado*

No movimento dinamizado o móvel pode apresentar uma celeridade que aumenta no decorrer do tempo. Nesta situação o movimento é denominado *difundido*.

Entretanto quando o módulo da celeridade diminui com o passar do tempo, o movimento é chamado *retroativo*.

Sabe-se que o sinal algébrico da agilidade está na dependência do sinal da variação da celeridade, que por sua vez depende do sinal algébrico da aceleração, que por sua vez depende do sinal algébrico da velocidade, que depende do sinal algébrico da orientação da trajetória.

Uma análise detalhada do movimento dinamizado uniformemente variado permite estabelecer a seguinte classificação:

a) Movimento acelerado progressivo propagado difundido:

$$(V > 0); (\alpha > 0); (\beta > 0); (\omega > 0)$$

b) Movimento acelerado progressivo propagado retroativo:

$$(V > 0); (\alpha > 0); (\beta > 0); (\omega < 0)$$

c) Movimento acelerado retrógrado propagado difundido:

$$(V < 0); (\alpha < 0); (\beta < 0); (\omega > 0)$$

d) Movimento acelerado retrógrado propagado retroativo:

$$(V < 0); (\alpha < 0); (\beta < 0); (\omega < 0)$$

e) Movimento retardado progressivo propagado difundido:

$$(V > 0); (\alpha < 0); (\beta < 0); (\omega > 0)$$

f) Movimento retardado progressivo propagado retroativo:

$$(V > 0); (\alpha < 0); (\beta < 0); (\omega < 0)$$

g) Movimento retardado progressivo regressivo difundido:

$$(V > 0); (\alpha < 0); (\beta > 0); (\omega > 0)$$

h) Movimento retardado progressivo regressivo retroativo:

$$(V > 0); (\alpha < 0); (\beta > 0); (\omega < 0)$$

i) Movimento retardado retrógrado propagado difundido:

$$(V < 0); (\alpha > 0); (\beta > 0); (\omega > 0)$$

j) Movimento retardado retrógrado propagado retroativo:

$$(V < 0); (\alpha > 0); (\beta > 0); (\omega < 0)$$

k) Movimento retardado retrógrado regressivo difundido:

$$(V < 0); (\alpha > 0); (\beta < 0); (\omega > 0)$$

l) Movimento retardado retrógrado regressivo retroativo:

$$(V < 0); (\alpha > 0); (\beta < 0); (\omega < 0)$$

Portanto para analisar e classificar o movimento dos corpos a nível dinamizado é fundamental comparar os sinais algébricos das grandezas cinemáticas.

6- *Celeridade Média*

No movimento dinamizado uniformemente variado, a celeridade média (β_m), em um intervalo de tempo, é calculada como sendo igual à média aritmética das celeridades nos instantes que definem o intervalo.

Simbolicamente, o referido enunciado é expresso por:

$$\beta_m = (\beta + \beta_0)/2$$

A referida equação a propriedade básica do movimento dinamizado uniformemente variado.

7- Função Celeridade

No movimento dinamizado uniformemente variado, a celeridade varia uniformemente com o tempo.

Nestas condições, a agilidade é definida como sendo igual ao quociente da variação da celeridade, inversa pela variação de tempo.

Simbolicamente o referido enunciado é expresso por:

$$\omega = (\beta - \beta_0)/(t - t_0)$$

Neste movimento a agilidade é constante com o passar do tempo.

Considerando que em ($t_0 = 0$), tem-se uma celeridade inicial (β_0) e em ($t \neq 0$) a celeridade (α) em um instante qualquer, então pode-se escrever que:

$$\omega = (\beta - \beta_0)/t$$

O que resulta na seguinte função:

$$\beta = \beta_0 + \omega \cdot t$$

A referida função expressa a variação da celeridade no decorrer do tempo. Nela as grandezas (β_0) e (ω) são constantes e, portanto, a cada valor de tempo (t) corresponde um valor de celeridade (β).

8- *Função Aceleração*

O movimento dinamizado uniformemente variado é caracterizado por uma agilidade escalar constante com o decorrer do tempo e celeridade variável conforme indicada pela seguinte função:

$$\beta = \beta_0 + \omega \cdot t$$

Porém, a referida função não esclarece como a aceleração varia no decorrer do tempo. Portanto é fundamental estabelecer a denominada função aceleração.

A função aceleração $\alpha = f(t)$ do movimento considerado é uma função do segundo grau em (t), conforme revela a seguinte demonstração:

Sabe-se que a celeridade média de um corpo nesse tipo de movimento é expressa pela seguinte relação:

$$\beta_m = (\beta + \beta_0)/2$$

Sabendo-se que:

$$\Delta\alpha = \beta_m \cdot t$$

Portanto a variação da aceleração apresentada pelo móvel é expressa por:

$$\Delta\alpha = (\beta + \beta_0) \cdot t/2$$

Porém, também se sabe que:

$$\beta = \beta_0 + \omega \cdot t$$

Assim, substituindo convenientemente as duas últimas expressões, obtém-se que:

$$\Delta\alpha = (\beta_0 + \omega . t + \beta_0) . t/2$$

Logo vem que:

$$\Delta\alpha = (2\beta_0 + \omega . t) . t/2$$

Eliminando o termo em evidência, pode-se concluir que:

$$\alpha - \alpha_0 = \beta_0 . t + \omega . t^2/2$$

Portanto resulta que:

$$\alpha = \alpha_0 + \beta_0 . t + \omega . t^2/2$$

Na referida função (α_0) é a aceleração inicial, (β_0) a celeridade inicial e (ω) é a agilidade constante no decurso do movimento dinamizado uniformemente variado.

9- Equação da Celeridade ao Quadrado

No presente capítulo foi demonstrado que a aceleração (α) e a celeridade (β) variam no decorrer do tempo, conforme as indicações das seguintes funções:

a) $\alpha = \alpha_0 + \beta_0 . t + \omega . t^2/2$
b) $\beta = \beta_0 + \omega . t$

Simplificando as referidas expressões obtêm-se que:

c) $\Delta\alpha = \omega . t^2/2$
d) $\Delta\beta = \omega . t$

Na presente demonstração será eliminada a grandeza (t), conforme o que se segue:

$$t = \Delta\beta/\omega$$

Que elevado ao quadrado, resulta em:

$$t^2 = \Delta\beta^2/\omega^2$$

Substituindo convenientemente a referida expressão em (c), vem que:

$$\Delta\alpha = \omega \,.\, \Delta\beta^2/2\omega^2$$

Eliminando os termos em evidência, pode-se escrever que:

$$\Delta\alpha = \Delta\beta^2/2\omega$$

Ou seja:

$$\Delta\beta^2 = 2\omega \,.\, \Delta\alpha$$

Portanto conclui-se que:

$$\beta^2 = \beta_0^2 + 2\omega \,.\, \Delta\alpha$$

Esta é a equação da celeridade ao quadrado para o movimento dinamizado uniformemente variado.

10- *Função Velocidade*

No movimento dinamizado uniformemente variado, demonstra-se que as velocidades (V) assumidas por um móvel no decorrer do tempo é uma função do terceiro grau em (t), conforme indicada na seguinte expressão matemática.

$$V = V_0 + \alpha_0 . t + \beta_0 . t^2/2 + \omega . t^3/6$$

Para simplificar, observe a seguinte demonstração algébrica: Nesta obra foi apresentada a seguinte verdade:

$$\alpha_m = (\alpha + \alpha_0)/2$$

Sabendo-se que:

$$\Delta V = \alpha_m . t$$

Portanto a variação de velocidade apresentada pelo móvel é caracterizada por:

$$\Delta V = (\alpha + \alpha_0) . t/2$$

Porém, também se sabe que:

$$\alpha = \alpha_0 + \beta_0 . t + \omega . t^2/2$$

Assim, substituindo convenientemente as duas últimas expressões, obtém-se que:

$$\Delta V = (\alpha_0 + \beta_0 . t + \omega . t^2/2 + \alpha_0) . t/2$$

Logo vem que:

$$\Delta V = (2\alpha_0 + \beta_0 . t + \omega . t^2/2) . t/2$$

Eliminando o termo em evidência, pode-se concluir que:

$$V - V_0 = \alpha_0 . t + \beta_0 . t^2/2 + \omega . t^3/4$$

Portanto resulta que:

$$V = V_0 + \alpha_0 . t + \beta_0 . t^2/2 + \omega . t^3/4$$

Ocorre que o cálculo integral exige a seguinte correção:

$$V = V_0 + \alpha_0 . t + \beta_0 . t^2/2 + \omega . t^3/6$$

Observa-se que (V_0) é a velocidade inicial, (α_0) é a aceleração inicial, (β_0) é a celeridade inicial e (ω) é a agilidade constante, uma característica desse movimento.

11- *Equação da Celeridade ao Cubo*

A função velocidade pode ser simplificada para a seguinte relação:

$$\Delta V = \omega . t^3/6$$

Sabe-se que:

$$t^3 = \Delta\beta^{\,3}/\omega^3$$

Substituindo convenientemente as duas últimas expressões e eliminando os termos em evidência, resulta que:

$$\Delta V = \Delta\beta^{\,3}/6\omega^2$$

Portanto, vem que:

$$\beta^3 = \beta_0^{\,3} + 6\Delta V . \omega^2$$

Esta é a demonstração da denominada equação da celeridade ao cubo, característica do movimento dinamizado uniformemente variado.

12- *Função Espaço*

No estudo do movimento dinamizado uniformemente variado demonstra-se que as posições (S) do móvel no decorrer do tempo é uma função do quarto grau em (t), conforme demonstra a seguinte equação:

$$S = S_0 + V_0 . t + \alpha_0 . t^2/2 + \beta_0 . t^3/6 + \omega . t^4/24$$

Para facilitar o cálculo considere a seguinte demonstração algébrica: Sabe-se que:

$$V_m = (V + V_0)/2$$

Sabendo-se que:

$$\Delta S = V_m . t$$

Pode-se afirmar que o espaço percorrido pelo móvel é caracterizado por:

$$\Delta S = (V + V_0) . t/2$$

Porém, também se sabe que:

$$V = V_0 + \alpha_0 . t + \beta_0 . t^2/2 + \omega . t^3/6$$

Assim, substituindo convenientemente as duas últimas expressões, obtém-se que:

$$\Delta S = (V_0 + \alpha_0 . t + \beta_0 . t^2/2 + \omega . t^3/6 + V_0) . t/2$$

Logo vem que:

$$\Delta S = (2V_0 + \alpha_0 . t + \beta_0 . t^2/2 + \omega . t^3/6) . t/2$$

Eliminando o termo em evidência, pode-se concluir que:

$$S - S_0 = V_0 . t + \alpha_0 . t^2/2 + \beta_0 . t^3/4 + \omega . t^4/12$$

Portanto resulta que:

$$S = S_0 + V_0 . t + \alpha_0 . t^2/2 + \beta_0 . t^3/4 + \omega . t^4/12$$

Ocorre que o cálculo integral exige a seguinte correção:

$$S = S_0 + V_0 . t + \alpha_0 . t^2/2 + \beta_0 . t^3/6 + \omega . t^4/24$$

Verifica-se na referida função que (S_0) é a posição inicial, (V_0) a velocidade inicial, (α_0) a aceleração inicial, (β_0) a celeridade inicial e (ω) é a agilidade constante no movimento dinamizado uniformemente variado.

13- *Equação da Celeridade à Quarta Potência*

A função espaço pode ser simplificada para a seguinte relação:

$$\Delta S = \omega_0 . t^4/24$$

Sabe-se que:

$$t^4 = \Delta \beta^4/\omega^4$$

Substituindo convenientemente as duas últimas expressões e eliminando os termos em evidência, resulta que:

$$\Delta S = \Delta\beta^4/24\omega^3$$

Logo, pode-se escrever que:

$$\beta^4 = \beta_0^4 + 24\Delta S . \omega^3$$

Esta é a chamada equação da celeridade à quarta potência do movimento dinamizado uniformemente variado.

CAPÍTULO IX

DINAMICA DO MOVIMENTO DINAMIZADO UNIFORMEMENTE VARIADO

1- *Introdução*

O movimento dinamizado uniformemente variado apresenta como característica fundamental um fluxo de força que varia uniformemente no decorrer do tempo.

O presente capítulo procura mostrar a relação entre as grandezas dinâmicas com as grandezas cinemáticas dentro do conceito de movimento dinamizado.

2- *Forcejo*

Quando o movimento é dinamizado uniformemente variado, com agilidade constante, conclui-se que o fluxo de força aplicado sobre o móvel varia uniformemente no decorrer do tempo.

O presente trabalho foi bastante objetivo ao demonstrar que a agilidade de um móvel é igual ao quociente da variação da celeridade, inversa pela variação de tempo.

Simbolicamente, o referido enunciado é expresso por:

$$\omega = \Delta\beta/\Delta t$$

Como a celeridade (β) varia uniformemente no decorrer do tempo, isto indica que o fluxo de força também varia uniformemente no decorrer do tempo.

Portanto, pode-se definir uma grandeza física chamada *forcejo*, que avalia a variação do fluxo de força no decorrer do tempo.

O forcejo (φ) é definido como sendo igual ao quociente da variação do fluxo de força ($\Delta\phi$), inversa pela variação de tempo (Δt).

Simbolicamente, o referido enunciado é expresso pela seguinte relação:

$$\varphi = \Delta\phi/\Delta t$$

Assim, no movimento dinamizado uniformemente variado, o forcejo (φ) é constante no decorrer do tempo. Desta maneira o móvel é submetido à ação de fluxos de forças iguais em intervalos de tempos iguais. Logo, o forcejo médio em qualquer intervalo de tempo apresenta o mesmo valor.

3- *Unidade de Forcejo*

A unidade de forcejo é definida como sendo igual à relação existente entre a unidade de fluxo de força pela unidade de tempo.

Portanto, pode-se escrever que:

Unidade de forcejo = Unidade de fluxo de força/Unidade de tempo

No Sistema Internacional de Unidades, a Unidade de fluxo de força é o Newton por segundo.

Logo, a unidade de forcejo é igual ao Newton por segundo por segundo. Ou melhor, é igual ao Newton por segundo ao quadrado.

Assim, pode-se escrever que:

$$U(\varphi) = N/s/s$$

Ou seja:

$$U(\varphi) = N/s^2$$

4- *Movimento Dinamizado Uniformemente Variado*

O forcejo médio calculado em qualquer intervalo de tempo será sempre o mesmo. Nestas condições o movimento do móvel é denominado *Movimento Dinamizado Uniformemente Variado*.

Portanto, o forcejo médio é constante no decorrer do tempo e representa o próprio forcejo do movimento.

Simbolicamente, o referido enunciado é expresso por:

$$\varphi_m = \varphi$$

5- *Relação Entre Forcejo e Agilidade*

No presente tratado foi demonstrada a realidade das seguintes relações matemáticas.

a) $\varphi = \Delta\phi/\Delta t$
b) $\omega = \Delta\beta/\Delta t$

Substituindo convenientemente as duas últimas expressões, obtém-se que:

$$\omega \cdot \Delta\phi = \varphi \cdot \Delta\beta$$

6- *Equação do Fluxo de Força*

No estudo do movimento dinâmico uniformemente variado, foi demonstrado que a dinâmica do fluxo de força de um móvel é igual ao produto existente entre a massa pela celeridade.

Simbolicamente, o referido enunciado é expresso por:

$$\phi = m \cdot \beta$$

Ocorre que no movimento dinamizado uniformemente variado, o fluxo de força varia uniformemente no decorrer do tempo, caracterizado pelo aparecimento de uma celeridade que varia uniformemente no decorrer do tempo.

Seja (ϕ_1) o fluxo de força aplicada no móvel que produz uma celeridade (β_1) e seja (ϕ_2) o fluxo de força que produz uma celeridade (β_2). Portanto, para o movimento dinamizado uniformemente variado, a equação anterior dever ser escrita da seguinte maneira:

$$\Delta\phi = m \cdot \Delta\beta$$

Logo, pode-se afirmar que no movimento dinamizado uniformemente variado, a variação do fluxo de força aplicada sobre um móvel é igual à massa desse móvel em produto com a variação da celeridade produzida.

7- *Fluxo de Força Médio*

No movimento dinamizado uniformemente variado, o fluxo de força médio (ϕ_m), num intervalo de tempo, é calculado como sendo igual à média aritmética dos fluxos de força nos instantes que definem o intervalo.

Simbolicamente o referido enunciado é expresso por:

$$\phi_m = (\phi + \phi_0)/2$$

Esta equação caracteriza uma propriedade básica do movimento dinamizado uniformemente variado.

8- *Função Fluxo de Força (I)*

No presente tratado, foi demonstrado que a celeridade de um móvel em movimento dinamizado uniformemente variado pode ser expresso por:

$$\Delta\beta = \omega \cdot t$$

Também foi demonstrado que a variação do fluxo de força de um móvel é expresso por:

$$\Delta\phi = m \cdot \Delta\beta$$

Substituindo convenientemente as duas últimas expressões, resulta que:

$$\Delta\phi = m \cdot \omega \cdot t$$

Como $(\Delta\phi = \phi - \phi_0)$, pode-se escrever que:

$$\phi = \phi_0 + m \cdot \omega \cdot t$$

Na referida função as grandezas (ϕ_0) fluxo de força inicial, (m) massa do móvel e (ω) agilidade, são valores constante, e, portanto, no movimento dinamizado uniformemente variado, a cada valor de tempo (t), há um correspondente valor de fluxo de força (ϕ).

9- *Função Fluxo de Força (II)*

No estudo do movimento dinamizado uniformemente variado, verificou-se que o fluxo de força de um móvel varia uniformemente no decorrer do tempo.

Neste tipo de movimento o forcejo é definido pela seguinte relação:

$$\varphi = (\phi - \phi_0)/(t - t_0)$$

Considerando que em $(t_0 = 0)$, tem-se um fluxo de força inicial (ϕ_0) e em $(t \neq 0)$ o fluxo de força (ϕ) num instante qualquer, então pode-se escrever que:

$$\varphi = (\phi - \phi_0)/t$$

A referida conclusão permite estabelecer a seguinte função:

$$\phi = \phi_0 + \varphi \cdot t$$

Esta função caracteriza a natureza existente entre a variação do fluxo de força no decurso do tempo. Nela as grandezas (ϕ_0) e (φ) são constantes e, portanto, a cada valor de tempo (t) há um correspondente valor de fluxo de força (ϕ).

10- *Equação Fundamental*

No presente tratado ficou demonstrada a seguinte igualdade:

a) $\varphi/\omega = \Delta\phi/\Delta\beta$
b) $m = \Delta\phi/\Delta\beta$

Substituindo convenientemente as duas últimas expressões resulta que:

$$m = \varphi/\omega$$

Ou seja:

$$\varphi = m \cdot \omega$$

Portanto conclui-se que o forcejo é igual ao produto existente entre a massa do móvel pela agilidade que o mesmo apresenta.

Toda vez que a agilidade for constante, isto indica que o fluxo de força aplicado sobre o móvel varia uniformemente no decorrer do tempo.

A expressão anterior representa a equação fundamental da dinâmica do movimento dinamizado uniformemente variado.

11- *Função Momento Espacial (I)*

No movimento dinamizado uniformemente variado, o momento espacial varia de acordo com a variação de espaço. Portanto pode-se escrever que:

$$\Delta\Psi = m \, . \, \Delta S$$

Ocorre que no movimento considerado, o móvel percorre um espaço caracterizado pela seguinte função:

$$\Delta S = V_0 \, . \, t + \alpha_0 \, . \, t^2/2 + \beta_0 \, . \, t^3/6 + \omega \, . \, t^4/24$$

Substituindo convenientemente as duas últimas expressões, resulta que:

$$\Psi = \Psi_0 + m \, . \, (V_0 \, . \, t + \alpha_0 \, . \, t^2/2 + \beta_0 \, . \, t^3/6 + \omega \, . \, t^4/24)$$

A referida função caracteriza o momento espacial de um móvel em movimento dinamizado uniformemente variado.

12- *Função Quantidade de Movimento (I)*

No presente tratado foi demonstrado a realidade das seguintes expressões:

a) $\Delta Q = m \, . \, \Delta V$

b) $\Delta V = \alpha_0 \, . \, t + \beta_0 \, . \, t^2/2 + \omega \, . \, t^3/6$

Substituindo convenientemente as duas últimas expressões, resulta que:

$$Q = Q_0 + m \cdot (\alpha_0 \cdot t + \beta_0 \cdot t^2/2 + \omega \cdot t^3/6)$$

A referida expressão caracteriza a quantidade de movimento de um móvel em movimento dinamizado uniformemente variado.

13- *Função Força (I)*

No presente estudo foi demonstrada a realidade das seguintes expressões:

a) $\Delta F = m \cdot \Delta\alpha$
b) $\Delta\alpha = \beta_0 \cdot t + \omega \cdot t^2/2$

Substituindo convenientemente as duas últimas expressões, resulta que:

$$F = F_0 + m \cdot (\beta_0 \cdot t + \omega \cdot t^2/2)$$

Portanto, no movimento dinamizado uniformemente variado, demonstra-se que a força aplicada sobre um móvel no decorrer do tempo é uma função do segundo grau em (t).

Observa-se que (F_0) é a força inicial, (m) a massa do móvel, (β_0) a celeridade inicial e (ω) a agilidade. Essas grandezas apresentam valores constantes nesse tipo de movimento.

14- *Função Força (II)*

No movimento dinamizado uniformemente variado, a intensidade de força aplicada sobre um móvel no decorrer do tempo é uma função do segundo grau em (t), conforme apresentada pela seguinte expressão:

$$F = F_0 + \phi_0 \cdot t + \phi \cdot t^2/2$$

Observe a seguinte demonstração: Sabe-se que o fluxo de força médio de um corpo nesse tipo de movimento é expressa pela seguinte relação:

$$\phi_m = (\phi + \phi_0)/2$$

Sabendo-se que:

$$\Delta F = \phi_m \cdot t$$

Portanto a variação de força apresentada pelo móvel é expressa por:

$$\Delta F = (\phi + \phi_0) \cdot t/2$$

Porém, também se sabe que:

$$\phi = \phi_0 + \phi \cdot t$$

Assim, substituindo convenientemente as duas últimas expressões, obtém-se que:

$$\Delta F = (\phi_0 + \phi \cdot t + \phi_0) \cdot t/2$$

Logo vem que:

$$\Delta F = (2\phi_0 + \phi \cdot t) \cdot t/2$$

Eliminando o termo em evidência, pode-se concluir que:

$$F - F_0 = \phi_0 . t + \varphi . t^2/2$$

Portanto resulta que:

$$F = F_0 + \phi_0 . t + \varphi . t^2/2$$

Nota-se que (F_0) é a força inicial, (ϕ_0) é o fluxo de força inicial e (φ) é o forcejo. No decorrer desse tipo de movimento, apresentam valores constantes.

15- *Equação do Fluxo de Força ao Quadrado*

Foi demonstrado no presente trabalho que a intensidade de força (F) e o fluxo de força de um móvel impelido em movimento dinamizado uniformemente variado, sofrem variações no decorrer do tempo, conforme demonstram as seguintes funções:

a) $F = F_0 + \phi_0 . t + \varphi . t^2/2$

b) $\phi = \phi_0 + \varphi . t$

Simplificando as referidas expressões obtêm-se que:

c) $\Delta F = \varphi . t^2/2$

d) $\Delta \phi = \varphi . t$

Na presente demonstração será eliminada a grandeza (t), conforme os passos que se seguem:

$$t = \Delta\phi/\varphi$$

Que elevado ao quadrado, resulta em:

$$t^2 = \Delta\phi^2/\varphi^2$$

Substituindo convenientemente a referida expressão em (c), vem que:

$$\Delta F = \varphi \cdot \Delta\phi^2/2\varphi^2$$

Eliminando os termos em evidência, pode-se escrever que:

$$\Delta F = \Delta\phi^2/2\varphi$$

Ou seja:

$$\Delta\phi^2 = 2\varphi \cdot \Delta F$$

Portanto conclui-se que:

$$\phi^2 = \phi_0^2 + 2\varphi \cdot \Delta F$$

Esta é a equação do fluxo de força ao quadrado que caracteriza o movimento dinamizado uniformemente variado.

16- *Função Quantidade de Movimento (II)*

Demonstra-se com relativa facilidade que a função quantidade de movimento de um corpo animado por um movimento dinamizado uniformemente variado é uma função do terceiro grau em (t), conforme caracterizado pela seguinte expressão:

$$Q = Q_0 + F_0 \cdot t + \phi_0 \cdot t^2/2 + \varphi \cdot t^3/6$$

Para simplificar a demonstração, observe a seguinte prova algébrica: Nesta obra foi apresentada a seguinte verdade:

$$F_m = (F + F_0)/2$$

Sabendo-se que:

$$\Delta Q = F_m \cdot t$$

Portanto a quantidade de movimento apresentada pelo móvel é caracterizada por:

$$\Delta Q = (F + F_0) \cdot t/2$$

Porém, também se sabe que:

$$F = F_0 + \phi_0 \cdot t + \varphi \cdot t^2/2$$

Assim, substituindo convenientemente as duas últimas expressões, obtém-se que:

$$\Delta Q = (F_0 + \phi_0 \cdot t + \varphi \cdot t^2/2 + F_0) \cdot t/2$$

Logo vem que:

$$\Delta Q = (2F_0 + \phi_0 \cdot t + \varphi \cdot t^2/2) \cdot t/2$$

Eliminando o termo em evidência, pode-se concluir que:

$$Q - Q_0 = F_0 \cdot t + \phi_0 \cdot t^2/2 + \varphi \cdot t^3/4$$

Portanto resulta que:

$$Q = Q_0 + F_0 \cdot t + \phi_0 \cdot t^2/2 + \varphi \cdot t^3/4$$

Ocorre que o cálculo integral exige a seguinte correção:

$$Q = Q_0 + F_0 . t + \phi_0 . t^2/2 + \varphi . t^3/6$$

Nessa expressão, as grandezas (Q_0), (F_0), (ϕ_0) e (φ), são constante no decurso do movimento.

17- *Equação do Fluxo de Força ao Cubo*

No presente capítulo foi demonstrada a realidade das seguintes funções:

a) $Q = Q_0 + F_0 . t + \phi_0 . t^2/2 + \varphi . t^3/6$

b) $\phi = \phi_0 + \varphi . t$

Substituindo convenientemente as duas últimas expressões e eliminando a variável (t), obtém-se a seguinte equação:

$$\phi^3 = \phi_0^3 + 6\Delta Q . \varphi^2$$

Esta é a denominada equação do fluxo de força ao cubo que caracteriza o movimento dinamizado uniformemente variado.

18- *Função Momento Espacial (II)*

No movimento dinamizado uniformemente variado demonstra-se que o momento espacial (Ψ) assumido por um móvel no decorrer do seu movimento é uma função do quarto grau em (t), conforme a seguinte expressão:

$$\Psi = \Psi_0 + Q_0 . t + F_0 . t^2/2 + \phi_0 . t^3/6 + \varphi . t^4/24$$

Para facilitar o cálculo dessa expressão considere a seguinte demonstração algébrica: Sabe-se que:

$$Q_m = (Q + Q_0)/2$$

Sabendo-se que:

$$\Delta\Psi = Q_m . t$$

Pode-se afirmar que o momento espacial corresponde à seguinte expressão:

$$\Delta\Psi = (Q + Q_0) . t/2$$

Porém, também se sabe que:

$$Q = Q_0 + F_0 . t + \phi_0 . t^2/2 + \varphi . t^3/6$$

Assim, substituindo convenientemente as duas últimas expressões, obtém-se que:

$$\Delta\Psi = (Q_0 + F_0 . t + \phi_0 . t^2/2 + \varphi . t^3/6 + V_0) . t/2$$

Logo vem que:

$$\Delta\Psi = (2Q_0 + F_0 . t + \phi_0 . t^2/2 + \varphi . t^3/6) . t/2$$

Eliminando o termo em evidência, pode-se concluir que:

$$\Psi - \Psi_0 = Q_0 . t + F_0 . t^2/2 + \phi_0 . t^3/4 + \varphi . t^4/12$$

Portanto resulta que:

$$\Psi = \Psi_0 + Q_0 . t + F_0 . t^2/2 + \phi_0 . t^3/4 + \varphi . t^4/12$$

Ocorre que o cálculo integral exige a seguinte correção:

$$\Psi = \Psi_0 + Q_0 . t + F_0 . t^2/2 + \phi_0 . t^3/6 + \varphi . t^4/24$$

Na referida expressão (Ψ_0) representa o momento espacial inicial (Q_0) é a quantidade de movimento inicial, (F_0) é a intensidade de força inicial, (Q_0) é o fluxo de força inicial e (φ) é o forcejo constante, característica desse movimento.

19- *Equação do Fluxo de Força à Quarta Potência*

Foi demonstrada no presente capítulo a realidade das seguintes funções:

a) $\Psi = \Psi_0 + Q_0 . t + F_0 . t^2/2 + \phi_0 . t^3/6 + \varphi . t^4/24$

b) $\phi = \phi_0 + \varphi . t$

Substituindo convenientemente as duas últimas expressões e eliminando a variável (t), obtém-se a seguinte equação:

$$\phi^4 = \phi_0^4 + 24\Delta\Psi . \varphi^3$$

Esta é a denominada equação do fluxo de força à quarta potência que caracteriza o movimento dinamizado uniformemente variado.

20- *Classificação do Movimento*

Dentro da visão dos conceitos dinâmicos, o movimento dinamizado uniformemente variado pode ser classificado da seguinte forma:

a) Movimento acelerado progressivo propagado difundido:

$$(Q > 0); (F > 0); (\phi > 0); (\varphi > 0)$$

b) Movimento acelerado progressivo propagado retroativo:

$$(Q > 0); (F > 0); (\phi > 0); (\varphi < 0)$$

c) Movimento acelerado retrógrado propagado difundido:

$$(Q < 0); (F < 0); (\phi < 0); (\varphi > 0)$$

d) Movimento acelerado retrógrado propagado retroativo:

$$(Q < 0); (F < 0); (\phi < 0); (\varphi < 0)$$

e) Movimento retardado progressivo propagado difundido:

$$(Q > 0); (F < 0); (\phi < 0); (\varphi > 0)$$

f) Movimento retardado progressivo propagado retroativo:

$$(Q > 0); (F < 0); (\phi < 0); (\varphi < 0)$$

g) Movimento retardado progressivo regressivo difundido:

$$(Q > 0); (F < 0); (\phi > 0); (\varphi > 0)$$

h) Movimento retardado progressivo regressivo retroativo:

$$(Q > 0); (F < 0); (\phi > 0); (\varphi < 0)$$

i) Movimento retardado retrógrado propagado difundido:

$$(Q < 0); (F > 0); (\phi > 0); (\varphi > 0)$$

j) Movimento retardado retrógrado propagado retroativo:

$$(Q < 0); (F > 0); (\phi > 0); (\varphi < 0)$$

k) Movimento retardado retrógrado regressivo difundido:

$$(Q < 0); (F > 0); (\phi < 0); (\varphi > 0)$$

l) Movimento retardado retrógrado regressivo retroativo:

$$(Q < 0); (F > 0); (\phi < 0); (\varphi < 0)$$

Torna-se evidente que para classificar o movimento dinamizado uniformemente variado é necessário comparar os sinais algébricos da quantidade de movimento, da intensidade de força, do fluxo de força e do forcejo.

21- *Tensão*

No presente estudo do movimento dinamizado uniformemente variado, verifica-se que a tensão mecânica pode se manifestar de duas formas:

Tensão dinâmica

Essa modalidade de tensão de um corpo em movimento dinamizado uniformemente variado está relacionada com a sua aceleração em relação a um dado referencial inercial.

Tensão dinamizada

Essa forma de tensão que um móvel apresenta depende da sua celeridade em relação a um referencial inercial.

22- *Tensão Dinâmica*

A tensão dinâmica é definida como sendo igual ao produto existente entre o forcejo pela aceleração do móvel num campo dinamizado uniformemente variado.

Simbolicamente, o referido enunciado é expresso por:

$$T_d = \varphi \cdot \alpha$$

Tendo em vista que:

$$\varphi = m \cdot \omega$$

Então se pode escrever que:

$$T_d = m \cdot \omega \cdot \alpha$$

Tendo em vista que:

$$F = m \cdot \alpha$$

Pode-se escrever que:

$$T_d = F \cdot \omega$$

Então se torna claro que a tensão no movimento dinamizado uniformemente variado depende apenas da aceleração que o móvel vai assumindo no decorrer de seu movimento.

23- *Tensão Dinamizada*

A tensão dinamizada é definida como sendo igual à metade da massa do móvel multiplicada pelo quadrado da celeridade.

Simbolicamente, o referido enunciado é expresso por:

$$T_D = m \cdot \beta^2/2$$

Note que a tensão dinamizada depende apenas da celeridade de um móvel em movimento dinamizado uniformemente variado.

24- *Tensão Mecânica*

A tensão mecânica de um sistema num campo de força que provoca movimento dinamizado uniformemente variado é igual à soma das suas tensões dinâmica e dinamizada.

Simbolicamente, o referido enunciado é expresso por:

$$T = T_d + T_D$$

CAPÍTULO X

RESUMO GERAL

1- *Introdução*

No presente capítulo será apresentada resumidamente uma generalização de todos os movimentos estudados em função do conceito de forças aplicadas sobre o móvel. Também será apresentado um resumo contendo as equações que foram deduzidas no decorrer do presente trabalho.

2- *Leis do Movimento*

Na Mecânica os mais diversos tipos de movimentos podem ser classificados e explicados exclusivamente em função do comportamento das forças.

I - **Repouso (R)**
Se a partir do repouso, um corpo não sofre a ação de forças externas, ele permanecerá em repouso. Nesse caso a força é vazia.

Simbolicamente, o referido enunciado é expresso por:

$$R \rightarrow F = f\,(\;)$$

Portanto no repouso a força é uma função vazia.

II - **Movimento Uniforme (MU)**
O movimento uniforme é caracterizado pela ausência de forças aplicadas sobre o móvel no momento em que está sendo observado.

Simbolicamente, o referido enunciado é expresso por:

$$MU \rightarrow F = f(0)$$

Portanto, no movimento uniforme a força é uma função nula.

Desse modo, quando um corpo apresenta variação de posição crescente em um sentido ao longo de uma reta, com velocidade constante, conclui-se que não sofre a ação de forças externas atuando sobre o mesmo.

III - Movimento Uniformemente Variado (MUV)

O movimente uniformemente variado é caracterizado pela ação de uma força de intensidade constante aplicada sobre o móvel.

Simbolicamente, o referido enunciado é expresso por:

$$MUV \rightarrow F = f(cte)$$

Logo, no movimento uniformemente variado, a força é uma função constante. Portanto, se o móvel apresenta variação de velocidade, com aceleração constante, concluí-se que o mesmo está sob a ação de uma força externa de intensidade constante.

IV - Movimento Dinâmico Uniformemente Variado (MdUV)

O movimento dinâmico uniformemente variado é caracterizado pela ação de uma força cuja intensidade varia uniformemente no decorrer do tempo.

Simbolicamente, o referido enunciado é expresso por:

$$MdUV \rightarrow F = f(t)$$

Assim, no movimento dinâmico uniformemente variado, a força aplicada sobre o móvel apresenta uma intensidade
que varia em função do tempo.

Nestas condições se o móvel apresenta variação de aceleração, com uma celeridade constante, então se conclui que o
móvel está submetido à ação de uma força externa que varia
uniformemente no tempo.

V - Movimento Dinamizado Uniformemente Varia-do (MDUV)

O movimento dinamizado uniformemente variado é ca-
racterizado pela ação de uma força cuja intensidade varia uni-
formemente com o quadrado do tempo.

Simbolicamente, o referido enunciado é expresso por:

$$\mathbf{MDUV} \rightarrow \mathbf{F} = \mathbf{f}\,(\mathbf{t^2})$$

Neste caso, o movimento dinamizado uniformemente
variado apresenta uma intensidade de força que varia com o
quadrado do tempo.

Dentro destes parâmetros, o móvel apresenta variação
de celeridade, com uma agilidade constante. Toda vez que isto
ocorre, conclui-se que o móvel está sob a ação de forças externas cuja intensidade varia uniformemente com o quadrado do
tempo.

3- *Equações Fundamentais*

Neste item será apresentando as equações fundamentais
que caracterizam os mais diferentes movimentos mecânicos
estudados no presente tratado.

Repouso	Movimento Uniforme	Movimento Uniformemente Variado	Movimento Dinâmico Uniformemente Variado	Movimento Dinamizado Uniformemente Variado
$F = (\ )$	$F = 0$	$F = cte \neq 0$	$F = $ variável em (t)	$F = $ variável em (t^2)
$V = 0$	$V = \Delta S/\Delta t$	$\alpha = \Delta V/\Delta t$	$\beta = \Delta\alpha/\Delta t$	$\omega = \Delta\beta/\Delta t$
$Q = 0$	$Q = \Delta\Psi/\Delta t$	$F = \Delta Q/\Delta t$	$\phi = \Delta F/\Delta t$	$\varphi = \Delta\phi/\Delta t$
$\Psi = cte$	$\Delta\Psi = m \cdot \Delta S$	$\Delta Q = m \cdot \Delta V$	$\Delta F = m \cdot \Delta\alpha$	$\Delta\phi = m \cdot \Delta\beta$
$\Psi = m \cdot S$	$Q = m \cdot V$	$F = m \cdot \alpha$	$\phi = m \cdot \beta$	$\varphi = m \cdot \omega$

4- Equações Derivadas na Cinemática

No presente subtítulo, serão apresentadas todas as equações cinemáticas que foram deduzidas no decorrer do presente trabalho.

$$MU \left\{ V = \Delta S/\Delta t \right.$$

$$S = S_0 + V \cdot t$$

$$MUV \left\{ \alpha = \Delta V/\Delta t \right.$$

a) $V = V_0 + \alpha \cdot t$
b) $S = S_0 + V_0 \cdot t + \alpha \cdot t^2/2$
c) $V^2 = V_0^2 + 2\alpha \cdot \Delta S$

$$MdUV \left\{ \beta = \Delta\alpha/\Delta t \right.$$

a) $\alpha = \alpha_0 + \beta \cdot t$
b) $V = V_0 + \alpha_0 \cdot t + \beta \cdot t^2/2$
c) $S = S_0 + V_0 \cdot t + \alpha_0 \cdot t^2/2 + \beta \cdot t^3/6$
d) $\alpha^2 = \alpha_0^2 + 2\Delta S \cdot \beta$
e) $\alpha^3 = \alpha_0^3 + 6\Delta S \cdot \beta^2$

MDUV $\{\omega = \Delta\beta/\Delta t$

a) $\beta = \beta_0 + \omega \cdot t$

b) $\alpha = \alpha_0 + \beta_0 \cdot t + \omega \cdot t^2/2$

c) $V = V_0 + \alpha_0 \cdot t + \beta_0 \cdot t^2/2 + \omega \cdot t^3/6$

d) $S = S_0 + V_0 \cdot t + \alpha_0 \cdot t^2/2 + \beta_0 \cdot t^3/6 + \omega \cdot t^4/24$

e) $\beta^2 = \beta_0^2 + 2\Delta\alpha \cdot \omega^2$

f) $\beta^3 = \beta_0^3 + 6\Delta V \cdot \omega^2$

g) $\beta^4 = \beta_0^4 + 24\Delta S \cdot \omega^3$

5- Equações Derivadas na Dinâmica

No presente item será apresentada toda a equação dinâmica que foram deduzidas no decorrer do presente trabalho.

MU $\{Q = \Delta\Psi/\Delta t$

a) $\Delta\Psi = m \cdot \Delta S$

b) $\Psi = \Psi_0 + Q \cdot t$

c) $Q = m \cdot V$

MUV $\{F = \Delta Q/\Delta t$

a) $\Delta Q = m \cdot \Delta V$

b) $Q = Q_0 + F \cdot t$

c) $F = m \cdot \alpha$

d) $\Psi = \Psi_0 + Q_0 \cdot t + F \cdot t^2/2$

e) $Q^2 = Q_0^2 + 2F \cdot \Delta\Psi$

MdUV $\{\phi = \Delta F/\Delta t$

a) $\Delta F = m \cdot \Delta\alpha$

b) $F = F_0 + \phi \cdot t$

c) $\phi = m \cdot \beta$

d) $Q = Q_0 + F_0 \cdot t + \phi \cdot t^2/2$
e) $\Psi = \Psi_0 + Q_0 \cdot t + F_0 \cdot t^2/2 + \phi \cdot t^3/6$
f) $F^2 = F_0^2 + 2\Delta Q \cdot \phi$
g) $F^3 = F_0^3 + 6\Delta\Psi \cdot \phi^2$

MDUV $\{ \varphi = \Delta\alpha/\Delta t$

a) $\Delta\phi = m \cdot \Delta\beta$
b) $\phi = \phi_0 + \varphi \cdot t$
c) $\varphi = m \cdot \omega$
d) $F = F_0 + \phi_0 \cdot t + \varphi \cdot t^2/2$
e) $Q = Q_0 + F_0 \cdot t + Q_0 \cdot t^2/2 + \varphi \cdot t^3/6$
f) $\Psi = \Psi_0 + Q_0 \cdot t + F_0 \cdot t^2/2 + \phi_0 \cdot t^3/6 + \varphi \cdot t^4/24$
g) $\phi^2 = \phi_0^2 + 2\Delta F \cdot \varphi$
h) $\phi^3 = \phi_0^3 + 6\Delta Q \cdot \varphi^2$
i) $\phi^4 = \phi_0^4 + 24\Delta\Psi \cdot \varphi^3$

6- Tabela de Símbolos Cinemáticos

GRANDEZA	SÍMBOLO
Aceleração	α
Agilidade	ω
Celeridade	β
Espaço	S
Tempo	t
Velocidade	V

7- Tabela de Símbolos Dinâmicos

GRANDEZA	SÍMBOLO
Fluxo de força	ϕ
Força	F
Forcejo	φ
Massa	m
Momento espacial	Ψ
Quantidade de Movimento	Q

8- Glossário Cinemático

Aceleração: Avalia a variação da velocidade no decorrer do tempo.
Agilidade: Avalia a variação da celeridade no passar do tempo.
Celeridade: Avalia a variação da aceleração no decorrer do tempo.
Espaço: É a grandeza física que avalia a posição de um móvel numa trajetória.
Movimento: É a percepção da variação de posição de um corpo numa trajetória.
Tempo: É a medida da duração através de um fenômeno de freqüência regular.
Velocidade: É a grandeza vetorial que avalia a intensidade do movimento.

9- Glossário Dinâmico

Fluxo de Força: É a grandeza que avalia a variação de força aplicada sobre um móvel no decorrer do tempo.
Força: É a grandeza vetorial que atua ou atuou no movimento dos corpos.
Forcejo: É a grandeza que determina a variação do fluxo de força no passar do tempo.
Massa: É a medida da quantidade de matéria contida no corpo.
Quantidade de Movimento: É a grandeza que determina a variação do momento espacial no decorrer do tempo.

CAPÍTULO XI

GENERALIZAÇÃO

1- *Introdução*

No presente capítulo serão consideradas as equações fundamentais da Mecânica dentro dos símbolos e conceitos do *Cálculo Variável*, visando sua resolução e generalização.

2- *Primeira Variável Cinemática*

A primeira variável cinemática é caracterizada pela equação da velocidade que fundamenta o movimento uniforme.

No movimento uniforme a velocidade é igual ao quociente da variação de espaço, inversa pela variação de tempo.

Simbolicamente, o referido enunciado é expresso pela seguinte relação:

$$V = \Delta S / \Delta t$$

Considerando que ($t_0 = 0$), pode-se escrever que:

$$\Delta S = V \cdot t$$

Sabe-se que:

$$\Delta S = (S - S_0)$$

Substituindo convenientemente as duas últimas expressões, obtém-se a seguinte função:

$$S = S_0 + V \cdot t$$

3- *Segunda Variável Cinemática*

A segunda variável cinemática é caracterizada pela equação da aceleração que fundamenta o movimento uniformemente variado.

No movimento uniformemente variado, a aceleração é igual ao quociente da variação da velocidade, inversa pela variação de tempo.

Simbolicamente, o referido enunciado é expresso por:

$$\alpha = \Delta V/\Delta t$$

Pelos princípios do *Cálculo Variável*, pode-se escrever que:

$$\alpha = \Delta/\Delta t \cdot (\Delta S/\Delta t)$$

Portanto, pode-se escrever que:

$$\alpha = \Delta^2 S/\Delta t^2$$

Considerando que ($t_0 = 0$). Então se pode escrever que:

$$\Delta^2 S = \alpha \cdot t^2$$

Sabe-se que:

$$\Delta^2 S = 2(\Delta S - \Delta S_0)$$

Substituindo convenientemente as duas últimas expressões, vem que:

$$2(\Delta S - \Delta S_0) = \alpha \cdot t^2$$

Ou seja:

$$\Delta S - \Delta S_0 = \alpha \cdot t^2/2$$

Portanto, pode-se escrever que:

$$\Delta S = \Delta S_0 + \alpha \cdot t^2/2$$

Sabe-se que:

$$\Delta S_0 = V_0 \cdot t$$

Então, substituindo convenientemente as duas últimas expressões, resulta que:

$$\Delta S = V_0 + \alpha \cdot t^2/2$$

Foi demonstrado que:

$$\Delta S = (S - S_0)$$

Substituindo convenientemente as duas últimas expressões, obtém-se que:

$$S = S_0 + V_0 \cdot t + \alpha \cdot t^2/2$$

A referida expressão é a conhecida função espaço do movimento uniformemente variado.

4- *Terceira Variável Cinemática*

A terceira variável cinemática é caracterizada pela equação da celeridade que fundamenta o movimento dinâmico uniformemente variado.

No movimento dinâmico uniformemente variado, a celeridade é igual ao quociente da variação da aceleração pela variação de tempo.

Simbolicamente, o referido enunciado é expresso por:

$$\beta = \Delta\alpha/\Delta t$$

que: Pelos princípios do *Cálculo Variável* pode-se escrever

$$\beta = \Delta/\Delta t \, . \, (\Delta^2 S/\Delta t^2)$$

Portanto, resulta que:

$$\beta = \Delta^3 S/\Delta t^3$$

Considerando que ($t_0 = 0$). Então se pode escrever que:

$$\Delta^3 S = \beta \, . \, t^3$$

Sabe-se que:

$$\Delta^3 S = 6[(\Delta S - \Delta S_0) - 2(\Delta S - \Delta S_0)_0]$$

Substituindo convenientemente as duas últimas expressões, vem que:

$$6[(\Delta S - \Delta S_0) - 2(\Delta S - \Delta S_0)_0] = \beta \, . \, t^3$$

Ou seja:

$$(\Delta S - \Delta S_0) - 2(\Delta S - \Delta S_0)_0 = \beta \, . \, t^3/6$$

Logo, pode-se escrever que:

$$\Delta S - \Delta S_0 = 2(\Delta S - \Delta S_0)_0 + \beta \, . \, t^3/6$$

Também pode-se escrever que:

$$\Delta S = \Delta S_0 + 2(\Delta S - \Delta S_0)_0 + \beta . t^3/6$$

Entretanto, sabe-se que:

a) $\Delta S_0 = V_0 . t$
b) $2(\Delta S - \Delta S_0)_0 = \alpha_0 . t^2$

Substituindo convenientemente as três últimas expressões, obtém-se que:

$$\Delta S = V_0 . t + \alpha_0 . t^2/2 + \beta . t^3/6$$

Foi demonstrado que:

$$\Delta S = (S - S_0)$$

Substituindo convenientemente as duas últimas expressões, resulta que:

$$S = S_0 + V_0 . t + \alpha_0 . t^2/2 + \beta . t^3/6$$

A referida expressão representa a função espaço do movimento dinâmico uniformemente variado.

5- Quarta Variável Cinemática

A quarta variável cinemática é caracterizada pela equação da agilidade que fundamenta o movimento dinamizado uniformemente variado.

No movimento dinamizado uniformemente variado, a agilidade é igual ao quociente da variação da celeridade, inversa pela variação de tempo.

Simbolicamente, o referido enunciado é expresso pela seguinte relação:

$$\omega = \Delta\beta/\Delta t$$

Pelos princípios do *Cálculo Variável* pode-se escrever que:

$$\omega = \Delta/\Delta t \cdot (\Delta^3 S/\Delta t^3)$$

Portanto, resulta que:

$$\omega = \Delta^4 S/\Delta t^4$$

Considerando que ($t_0 = 0$). Então pode-se escrever que:

$$\Delta^4 S = \omega \cdot t^4$$

Sabe-se que:

$$\Delta^4 S = 24\{(\Delta S - \Delta S_0) - 6[(\Delta S - \Delta S_0) - 2(\Delta S - \Delta S_0)_0]_0\}$$

Substituindo convenientemente as duas últimas expressões, pode-se escrever que:

$$\{(\Delta S - \Delta S_0) - 6[(\Delta S - \Delta S_0) - 2(\Delta S - \Delta S_0)_0]_0 = \omega \cdot t^4/24$$

Logo, pode-se escrever que:

$$\Delta S - \Delta S_0 = 6[(\Delta S - \Delta S_0) - 2(\Delta S - \Delta S_0)_0]_0 + \omega \cdot t^4/24$$

Também se pode escrever que:

$$\Delta S = \Delta S_0 + 6[(\Delta S - \Delta S_0) - 2(\Delta S - \Delta S_0)_0]_0 + \omega \cdot t^4/24$$

Entretanto, sabe-se que:

a) $\Delta S_0 = V_0 \cdot t$

b) $2(\Delta S - \Delta S_0)_0]_0 = \alpha_0 \cdot t^2$

c) $6[(\Delta S - \Delta S_0) - 2(\Delta S - \Delta S_0)_0]_0 + \beta_0 \cdot t^3$

Substituindo convenientemente as quatro últimas expressões, resulta que:

$$\Delta S = V_0 \cdot t + \alpha_0 \cdot t^2/2 + \beta_0 \cdot t^3/6 + \omega \cdot t^4/24$$

Foi demonstrado que:

$$\Delta S = (S - S_0)$$

Substituindo convenientemente as duas últimas expressões, resulta que:

$$\Delta S = S_0 + V_0 \cdot t + \alpha_0 \cdot t^2/2 + \beta_0 \cdot t^3/6 + \omega \cdot t^4/24$$

A referida expressão representa a função espaço do movimento dinamizado uniformemente variado.

6- *Quadro de Generalização*

A seguir segue-se um quadro contendo as equações fundamentais generalizadas dentro do conceito de *Cálculo Variável*.

Partes da Mecânica	Movimento Uniforme	Movimento Uniformemente Variado	Movimento Dinâmico Uniformemente Variado	Movimento Dinamizado Uniformemente Variado
Cinemática	$V = \Delta S/\Delta t$	$\alpha = \Delta^2 S/\Delta t^2$	$\beta = \Delta^3 S/\Delta t^3$	$\omega = \Delta^4 S/\Delta t^4$
Dinâmica	$Q = \Delta\Psi/\Delta t$	$F = \Delta^2\Psi/\Delta t^2$	$\phi = \Delta^3\Psi/\Delta t^3$	$\varphi = \Delta^4\Psi/\Delta t^4$

7- Generalizações de Funções

A partir deste item serão apresentadas rapidamente algumas funções generalizadas, tomando por base o movimento dinamizado.

a) $S = \{[\omega . t^{n-0}/[6(n-0)]\} + \{[\beta_0 . t^{n-1}/[2(n-1)]\} + [\alpha_0 . t^{n-2}/(n-2)] +$
$[V_0 . t^{n-3}/(n-3)] + (S_0 . t^{n-n})$

b) $V = \{[\omega . t^{n-1}/[2(n-1)]\} + [\beta_0 . t^{n-2}/(n-2)] + [\alpha_0 . t^{n-3}/(n-3)] + (V_0 . t^{n-n})$

c) $\alpha = [\omega . t^{n-2}/(n-2)] + (\beta_0 . t^{n-3}) + (\alpha_0 . t^{n-n})$

d) $\Psi = \{[\varphi . t^{n-0}/[6(n-0)]\} + \{[\phi_0 . t^{n-1}/[2(n-1)]\} + [F_0 . t^{n-2}/(n-2)] +$
$[Q_0 . t^{n-3}/(n-3) + (\Psi_0 . t^{n-n})$

e) $Q = \{[\varphi . t^{n-1}/[2(n-1)]\} + [Q_0 . t^{n-2}/(n-2)] + [F_0 . t^{n-3}/(n-3)] + (Q_0 . t^{n-n})$

f) $F = [\varphi . t^{n-2}/(n-2)] + [\phi_0 . t^{n-3}/(n-3)] + (F_0 . t^{n-n})$

CAPÍTULO XII

EQUAÇÕES RELATIVISTICAS DOS MOVIMENTOS

1- *Introdução*

O presente capítulo tem por objetivo mostrar rapidamente algumas equações básicas dos mais diferentes tipos de movimentos estudados na presente obra. Todas apresentadas sob o ponto de vista da teoria da relatividade especial de Einstein.

2- *Equação Relativística da Quantidade de Movimento*

Demonstra-se que a quantidade de movimento de um corpúsculo que se desloca numa velocidade (V), relativamente a um observador, pode ser expressa por:

$$Q = m_0 . V/[\sqrt{1 - (V^2/c^2)}]$$

Onde a letra (m_0) representa a chamada *massa de repouso*, (c) representa a *velocidade da luz* e [$\sqrt{1 - (V^2/c^2)}$] representa o denominado *fator de escala*.

3- *Equação Relativística da Força*

Demonstra-se facilmente que a força na dinâmica relativística é obtida pelo cálculo da derivada da quantidade de movimento relativístico, em relação ao tempo.
Simbolicamente, pode-se escrever que:

$$F = d/dt\{m_0 . V/[\sqrt{1 - (V^2/c^2)}]\}$$

Nota-se, portanto, que a referida equação foi obtida a partir do princípio da conservação da quantidade de movimento.

4- *Equação Relativística do Fluxo de Força*

Verifica-se que o fluxo de força de um corpúsculo que se move com velocidade (V), em relação a um observador é igual ao cálculo da derivada segunda da quantidade de movimento relativístico, em relação ao tempo.

Simbolicamente pode-se demonstrar que:

$$\phi = dF/dt$$
$$\phi = d/dt(dQ/dt)$$
$$\phi = d^2Q/dt^2$$

Portanto, vem que:

$$\phi = d^2/dt^2\{m_0 \; . \; V/[\sqrt{1 - (V^2/c^2)}]\}$$

Observa-se que a definição de fluxo de força relativístico que atua sobre uma partícula foi deduzida a partir do princípio da conservação da quantidade de movimento.

5- *Equação Relativística do Forcejo*

Demonstra-se com relativa facilidade que o forcejo de um corpúsculo que se movimenta com velocidade (V), em relação a um referencial é igual ao cálculo da derivada terceira da quantidade de movimento relativístico, em relação ao tempo.

Simbolicamente, pode-se demonstrar a seguinte verdade:

$$\varphi = d\phi/dt$$

$$\varphi = d/dt(dF/dt)$$
$$\varphi = d^2F/dt^2$$
$$\varphi = d^2/dt^2(dQ/dt)$$
$$\varphi = d^3Q/dt^3$$

Assim, resulta que:

$$\varphi = d^3/dt^3\{m_0 . V/[\sqrt{1} - (V^2/c^2)]\}$$

Logo, fica claro que a equação do forcejo relativístico, que atua num corpúsculo foi deduzida a partir do princípio da conservação da quantidade de movimento.

Ceterum censeo Carthaginem esse delendam.

LIVRO IV

DINAMISMO DOS MOVIMENTOS

Estamos, no mundo natural, continuamente cercado de mistérios que não podemos penetrar.

Ellen Gould White
Escritora, conferencista, conselheira
e educadora norte-americana.
(1827-1915)

CAPÍTULO I

INTRODUÇÃO GERAL

1 - *Introdução*

Neste capítulo serão apresentados os conceitos gerais e necessários à compreensão de uma grande diversidade de movimento verificados sob a perspectiva da teoria do *Dinamismo*. Também será considerada a classificação de alguns tipos de movimento, bem como as equações fundamentais que regem cada um desses movimentos.

2 - *Dinamismo*

Dinamismo é a parte da Mecânica que estuda os mais diferentes tipos de movimento em relação às forças necessárias para os provocarem. Na verdade a teoria do Dinamismo generalizou e fundiu a *Cinemática* e a *Dinâmica* num único corpo teórico altamente consiste.

3 - *Força*

A *força* é o agente que provoca deformações e movimentos. E, conforme Robert Hook (1635-1703) descobriu, a intensidade de uma força é diretamente proporcional às deformações elásticas que provoca.

Simbolicamente o referido enunciado é expresso pela seguinte igualdade:

$$F = k \cdot x$$

4 - *Força Externa*

A *força externa* é a ação aplicada por uma fonte produtora qualquer sobre um corpo. E, conforme Isaac Newton (1642-1727) estabeleceu, a intensidade de força externa que atua sobre um corpo é igual ao produto existente entre a massa desse corpo pela aceleração adquirida.

Simbolicamente o referido enunciado é expresso pela seguinte igualdade:

$$F = m . \alpha$$

5 - Força Dinâmica

A *força dinâmica* é a resultante da força externa, após esta vencer a *força de inércia* exercida pelo corpo. E, conforme Leandro Bertoldo descobriu, a força dinâmica é definida como sendo igual ao produto existente entre uma constante universal, denominada por estímulo, pela aceleração que o corpo adquire.

Simbolicamente o referido enunciado é expresso pela seguinte igualdade:

$$f = e . \alpha$$

6 - Força de Inércia

A matéria exerce uma oposição à variação de movimento. Essa oposição é denominada por *força de inércia*. E, conforme Leandro Bertoldo estabeleceu, a força de inércia é definida como sendo igual à diferença entre a força externa pela força dinâmica.

Simbolicamente o referido enunciado é expresso pela seguinte igualdade:

$$I = F - f$$

A força de inércia aqui entendida é um conceito técnico diferente daquele defendido na obra de Isaac Newton.

7 - *Força Induzida*

A *força induzida* é a grandeza física responsável, de forma direta, pela velocidade adquirida pelos corpos. Tal força é comunicada ao móvel por um processo de *indução* oriunda, a princípio da ação da força externa. A força induzida apresenta a propriedade de se acumular e se conservar no móvel, mantendo o próprio movimento. Segundo os resultado obtidos por Leandro Bertoldo, a variação da força induzida é igual ao produto existente entre a força dinâmica pela variação de tempo.

O referido enunciado é expresso simbolicamente pela seguinte igualdade:

$$\Delta i = f \cdot \Delta t$$

Também pode ser demonstrado matematicamente que a força induzida é igual ao produto existente entre o estímulo pela velocidade do móvel. Simbolicamente o referido enunciado é expresso pela seguinte igualdade:

$$i = e \cdot V$$

Essa expressão matemática mostra que a força induzida e a velocidade de um corpo guardam uma relação de proporção. Quanto maior for a força induzida, tanto maior será a velocidade do móvel. Se a força induzida for nula a velocidade também será nula. Uma velocidade nula indica um corpo em repouso. Portanto, uma força induzida nula indica um corpo num estado inerte. Logo, na ausência de força induzida um corpo está em repouso.

8 - *Velocidade*

A *velocidade* é a grandeza física que avalia a *intensidade do movimento*. Desse modo, um movimento será tanto mais intenso quanto maior for a velocidade desenvolvida pelo móvel.

No movimento uniforme, a velocidade é definida matematicamente como sendo igual à relação existente entre a variação de espaço pela variação de tempo. Sendo que esse enunciado pode ser expresso simbolicamente pela seguinte relação:

$$V = \Delta S/\Delta t$$

9 - Aceleração

A *aceleração* é uma grandeza física que avalia a *variação de velocidade* no decorrer do tempo. Quanto maior for a aceleração tanto maior será a variação de velocidade de um móvel num intervalo de tempo.

No *movimento uniformemente variado*, a aceleração é definida matematicamente como sendo igual a relação entre a variação de velocidade pela variação de tempo.

O referido enunciado é expresso simbolicamente pela seguinte relação:

$$\alpha = \Delta V/\Delta t$$

10 - Celeridade

A *celeridade* é uma grandeza física que avalia a variação de aceleração no decorrer do tempo. Assim, quanto maior for a celeridade tanto maior será a variação de aceleração de um móvel num intervalo de tempo.

No *movimento dinâmico uniformemente variado*, a celeridade é definida matematicamente como sendo igual a relação entre a variação de aceleração pela variação de tempo.

Simbolicamente o referido enunciado é expresso pela seguinte relação:

$$\beta = \Delta\alpha/\Delta t$$

11 - *Agilidade*

A *agilidade* é uma grandeza física que avalia a variação de celeridade no decorrer do tempo. Dessa forma pode-se afirmar que quanto maior for a agilidade, tanto maior será a variação de celeridade do móvel num dado intervalo de tempo.

No *movimento dinamizado uniformemente variado*, a agilidade é igual ao quociente da variação da celeridade, inversa pela variação de tempo. O referido enunciado é expresso, simbolicamente, pela seguinte relação:

$$\omega = \Delta\beta/\Delta t$$

12 - *Quantidade Espacial*

No *repouso* a *quantidade espacial* é definida como sendo igual ao produto existente entre a massa pela posição ocupada pelo corpo.

Simbolicamente o referido enunciado é expresso pela seguinte igualdade:

$$\psi = m \, . \, S$$

Tal resultado dispensa maiores comentários tendo em vista que o mesmo já foi discutido no livro anterior.

13 - *Variação da Quantidade Espacial*

No *movimento uniforme* a *variação da quantidade espacial* é igual ao produto entre a massa do corpo pela variação de espaço.

Simbolicamente o referido enunciado é expresso pela seguinte igualdade:

$$\Delta\psi = m \cdot \Delta S$$

14 - Quantidade de Movimento

No *movimento uniforme* a *quantidade de movimento* é igual ao quociente da variação da quantidade espacial, inversa pela variação de tempo.

O referido enunciado é expresso simbolicamente pela seguinte relação:

$$Q = \Delta\psi/\Delta t$$

Como $(\Delta\psi = m \cdot \Delta S)$ e $(V = \Delta S/\Delta t)$, pode-se concluir que a quantidade de movimento é igual ao produto entre a massa do corpo por sua velocidade. Simbolicamente o referido enunciado é expresso pela seguinte igualdade:

$$Q = m \cdot V$$

15 - Variação da Quantidade de Movimento

No *movimento uniformemente variado* a *variação de quantidade de movimento* é igual ao produto entre a massa do corpo por sua variação de velocidade. O referido enunciado é expresso de forma simbólica pela seguinte igualdade:

$$\Delta Q = m \cdot \Delta V$$

16 - Força Externa e Quantidade de Movimento

No *movimento uniformemente variado*, a *força externa* que atua sobre um corpo é igual ao quociente da variação da quantidade de movimento, inversa pela variação de tempo.

Simbolicamente o referido enunciado é expresso pela seguinte relação:

$$F = \Delta Q / \Delta t$$

Como ($\Delta Q = m \cdot \Delta t$) e ($\Delta V = \alpha \cdot \Delta t$), pode-se afirmar que a força externa aplicada sobre um corpo é igual ao produto entre sua massa pela aceleração adquirida.

Simbolicamente o referido enunciado é expresso pela seguinte igualdade:

$$F = m \cdot \alpha$$

17 - *Variação de Força Externa*

No *movimento dinâmico uniformemente variado*, a força externa sofre uma *variação* igual ao produto entre a massa desse corpo pela variação de aceleração que apresenta.

Simbolicamente o referido enunciado é expresso pela seguinte igualdade:

$$\Delta F = m \cdot \Delta \alpha$$

18 - *Fluxo de Força*

No *movimento dinâmico uniformemente variado* o *fluxo de força* é igual ao quociente da variação da força externa, inversa pela variação de tempo. Sendo que o referido enunciado é expresso simbolicamente pela seguinte relação:

$$\phi = \Delta F / \Delta t$$

Como ($\Delta F = m \cdot \Delta \alpha$) e ($\Delta \alpha = \beta \cdot \Delta t$), pode-se concluir que o fluxo de força é igual ao produto existente entre a massa do corpo por sua celeridade. Simbolicamente o referido enunciado é expresso pela seguinte igualdade:

$$\phi = m \cdot \beta$$

19 - *Variação do Fluxo de Força*

No *movimento dinamizado uniformemente variado* a *variação do fluxo de força* é igual ao produto da massa do corpo pela variação da celeridade. O referido enunciado é expresso, simbolicamente, pela seguinte igualdade:

$$\Delta\phi = m \cdot \Delta\beta$$

20 - *Forcejo*

No *movimento dinamizado uniformemente variado* o *forcejo* é igual ao quociente da variação de fluxo de força, inversa pela variação de tempo.

o referido enunciado é expresso simbolicamente pela seguinte relação:

$$\varphi = \Delta\phi/\Delta t$$

Como $(\Delta\phi = m \cdot \Delta\beta)$ e $(\Delta\beta = \omega \cdot \Delta t)$, pode-se concluir que o forcejo é igual ao produto existente entre a massa do corpo por sua agilidade.

Simbolicamente o referido enunciado é expresso pela seguinte igualdade:

$$\varphi = m \cdot \omega$$

21 - *Classificação dos Movimentos*

Os mais diferentes tipos de movimentos são classificados conforme os efeitos da ação das forças externas aplicadas sobre o móvel.

Na presente obra será considerada a avaliação dos fenômenos que ocorrem em quatro categorias de movimentos, a saber:

I - Movimento Uniforme

No movimento uniforme a força externa aplicada sobre o corpo, cessa de atuar e a força induzida passa a permanecer constante e conservada no movimento. Nessas condições tem-se o seguinte resultado:

$$F = 0 \Rightarrow i = cte$$

II - Movimento Uniformemente Variado

No movimento uniformemente variado a força externa aplicada sobre um corpo permanece constante e atuante, provocando o efeito de uma força dinâmica constante.

$$F = cte \Rightarrow f = cte$$

III - Movimento Dinâmico Uniformemente Variado

No movimento dinâmico uniformemente variado a força externa aplicada sobre o corpo varia uniformemente no decorrer do tempo, ocasionando uma intensificação de força constante.

$$F = Var\ (t) \Rightarrow \eta = cte$$

IV - Movimento Dinamizado Uniformemente Variado

O movimento dinamizado uniformemente variado é caracterizado pela ação de uma força externa aplicada sobre o corpo e que varia uniformemente com o quadrado do tempo, provocando uma impulsão de força constante.

$$F = Var\ (t^2) \Rightarrow \mu = cte$$

CAPÍTULO II

REPOUSO

1 - *Introdução*

O presente capítulo procura apresentar o estudo do *repouso* dentro do contexto da ciência do *Dinamismo*. Aqui serão considerados alguns conceitos fundamentais à compreensão da mecânica do movimento e do estado de *repouso* de um corpo.

2 - *Ponto Material*

Considera-se *ponto material* qualquer corpo cujas formas e dimensões são totalmente desprezadas por não interferirem na análise do movimento.

3 - *Móvel*

Todo e qualquer corpo ou ponto material em movimento é denominado por *móvel*.

4 - *Massa*

A *massa* é uma grandeza escalar definida como sendo a *quantidade de matéria* que um corpo encerra.

5 - *Posição*

A *posição* é a *localização* de um ponto material no espaço. Ela fica perfeitamente determinada pela distância desse ponto em relação a um referencial (ponto de referência).

6 - *Trajetória*

A *trajetória* pode ser definida como sendo o *percurso descrito* por um ponto material em movimento. Também se trata de um conceito que depende de um sistema de referência.

7 - *Referencial*

Para a avaliação de qualquer movimento é absolutamente necessário estabelecer um *referencial*. Desse modo, o referencial é um ponto qualquer em relação ao qual considera-se o comportamento de um móvel.

8 - *Movimento*

Um *ponto material* está em movimento em relação a um referencial, quando a sua posição *varia* com o passar do tempo. Logo, o conceito de movimento é relativo ao sistema de referência.

9 - *Repouso*

Um corpo está em *repouso* quando a sua posição em relação a um referencial *não* se modifica com o decorrer do tempo. Portanto, o conceito de repouso é relativo ao sistema de referência.

10 - *Espaço*

O *espaço* é uma grandeza física associada ao movimento que permite *avaliar* a variação de posição de um ponto material.

11 - *Variação de Espaço*

A *variação de espaço* é a diferença matemática existente entre a posição posterior pela anterior. Simbolicamente o referido enunciado é expresso pela seguinte igualdade:

$$\Delta S = S - S_0$$

12 - *Tempo*

O *tempo* é uma grandeza fundamental na Física, pois boa parte dos fenômenos é analisada em relação à variação de tempo.

A idéia de tempo, a princípio, é intuitiva. Sua noção básica é caracterizada pelo conceito subjetivo da sensação do *antes* e do *depois*. É avaliado quantitativamente de forma incidental por meio de qualquer fenômeno que se repete de forma uniforme e regular, como por exemplo, o ciclo do dia e da noite.

13 - *Variação de Tempo*

A *variação de tempo* é igual a diferença matemática existente entre um instante *posterior* por um instante *anterior*. O referido enunciado é expresso, simbolicamente, pela seguinte igualdade:

$$\Delta t = t - t_0$$

14 - *Posição Dinâmica*

Por uma questão de simetria entre os diferentes tipos de movimentos, define-se uma grandeza física denominada por *posição dinâmica*. Ela é igual ao produto entre o estímulo pela posição do ponto material.

Simbolicamente o referido enunciado é expresso pela seguinte equação:

$$\gamma = e \, . \, S$$

15 - Propriedades do Repouso

O repouso possui algumas propriedades interessantes, a saber:

a) Para cada ponto material do universo, a posição dinâmica é constante.

b) O ponto material não possui movimento.

c) O ponto material não apresenta força induzida.

16 - Força Externa

No *repouso* a *força externa é vazia*. Ou seja, neste universo não existe forças que venham a ser aplicada sobre qualquer ponto material.

Simbolicamente o conceito de força externa vazia é expresso por:

$$F = (\ )$$

Não existindo forças externas, também não há propriedades cinemáticas ou dinâmicas.

17 - Relação entre Posição Dinâmica e Quantidade Espacial

Na presente obra foi apresentada a seguinte verdade:

a) $\psi = m \, . \, S$

b) $\gamma = e \, . \, S$

Dividindo membro a membro as referidas expressões, resulta que:

$$\psi/\gamma = m \cdot S/e \cdot S$$

Eliminando os termos em evidência, vem que:

$$\psi/\gamma = m/e$$

Portanto, pode-se escrever que:

$$\gamma = e \cdot \psi/m$$

Assim pode-se afirmar que a posição dinâmica é diretamente proporcional à quantidade espacial e inversamente proporcional à massa do corpo. A constante de proporcionalidade é denominada por *estímulo*.

CAPÍTULO III

MOVIMENTO UNIFORME

1 - *Introdução*

No presente capítulo será considerado o estudo do *movimento uniforme*. Será discutida a causa desse movimento, bem como a sua relação com a força induzida. Também serão apresentadas as principais equações que caracterizam esse movimento.

2 - *Velocidade*

A *velocidade* é uma grandeza física que mede a variação de posição de um móvel no decorrer do tempo.

Desse modo em um instante (t_1) sua posição corresponde a (S_1) e num instante posterior (t_2) sua posição corresponde a (S_2). No intervalo de tempo $(\Delta t = t_2 - t_1)$, a variação de posição $(\Delta S = S_2 - S_1)$ é denominada por *espaço*.

Assim, a velocidade é definida como sendo igual ao quociente da variação de posição, inversa pela variação de tempo.

Simbolicamente o referido enunciado é expresso pela seguinte relação:

$$V = \Delta S / \Delta t$$

3 - *Característica do Movimento Uniforme*

No movimento uniforme o móvel percorre *distâncias iguais* em intervalos de *tempos iguais*. Nestas condições sua velocidade media em qualquer intervalo de tempo é *constante* e sempre igual à velocidade instantânea em qualquer instante.

Simbolicamente o referido enunciado é expresso pela seguinte relação:

$$V_m = V$$

4 - Quantidade de Movimento

No movimento uniforme o *espaço* varia uniformemente no decorrer do tempo. Portanto pode-se definir uma grandeza física denominada por *quantidade de movimento*.

No movimento uniforme a quantidade de movimento é igual ao quociente da variação do momento espacial, inversa pela variação de tempo.

Simbolicamente o referido enunciado é expresso pela seguinte relação:

$$Q = \Delta\psi/\Delta t$$

5 - Quantidade de Movimento Médio

A *quantidade de movimento* é uma grandeza física associada à dinâmica dos corpos em movimento uniforme e avalia a variação do momento espacial no decorrer do tempo.

No movimento uniforme o móvel apresenta momentos espaciais iguais em intervalos de tempo iguais. Assim a quantidade de movimento médio em qualquer intervalo de tempo permanece constante, sendo igual à quantidade de movimento em qualquer instante.

Simbolicamente o referido enunciado é expresso pela seguinte igualdade:

$$Q_m = Q$$

6 - Força Induzida

No presente estudo ficou bem definido que no movimento uniforme a velocidade de um móvel é igual a relação entre a variação de espaço pela variação de tempo.

Simbolicamente o referido enunciado é expresso pela seguinte igualdade:

$$V = \Delta S/\Delta t$$

Porém, nesse movimento, o espaço varia uniformemente no decurso do tempo. Isto significa que a posição dinâmica também varia uniformemente no decorrer do tempo. Simbolicamente pode-se escrever que:

$$\gamma_2 - \gamma_1 = e . (S_2 - S_1)$$

Desse modo chega-se à definição de uma grandeza física denominada por *força induzida*.

No movimento uniforme a força induzida transportada por um móvel é igual ao quociente da variação da posição dinâmica, inversa pela variação de tempo. Simbolicamente o referido enunciado é expresso pela seguinte relação:

$$i = \Delta\gamma/\Delta t$$

Logo se pode concluir que a força induzida é uma grandeza física associada ao Dinamismo dos corpos em movimento uniforme e avalia a variação da posição dinâmica do móvel no decorrer do tempo.

Assim, no movimento uniforme, o móvel apresenta posições dinâmicas iguais em intervalos de tempos iguais.

7 - *Força Induzida Média e Instantânea*

No movimento uniforme a posição dinâmica varia de forma uniforme no decorrer do tempo. A força induzida transportada pelo móvel nesse tipo de movimento é medida pela variação da posição dinâmica em relação ao tempo.

Desse modo no movimento uniforme a força induzida é constante no decorrer do tempo. Portanto, a força induzida instantânea é a própria força induzida média. Simbolicamente o referido enunciado é expresso pela seguinte igualdade:

$$i = i_m$$

8 - Relação entre Velocidade e Força Induzida

Na presente obra foi apresentada a seguinte verdade:

a) $i = \Delta\gamma/\Delta t$
b) $V = \Delta S/\Delta t$

Substituindo convenientemente as duas últimas expressões, vem que:

$$i/V = \Delta\gamma/\Delta S$$

9 - Relação entre Força Induzida e Quantidade de Movimento

No presente estudo foi demonstrada a realidade das seguintes definições:

a) $i = \Delta\gamma/\Delta t$
b) $Q = \Delta\psi/\Delta t$

Substituindo convenientemente as duas últimas expressões, vem que:

$$Q/i = \Delta\psi/\Delta\gamma$$

10 - Equação da Posição Dinâmica

No capítulo anterior da presente obra ficou claro que a posição dinâmica é definida como sendo igual ao produto entre o estímulo pela posição de um ponto material.

Simbolicamente o referido enunciado é expresso pela seguinte igualdade:

$$\gamma = e \cdot S$$

Porém, no movimento uniforme, a posição dinâmica varia uniformemente no decorrer do tempo, indicando uma variação de espaço que ocorre de forma uniforme com o passar do tempo.

Portanto, seja (γ_1) a posição dinâmica do móvel num ponto (S_1). Seja (γ_2) a posição dinâmica do móvel num novo ponto (S_2).

Logo, para o movimento uniforme, a posição dinâmica pode ser expressa pela seguinte equação:

$$\Delta\gamma = e \cdot \Delta S$$

Desse modo, no movimento uniforme, a variação de posição dinâmica é igual ao produto existente entre o estímulo pela variação de espaço sofrida pelo móvel.

11 - *Equação da Força Induzida*

Na presente obra foi demonstrada a realidade das seguintes equações:

a) $i/V = \Delta\gamma/\Delta S$
b) $e = \Delta\gamma/\Delta S$

Substituindo convenientemente as duas últimas expressões, resulta que:

$$e = i/V$$

Ou seja:

$$i = e \cdot V$$

Logo, pode-se concluir que a força induzida num móvel em movimento uniforme é constante e igual ao produto existente entre seu estímulo pela velocidade que adquire.

A referida expressão é a equação fundamental que caracteriza a dinâmica do movimento uniforme.

12 - *Relação (I)*

Na presente obra foi demonstrada a seguinte verdade:

a) $Q/i = \Delta\psi/\Delta\gamma$
b) $\Delta\psi = m \cdot \Delta S$
c) $\Delta\gamma = e \cdot \Delta S$

Substituindo convenientemente as três últimas expressões, vem que:

$$m \cdot \Delta S/e \cdot \Delta S = Q/i$$

Eliminando os termos em evidência, vem que:

$$m/e = Q/i$$

Portanto pode-se escrever que:

$$i = e \cdot Q/m$$

Assim conclui-se que a força induzida é diretamente proporcional à quantidade de movimento e inversamente proporcional à massa do móvel.

Nesta expressão a constante de proporcionalidade é o próprio *estímulo*.

13 - *Relação (II)*

No presente estudo foi considerada a seguinte realidade:

a) $\Delta S/\Delta\gamma = Q/i$
b) $Q = m \cdot V$
c) $i = e \cdot V$

Substituindo convenientemente as três últimas expressões, vem que:

$$\Delta S/\Delta\gamma = m \cdot V/e \cdot V$$

Eliminando os termos em evidência, vem que:

$$\Delta S/\Delta\gamma = m/e$$

Portanto, pode-se escrever que:

$$\Delta\gamma = e \cdot \Delta S/m$$

Assim conclui-se que a variação de posição dinâmica é diretamente proporcional à variação de espaço e inversamente proporcional à massa do móvel.

Nesta expressão a constante de proporcionalidade é denominada por *estímulo*.

14 - *Força dinâmica no Movimento Uniforme*

No movimento uniforme a força dinâmica é *nula* e a força induzida é *constante*.

Como o móvel está em movimento uniforme, isto significa que no passado ele esteve sob a ação de uma força dinâmica, mas essa força deixou de atuar, ou seja, tornou-se nula.

Simbolicamente o referido enunciado é expresso pela seguinte igualdade:

$$f = 0$$

Logo, num movimento uniforme qualquer, a força dinâmica que atua num móvel é nula. Esta é a característica fundamental desse tipo de movimento.

15 - *Posição Dinâmica Média*

A posição dinâmica, no intervalo de tempo ($\Delta t = t_2 - t_1$), é a média aritmética entre a posição dinâmica (γ_1) no início do intervalo de tempo e a posição dinâmica (γ_2) no final desse intervalo.

Simbolicamente o referido enunciado é expresso pela seguinte relação matemática:

$$\gamma_m = (\gamma_1 + \gamma_2)/2$$

A referida expressão para a posição dinâmica média é válida somente quando a posição dinâmica instantânea varia linearmente com o decorrer do tempo, ou seja, quando a força induzida é constante.

Quando esse fenômeno ocorre, a posição dinâmica média é a média aritmética de (γ_1) e (γ_2). Ela representa uma propriedade característica do movimento uniforme.

16 - *Classificação do Movimento Uniforme*

A posição dinâmica apresentada por um móvel pode ser positiva ou negativa. É positiva quando ($\gamma_1 > \gamma_2$) e, negativa quando ($\gamma_1 < \gamma_2$). É evidente que o sinal da variação da posição dinâmica determina o sinal da força induzida.

Diante desta situação o movimento uniforme pode ser classificado da seguinte maneira:

I - Movimento Progressivo

No movimento progressivo a força induzida é *positiva*. Isto indica que o móvel desloca-se a *favor* da orientação positiva da posição dinâmica ($\gamma_1 > \gamma_2$). Portanto pode-se escrever que: **(i > 0)**

II - Movimento Retrógrado

No movimento retrógrado a força induzida é *negativa*. Logo conclui-se que o móvel desloca-se *contra* a orientação positiva da posição dinâmica ($\gamma_1 < \gamma_2$). Assim pode-se escrever que: **(i < 0)**

17 - *Função Posição Dinâmica (I)*

No movimento uniforme a força induzida é definida como sendo igual à relação entre a variação da posição dinâmica pela variação de tempo. Simbolicamente o referido enunciado é expresso pela seguinte relação:

$$i = \Delta\gamma/\Delta t$$

Porém, sabe-se que:

a) $\Delta\gamma = \gamma_2 - \gamma_1$
b) $\Delta t = t_2 - t_1$

Portanto pode-se escrever que:

$$i = (\gamma_2 - \gamma_1)/(t_2 - t_1)$$

Entretanto, se ($t_1 = 0$) então a posição dinâmica (γ_1) é denominada por *posição dinâmica inicial*, sendo indicada por (γ_0).

E sendo (t) um instante qualquer, tem-se em correspondência a posição dinâmica (γ) caracterizada no instante considerado.

Portanto a última expressão pode ser escrita da seguinte maneira:

$$i = (\gamma - \gamma_0)/t$$

O que resulta na seguinte função:

$$\gamma = \gamma_0 + i \cdot t$$

A referida função relaciona a variação de posição dinâmica no decorrer do tempo. Nela (γ_0) e (i) são grandezas físicas constantes e, logicamente, a cada valor de (t) há um correspondente valor de (γ).

18 - Função Posição Dinâmica (II)

No presente estudo foi demonstrada a seguinte verdade:

a) $\Delta\gamma = e \cdot \Delta s$
b) $\Delta S = V \cdot t$

Substituindo convenientemente as duas últimas expressões, resulta que:

$$\Delta\gamma = e \cdot V \cdot t$$

Porém, como ($\Delta\gamma = \gamma - \gamma_0$), pode-se escrever que:

$$\gamma = \gamma_0 + e \cdot V \cdot t$$

A referida função estabelece o valor da posição dinâmica em relação ao tempo. Nela as grandezas físicas (γ_0), (e) e

(V) são constantes e a cada valor de (t) obtém-se um correspondente valor de (γ).

19 - *Função Posição Dinâmica (III)*

No presente capítulo foi demonstrada a realidade da seguinte expressão:

$$\Delta\gamma = e \cdot \Delta S$$

Porém, sabe-se que:

a) $\Delta\gamma = \gamma - \gamma_0$
b) $\Delta S = S - S_0$

Substituindo convenientemente as três últimas expressões, pode-se escrever que:

$$\gamma = \gamma_0 + e \cdot (S - S_0)$$

A referida função relaciona a posição dinâmica no espaço assumido pelo móvel. Nela, as grandezas físicas (γ_0), (e) e (s_0), são constantes e, portanto, a cada valor de (S) há um correspondente valor de (γ).

CAPÍTULO IV

MOVIMENTO UNIFORMEMENTE VARIADO

1 - *Introdução*

No presente capítulo serão consideradas as principais propriedades do Dinamismo no *movimento uniformemente variado*.

Este tipo de movimento é caracterizado por uma força dinâmica de intensidade constante no decorrer do tempo.

Aqui será analisado o conceito de força dinâmica, bem como a sua relação com as diversas propriedades dos fenômenos que envolvem o movimento uniformemente variado.

2 - *Aceleração*

No movimento uniformemente variado a velocidade do móvel sofre variações uniformes no decorrer do tempo. E para avaliar a variação dessa velocidade, define-se uma grandeza física denominada por *aceleração*.

A aceleração é uma grandeza física associada à cinemática que avalia a variação da velocidade do móvel no decorrer do tempo. Ela é definida como sendo igual ao quociente da variação de velocidade, inversa pela variação de tempo.

O referido enunciado é expresso simbolicamente pela seguinte relação:

$$\alpha = \Delta V / \Delta t$$

3 - *Movimento Uniformemente Variado e Aceleração*

No movimento uniformemente variado, a velocidade do móvel varia de forma uniforme no decorrer do tempo. Nestas condições, o móvel apresenta velocidades iguais em intervalos de tempos iguais. Em outros termos, a variação de velocidade é sempre a mesma dentro do mesmo intervalo de tempo.

Assim a aceleração média é constante com o decorrer do tempo e caracteriza a própria aceleração desse movimento.

Simbolicamente o referido enunciado é expresso pela seguinte igualdade:

$$\alpha_m = \alpha$$

Nesse movimento a força dinâmica que resulta no móvel é constante no decorrer do tempo.

4 - *Força Externa*

No movimento uniformemente variado, a velocidade sofre variações uniformes no decurso do tempo. Isto indica que a quantidade de movimento também sofre variações de forma uniforme no decorrer do tempo.

Com este fundamento pode-se definir uma grandeza física denominada por *força externa*.

A força externa aplicada sobre um móvel é definida como sendo igual ao quociente da variação da quantidade de movimento, inversa pela variação de tempo.

Simbolicamente o referido enunciado é expresso pela seguinte relação:

$$F = \Delta Q / \Delta t$$

Desse modo a força externa aplicada sobre um móvel é uma grandeza física associada à dinâmica dos corpos. Ela avalia a variação da quantidade de movimento do móvel no decorrer do tempo.

5 - *Força Externa Média*

No movimento uniforme variado a força externa é constante no decorrer do tempo. Portanto o móvel sofre variações de quantidade de movimento iguais em intervalos de tempo iguais. Desse modo a força externa média calculada em qualquer intervalo de tempo apresenta a mesma intensidade.

Simbolicamente o referido enunciado pode ser expresso pela seguinte igualdade:

$$F_m = F$$

6 - *Força Dinâmica*

Quando o movimento é uniformemente variado, sua aceleração é constante com o tempo. Isto implica que a força dinâmica que resulta é constante no decorrer do tempo.

Sabe-se que a aceleração de um corpo em movimento uniformemente variado é igual ao quociente da variação da velocidade, inversa pela variação de tempo.

Simbolicamente o referido enunciado é expresso pela seguinte relação:

$$\alpha = \Delta V / \Delta t$$

Como a velocidade varia uniformemente no decurso do tempo, isto implica que a força induzida no móvel também varia de forma uniforme no decorrer do tempo.

Com tal fundamento pode-se definir uma grandeza física denominada por *força dinâmica*.

A força dinâmica que resulta no móvel é definida como sendo igual ao quociente da variação da força induzida, inversa pela variação de tempo. Simbolicamente o referido enunciado é expresso pela seguinte relação:

$$f = \Delta i/\Delta t$$

Portanto conclui-se que a força dinâmica é uma grandeza física associada à dinâmica dos corpos e avalia a variação da força induzida num móvel no decorrer do tempo.

7 - Movimento Uniforme Variado e Força Dinâmica

No movimento uniformemente variado, a força induzida varia uniformemente no decorrer do tempo. Nestas circunstâncias, o móvel apresenta força induzida iguais em intervalos de tempo iguais. Portanto, a variação de força induzida é sempre a mesma dentro do mesmo intervalo de tempo.

Logo a força dinâmica média é constante com o tempo e caracteriza a própria força dinâmica do movimento.

Simbolicamente o referido enunciado é expresso pela seguinte igualdade:

$$f_m = f$$

Neste tipo de movimento a força dinâmica que resulta é constante no decorrer do tempo.

8 - Força Induzida Média

No movimento uniformemente variado a força induzida média de um móvel, num intervalo de tempo qualquer, é igual à média aritmética entre a força induzida inicial e final neste intervalo.

Simbolicamente o referido enunciado é expresso pela seguinte relação:

$$i_m = (i_1 + i_2)/2$$

É evidente que a referida expressão caracteriza uma propriedade exclusiva de um corpo em movimento uniformemente variado.

9 - *Movimento Estimulado e Destimulado*

Dentro do conceito do Dinamismo, a força dinâmica é uma grandeza algébrica podendo ser positiva ou negativa, conforme a força induzida seja positiva ou negativa.

Em termos dinamisticos, o movimento pode ser estimulado ou destimulado.

No movimento estimulado o módulo da força induzida do móvel aumenta no decorrer do tempo. Já no chamado movimento destimulado, o módulo da força induzida do móvel diminui no decorrer do tempo.

10 - *Classificação do Movimento*

Como já foi esclarecido, o sinal da força dinâmica está na dependência do sinal da variação da força induzida. Para isso é necessário convencionar uma orientação da trajetória. Nestas condições o movimento estimulado pode ser progressivo ou retrógrado. O mesmo ocorrendo com o movimento destimulado.

Uma análise geral do movimento uniformemente variado permite estabelecer a seguinte classificação:

a) Movimento estimulado progressivo: **(i > 0); (f > 0)**

b) Movimento estimulado retrógrado: **(i < 0); (f < 0)**

c) Movimento destimulado progressivo: **(i > 0); (f < 0)**

d) Movimento destimulado retrógrado: **(i < 0); (f > 0)**

Portanto conclui-se que para classificar o movimento é necessário comparar os sinais da força induzida e da força dinâmica.

11 - *Relação entre Força Dinâmica e Aceleração*

No presente estudo foi apresentada a seguinte verdade:

a) $f = \Delta i/\Delta t$
b) $\alpha = \Delta V/\Delta t$

Substituindo convenientemente as duas últimas expressões, vem que:

$$f/\alpha = \Delta i/\Delta V$$

12 - *Relação entre Força Dinâmica e Força Externa*

Na presente obra foram definidas as seguintes realidades:

a) $f = \Delta i/\Delta t$
b) $F = \Delta Q/\Delta t$

Substituindo convenientemente as duas últimas expressões resulta que:

$$f/F = \Delta i/\Delta Q$$

13 - *Equação da Força Induzida*

O estudo do movimento uniforme permitiu estabelecer que a força induzida apresentada por um móvel é igual ao produto existente entre o estímulo pela velocidade que o móvel apresenta.

Simbolicamente o referido enunciado é expresso pela seguinte equação:

$$i = e \cdot V$$

Na referida expressão a força induzida é constante no decorrer do tempo. Já no movimento uniformemente variado a força induzida que atua no móvel varia uniformemente no decorrer do tempo. Eis que sua velocidade também varia de forma uniforme no decorrer do tempo.

Assim, a equação anterior pode ser escrita da seguinte forma:

$$\Delta i = e \cdot \Delta V$$

Portanto no movimento uniformemente variado, a variação da força induzida é igual ao produto existente entre o estímulo pela variação de velocidade.

14 - *Relação (I)*

Foi demonstrado no presente capítulo que:

a) $F/f = \Delta Q / \Delta i$
b) $\Delta i = e \cdot \Delta V$
c) $\Delta Q = m \cdot \Delta V$

Substituindo convenientemente as três últimas expressões, vem que:

$$F/f = m \cdot \Delta V / e \cdot \Delta V$$

Eliminando os termos em evidência, resulta que:

$$F/f = m/e$$

Portanto pode-se escrever que:

$$f = e \cdot F/m$$

Assim conclui-se que a força dinâmica é diretamente proporcional à força externa aplicada sobre o móvel e inversamente proporcional à massa desse móvel.

Nesta fórmula a constante de proporcionalidade é denominada por estímulo.

15 - *Relação (II)*

No presente tratado foi demonstrado que:

a) $F/f = \Delta Q/\Delta i$
b) $F = m \cdot \alpha$
c) $f = e \cdot \alpha$

Substituindo convenientemente as três últimas expressões, vem que:

$$m \cdot \alpha/e \cdot \alpha = \Delta Q/\Delta i$$

Eliminando os termos em evidência, resulta que:

$$m/e = \Delta Q/\Delta i$$

Portanto pode-se escrever que:

$$\Delta i = e \cdot \Delta Q/m$$

Assim conclui-se que a variação da força induzida é diretamente proporcional à quantidade de movimento e inversamente proporcional à massa do móvel. A constante de proporcionalidade é denominada por estímulo.

16 - *Equação Fundamental do Movimento Uniformemente Variado*

No presente estudo foi demonstrada a realidade das seguintes expressões:

a) $f/\alpha = \Delta i/\Delta V$
b) $e = \Delta i/\Delta V$

Substituindo convenientemente as duas últimas expressões, resulta que:

$$e = f/\alpha$$

Ou seja:

$$f = e \cdot \alpha$$

Portanto conclui-se que no movimento uniformemente variado, a força dinâmica que resulta da força externa é igual ao produto existente entre o estímulo pela aceleração adquirida.

Toda vez que a força dinâmica for constante, isto indica que a força induzida apresentada pelo móvel varia uniformemente no decorrer do tempo.

17 - *Função Força Dinâmica (I)*

No movimento uniformemente variado, a força dinâmica de um móvel é constante no decorrer do tempo. Nesta condição ela é definida como sendo igual ao quociente da variação de força induzida, inversa pela variação de tempo.

Simbolicamente o referido enunciado é expresso por:

$$f = (i - i_0)/(t - t_0)$$

Considerando que em ($t_0 = 0$), tem-se neste instante uma força induzida inicial (i_0) e em ($t \neq 0$), tem-se uma força induzida (i). Logo se pode escrever que:

$$f = (i - i_0)/t$$

Portanto resulta na seguinte função:

$$i = i_0 + f \cdot t$$

A referida função caracteriza a variação de força induzida no decorrer do tempo. Nela as grandezas (i_0) e (f) são constantes e a cada valor de tempo (t) tem-se um correspondente valor de força induzida (i).

18 - *Função Força Dinâmica (II)*

Sabe-se que a velocidade de um móvel em movimento uniformemente variado é expressa pela seguinte equação:

$$V = V_0 + \alpha \cdot t$$

Entretanto como ($\Delta V = V - V_0$), pode-se escrever que:

$$\Delta V = \alpha \cdot t$$

Também foi demonstrado que a variação da força induzida do móvel animado num movimento uniformemente variado é expressa por:

$$\Delta i = e \cdot \Delta V$$

Substituindo convenientemente as duas últimas expressões, vem que:

$$\Delta i = e \cdot \alpha \cdot t$$

Como ($\Delta i = i - i_0$), pode-se escrever que:

$$i = i_0 + e \cdot \alpha \cdot t$$

Nesta função a grandeza (i_0) representa a força induzida inicial, (e) o estímulo e (α) aceleração. Tais valores são constantes e, portanto, a cada valor de tempo (t) corresponde a um valor de força induzida (i).

Pela equação cinemática de Galileu Galilei (1564-1642), sabe-se que:

$$V = \alpha \cdot t$$

Portanto, substituindo convenientemente as duas últimas expressões pode-se escrever que:

$$i = i_0 + e \cdot V$$

Nesta função a grandeza (i_0) representa a força induzida inicial, a letra (e) caracteriza o estímulo e (V) a velocidade do móvel, a qual varia uniformemente no decorrer do tempo correspondendo a um valor de força induzida (i).

19 - *Função Posição Dinâmica (I)*

Sabe-se que o movimento uniformemente variado é caracterizado por uma força dinâmica constante com o tempo. Esse tipo de movimento apresenta uma força induzida que varia uniformemente conforme indica a seguinte função:

$$i = i_0 + f \cdot t$$

Entretanto a referida expressão não esclarece como a posição dinâmica varia com o decorrer do tempo. Logo para que a descrição dinâmica do movimento uniformemente variado seja completa é necessário conhecer a função da posição dinâmica.

$$\gamma = h\ (t)$$

Demonstra-se graficamente que a referida função é do segundo grau em (t), com a seguinte forma:

$$\gamma = \gamma_0 + i_0 . t + f . t^2/2$$

Para demonstrar como adveio a referida expressão considere os seguintes passos:

$$i_m = (i + i_0)/2$$

Sabendo-se que:

$$\Delta\gamma = i_m . t$$

Portanto pode-se escrever que:

$$\Delta\gamma = (i + i_0) . t/2$$

Porém, também se sabe que:

$$i = i_0 + f . t$$

Assim, substituindo convenientemente as duas últimas expressões, obtém-se que:

$$\Delta\gamma = (i_0 + f . t + i_0) . t/2$$

Logo vem que:

$$\Delta\gamma = (2i_0 + f \cdot t) \cdot t/2$$

Eliminando o termo em evidência, pode-se concluir que:

$$\gamma - \gamma_0 = i_0 \cdot t + f \cdot t^2/2$$

Portanto resulta que:

$$\gamma = \gamma_0 + i_0 \cdot t + f \cdot t^2/2$$

Na referida função (γ_0) representa a posição dinâmica inicial, (i_0) a força induzida inicial e, (f) é a força dinâmica constante desse movimento. A cada valor de (t) obtém-se um correspondente valor de (γ).

20 - *Função Posição Dinâmica (II)*

A variação de posição dinâmica é definida como sendo igual ao produto existente entre o estímulo pela variação do espaço percorrido pelo móvel. Simbolicamente o referido enunciado é expresso pela seguinte equação:

$$\Delta\gamma = e \cdot \Delta S$$

Sabe-se que no movimento uniformemente variado a função espaço é expressa por:

$$\Delta S = V_0 \cdot t + \alpha \cdot t^2/2$$

Substituindo convenientemente as duas últimas expressões, vem que:

$$\Delta\gamma = e \, . \, (V_0 \, . \, t + \alpha \, . \, t^2/2)$$

Como $(\Delta\gamma = \gamma - \gamma_0)$, vem que:

$$\gamma = \gamma_0 + e \, . \, (V_0 \, . \, t + \alpha \, . \, t^2/2)$$

A referida função define a posição dinâmica no movimento uniformemente variado.

21 - *Equação Independente do Tempo*

As funções dinâmicas que caracterizam o movimento uniformemente variado são as seguintes:

a) $\gamma = \gamma_0 + i_0 \, . \, t + f \, . \, t^2/2$
b) $i = i_0 + f \, . \, t$

Simplificando as referidas expressões, pode-se escrever que:

c) $\Delta\gamma = f \, . \, t^2/2$
d) $\Delta i = f \, . \, t$

Substituindo convenientemente as duas últimas expressões e eliminando a grandeza (t), resulta na seguinte igualdade:

$$t = \Delta i/f$$

Que elevado ao quadrado, resulta em:

$$t^2 = \Delta i^2/f^2$$

Substituindo convenientemente a referida expressão em (c), vem que:

$$\Delta\gamma = f \cdot \Delta i^2 / 2f^2$$

Eliminando os termos em evidência, pode-se escrever que:

$$\Delta\gamma = \Delta i^2 / 2f$$

Ou seja:

$$\Delta i^2 = 2f \cdot \Delta\gamma$$

Portanto conclui-se que:

$$i^2 = i_0^2 + 2f \cdot \Delta\gamma$$

Na referida expressão, (i_0^2) é a força induzida inicial e, (f) é a força dinâmica que resulta no móvel e possui uma intensidade constante. Portanto, a cada valor de ($\Delta\gamma$) obtém-se um correspondente valor de força induzida (i^2).

22 - *Força de inércia (I)*

Na presente obra foi demonstrada que:

a) $I = F - f$
b) $F = m \cdot \alpha$
c) $f = e \cdot \alpha$

Substituindo convenientemente as três últimas expressões, vem que:

$$I = (m - e) \cdot \alpha$$

A referida expressão permite concluir que a força de inércia varia com a massa do corpo e com sua aceleração.

23 - *Força de Inércia (II)*

No presente estudo foi apresentada a realidade das seguintes equações:

a) $I = F - f$
b) $F = \Delta Q / \Delta t$
c) $f = \Delta i / \Delta t$

Substituindo convenientemente as três últimas expressões, resulta na seguinte igualdade:

$$I = (\Delta Q - \Delta i)/\Delta t$$

CAPÍTULO V

MOVIMENTO DINÂMICO UNIFORMEMENTE VARIADO

1 - *Introdução*

Neste capítulo serão analisados os principais conceitos do Dinamismo aplicados ao Movimento Dinâmico Uniformemente Variado. Será discutida a noção de forças que variam uniformemente no decorrer do tempo com os efeitos que advém de tal fenômeno.

Neste capítulo serão consideradas três definições básicas desse movimento, a saber: celeridade, fluxo de força e intensificação.

2 - *Movimento Dinâmico Variado*

No movimento dinâmico variado, a força dinâmica apresentada por um móvel varia no decorrer do tempo. Isto provoca o aparecimento de uma celeridade variável. Nestas circunstâncias a celeridade média varia com o intervalo de tempo e, portanto, deve ser considerada em intervalos de tempo extraordinariamente pequenos, para que se possa obter a *celeridade instantânea*.

3 - *Movimento Dinâmico Uniformemente Variado.*

Se a força dinâmica apresentada pelo móvel sofre variações uniformes no decorrer do tempo, então se pode concluir que a celeridade média calculada em qualquer intervalo de tempo é sempre a mesma. Logo, a celeridade média é a própria celeridade do movimento. Neste caso o movimento é chamado *Movimento Dinâmico Uniformemente Variado*.

4 - Celeridade

A celeridade é uma grandeza física associada ao movimento. Ela avalia a variação da aceleração do móvel no decorrer do tempo.

Seja então, (α_1) a aceleração do móvel num instante (t_1) e, (α_2) a aceleração num instante (t_2). Desse modo a celeridade (β) é definida como sendo igual à relação entre a variação de aceleração pela variação de tempo correspondente.

Simbolicamente o referido enunciado é expresso pela seguinte relação:

$$\beta = (\alpha - \alpha_0)/(t - t_0)$$

Como ($\Delta\alpha = \alpha - \alpha_0$) e ($\Delta t = t - t_0$), pode-se escrever que:

$$\beta = \Delta\alpha/\Delta t$$

Logo conclui-se que o móvel é submetido a acelerações iguais em intervalos de tempos iguais, ou seja, a variação de aceleração apresenta sempre o mesmo valor dentro do mesmo intervalo de tempo.

5 - Celeridade Média e Instantânea

Sempre que o móvel for submetido a acelerações iguais em intervalos de tempos iguais, a celeridade média é constante no decorrer do tempo e representa a própria celeridade do movimento.

Simbolicamente o referido enunciado é expresso pela seguinte igualdade:

$$\beta_m = \beta$$

Evidentemente, existe celeridade sempre que a aceleração de um móvel sofrer variação seja aumentando ou diminuindo.

6 - *Fluxo de Força*

Quando o movimento é dinâmico uniformemente variado, com a celeridade constante, conclui-se que existe uma força externa sendo aplicada no móvel, e que varia uniformemente no decorrer do tempo.

Desse modo define-se o fluxo de força como sendo igual ao quociente da variação da força externa aplicada sobre o móvel, inversa pela variação de tempo. O referido enunciado é expresso simbolicamente pela seguinte relação:

$$\phi = \Delta F/\Delta t$$

Portanto, o fluxo de força é uma grandeza física associada à dinâmica dos corpos e mede a variação de força externa aplicada sobre o móvel no decorrer do tempo.

7 - *Fluxo de Força Média e Instantânea*

Pelo que se depreende, o móvel é submetido à ação de forças externas de intensidades iguais em intervalos de tempos iguais. Logo, o fluxo de força médio em qualquer intervalo de tempo apresenta o mesmo valor. Ou seja, no movimento dinâmico uniformemente variado o fluxo de força média é constante no decorrer do tempo e representa o próprio fluxo de força do movimento. Simbolicamente o referido enunciado é expresso pela seguinte igualdade:

$$\phi_m = \phi$$

8 - *Intensificação de Força*

Como a aceleração sofre variações uniformes no decorrer do tempo, isto indica que a força dinâmica do móvel está variando uniformemente no decorrer do tempo. Logo se pode definir uma nova grandeza física denominada por *intensificação de força*.

Essa intensificação é definida como sendo igual ao quociente da variação de força dinâmica, inversa pela variação de tempo.

Simbolicamente, o referido enunciado é expresso pela seguinte relação:

$$\eta = \Delta f / \Delta t$$

Portanto, a intensificação de força é uma grandeza física associada ao Dinamismo dos corpos que avalia a variação da força dinâmica de um móvel no decorrer do tempo.

9 - *Intensificação Média e Instantânea*

Dentro dos parâmetros supra mencionados, o móvel é submetido à ação de forças dinâmicas iguais em intervalos de tempos iguais. Portanto, concluí-se que a intensificação média em qualquer intervalo de tempo apresenta sempre o mesmo valor. Logo, no movimento dinâmico uniformemente variado, a intensificação de força é constante no decorrer do tempo e representa a própria intensificação de força do movimento.

O referido enunciado é expresso simbolicamente pela seguinte igualdade:

$$\eta_m = \eta$$

10 - *Força Dinâmica Média*

No movimento dinâmico uniformemente variado, a força dinâmica média, no intervalo de tempo ($\Delta t = t_2 - t_1$), é a média aritmética entre a força dinâmica (f_1) no início do intervalo de tempo e a força dinâmica (f_2) no final desse intervalo. Simbolicamente o referido enunciado é expresso pela seguinte relação matemática:

$$f_m = (f_1 + f_2)/2$$

Quando a intensificação de força é constante, a força dinâmica média em qualquer intervalo de tempo é igual à média aritmética entre as força dinâmicas inicial e final neste intervalo.

A equação supra mencionada representa uma propriedade básica do movimento dinâmico uniformemente variado.

11 - *Classificação do Movimento*

Sob a óptica do Dinamismo, o movimento dinâmico uniformemente variado pode ser classificado em função da força induzida (i), da força dinâmica (f) e da intensificação de força (η), conforme a seguinte relação:

a) Movimento Estimulado Progressivo Propagado:
$$(i > 0); (f > 0); (\eta > 0)$$
b) Movimento Estimulado Retrógrado Propagado:
$$(i < 0); (f < 0); (\eta < 0)$$
c) Movimento Destimulado Progressivo Propagado:
$$(i > 0); (f < 0); (\eta < 0)$$
d) Movimento Destimulado Progressivo Regressivo:
$$(i > 0); (f < 0); (\eta > 0)$$
e) Movimento Destimulado Retrógrado Propagado:
$$(i < 0); (f > 0); (\eta > 0)$$
f) Movimento Destimulado Retrógrado Regressivo:

$$(i < 0); (f > 0); (\eta < 0)$$

Disso conclui-se que para analisar um movimento dinâmico uniformemente variado é necessário comparar os sinais algébricos da força induzida (i), da força dinâmica (f) e da intensificação (η).

Isto indica que as grandezas do Dinamismo são também grandezas algébricas, podendo ser negativas ou positivas.

12 - *Relação entre Intensificação e Celeridade*

Foi demonstrada no presente estudo a seguinte verdade:

a) $\beta = \Delta\alpha/\Delta t$
b) $\eta = \Delta f/\Delta t$

Substituindo convenientemente as duas últimas expressões resulta na seguinte igualdade:

$$\eta/\beta = \Delta f/\Delta\alpha$$

13 - *Relação entre Intensificação e Fluxo de Força*

Foi apresentada na presente obra a seguinte realidade:

a) $\eta = \Delta f/\Delta t$
b) $\phi = \Delta F/\Delta t$

Substituindo convenientemente as duas últimas expressões, resulta que:

$$\phi/\eta = \Delta F/\Delta f$$

14 - *Variação da Força Dinâmica*

O Dinamismo demonstra que a força dinâmica resultante num móvel é igual ao produto existente entre o estímulo pela aceleração adquirida.

Simbolicamente o referido enunciado é expresso pela seguinte equação:

$$f = e \cdot \alpha$$

A referida expressão é válida para o movimento uniformemente variado. Porém, no movimento dinâmico uniformemente variado, a força dinâmica varia no decorrer do tempo, provocando o aparecimento de uma aceleração que varia uniformemente no decorrer do tempo.

Assim, seja (f_1) a força dinâmica que produz uma aceleração (α_1) e, (f_2) a força dinâmica que provoca uma aceleração (α_2). Logo a expressão anterior pode ser escrita da seguinte forma:

$$\Delta f = e \cdot \Delta \alpha$$

Portanto pode-se concluir que a variação de força dinâmica de um móvel em movimento dinâmico uniformemente variado é igual ao estímulo multiplicado pela variação da aceleração produzida.

15 - *Equação Fundamental do Movimento Dinâmico*

No presente estudo foi demonstrado que:

a) $\eta/\beta = \Delta f/\Delta \alpha$
b) $e = \Delta f/\Delta \alpha$

Substituindo convenientemente as duas últimas expressões, vem que:

$$e = \eta/\beta$$

Ou seja:

$$\eta = e \cdot \beta$$

Portanto conclui-se que a intensificação de força de um móvel em movimento dinâmico uniformemente variado é igual ao produto existente entre o estímulo pela celeridade.

O referido resultado representa o princípio fundamental do movimento dinâmico uniformemente variado.

Toda vez que a celeridade for constante, isto indica que a força dinâmica que resulta no móvel varia uniformemente no decorrer do tempo.

16 - *Relação (I)*

No presente tratado foi demonstrada a seguinte verdade:

a) $\phi/\eta = \Delta F/\Delta f$
b) $\Delta f = e \cdot \Delta\alpha$
c) $\Delta F = m \cdot \Delta\alpha$

Substituindo convenientemente as três últimas expressões, vem que:

$$\phi/\eta = m \cdot \Delta\alpha/e \cdot \Delta\alpha$$

Eliminando os termos em evidência, resulta que:

$$\phi/\eta = m/e$$

Portanto pode-se escrever que:

$$\eta = e \cdot \phi/m$$

Assim conclui-se que a intensificação de força é diretamente proporcional ao fluxo de força externa e inversamente proporcional à massa do móvel.

Na referida expressão a constante de proporcionalidade é denominada por estímulo.

17 - *Relação (II)*

Na presente obra foi demonstrada a realidade das seguintes expressões:

a) $\phi/\eta = \Delta F/\Delta f$
b) $\phi = m \cdot \beta$
c) $\eta = e \cdot \beta$

Substituindo convenientemente as três últimas expressões, vem que:

$$m \cdot \beta/e \cdot \beta = \Delta F/\Delta f$$

Eliminando os termos em evidência, resulta que:

$$m/e = \Delta F /\Delta f$$

Portanto pode-se escrever que:

$$\Delta f = e \cdot \Delta F/m$$

Assim conclui-se que a variação de força dinâmica de um móvel é diretamente proporcional à variação da força externa aplicada sobre o móvel e inversamente proporcional à massa desse móvel.

Na referida expressão a constante de proporcionalidade é denominada por estímulo.

18 - *Função Dinâmica (I)*

No estudo do movimento dinâmico uniformemente variado demonstra-se que a variação de aceleração de um móvel é expressa por:

$$\Delta\alpha = \beta \cdot t$$

Também ficou claro que a variação da força dinâmica de um móvel em movimento dinâmico uniformemente variado é expresso pela seguinte igualdade:

$$\Delta f = e \cdot \Delta\alpha$$

Substituindo convenientemente as duas últimas expressões, resulta que:

$$\Delta f = e \cdot \beta \cdot t$$

Como ($\Delta f = f - f_0$), vem que:

$$f = f_0 + e \cdot \beta \cdot t$$

Nesta função as grandezas (f_0) força dinâmica inicial, (e) estímulo e (β) celeridade são constantes e, portanto, a cada valor de tempo (t), há um correspondente valor na força dinâmica (f).

19 - *Função Dinâmica (II)*

No estudo do movimento dinâmico uniformemente variado pode-se constatar que a força dinâmica que se manifesta num móvel sofre uma variação uniforme no decorrer do tempo, com uma intensificação de força constante expressa pela seguinte relação:

$$\eta = (f - f_0)/(t - t_0)$$

Considerando que em $(t_0 = 0)$, tem-se uma força dinâmica (f_0) e em $(t \neq 0)$, tem-se uma força dinâmica (f), então se pode escrever que:

$$\eta = (f - f_0)/t$$

Que resulta na seguinte função:

$$f = f_0 + \eta \cdot t$$

A referida função expressa a natureza existente entre a variação de força dinâmica no decorrer do tempo. Nelas as grandezas (f_0) e (η) são constantes e, portanto, cada valor de tempo (t), há um correspondente valor de intensidade de força dinâmica (f).

20 - *Função Dinâmica (III)*

Na presente obra foi demonstrada a seguinte verdade:

$$\Delta f = e \cdot \Delta \alpha$$

Porém, sabe-se que:

a) $\Delta f = f - f_0$
b) $\Delta \alpha = \alpha - \alpha_0$

Substituindo convenientemente as três últimas expressões, vem que:

$$f - f_0 = e \cdot (\alpha - \alpha_0)$$

Portanto pode-se escrever que:

$$f = f_0 + e \cdot (\alpha - \alpha_0)$$

A referida função caracteriza a natureza existente entre a variação de força dinâmica com a variação de aceleração de força dinâmica com a variação de aceleração. Nela as grandezas (f_0), (e) e (α_0) são constantes e, portanto, cada valor de aceleração (α), há um correspondente valor de intensidade de força dinâmica (f).

21 - *Função Força Induzida (I)*

Ficou demonstrado que o movimento dinâmico uniformemente variado é caracterizado por uma intensificação de força escalar constante com o tempo e força dinâmica variável conforme indica a seguinte função:

$$f = f_0 + \eta \cdot t$$

Entretanto a referida função não informa como a força induzida varia no decorrer do tempo. Para isto é necessário estabelecer a chamada função força induzida:

$$i = h(t)$$

A função força induzida desse movimento é uma função do segundo grau em (t), conforme apresenta a seguinte equação:

$$i = i_0 + f_0 \cdot t + \eta \cdot t^2/2$$

O advento da referida expressão apresenta a seguinte demonstração:

$$f_m = (f + f_0)/2$$

Sabendo-se que:

$$\Delta i = f_m \cdot t$$

Portanto pode-se escrever que:

$$\Delta i = (f + f_0) \cdot t/2$$

Porém, também se sabe que:

$$f = f_0 + f \cdot t$$

Assim, substituindo convenientemente as duas últimas expressões, obtém-se que:

$$\Delta i = (f_0 + \eta \cdot t + f_0) \cdot t/2$$

Logo vem que:

$$\Delta i = (2f_0 + \eta \cdot t) \cdot t/2$$

Eliminando o termo em evidência, pode-se concluir que:

$$i - i_0 = f_0 \cdot t + \eta \cdot t^2/2$$

Portanto resulta que:

$$i = i_0 + f_0 \cdot t + \eta \cdot t^2/2$$

Sendo que (i_0) é a força induzida inicial, (f_0) é a força dinâmica inicial e, (η) é a intensificação de força constante no movimento dinâmico uniformemente variado.

22 - Equação da Força Dinâmica ao Quadrado

Foi demonstrado que a força induzida (i) e a força dinâmica (f) de um móvel em movimento dinâmico uniformemente variado, sofrem variações no decorrer do tempo, conforme as seguintes funções indicam:

a) $i = i_0 + f_0 . t + \eta . t^2/2$

b) $f = f_0 + \eta . t$

Simplificando as referidas expressões, pode-se escrever que:

c) $\Delta i = \eta . t^2/2$

d) $\Delta f = \eta . t$

Substituindo convenientemente as duas últimas expressões e eliminando a grandeza (t), resulta na seguinte demonstração:

$$t = \Delta f/\eta$$

Que elevada ao quadrado, resulta em:

$$t^2 = \Delta f^2/\eta^2$$

Substituindo convenientemente a referida expressão em (c), vem que:

$$\Delta i = \eta . \Delta f^2/2\eta^2$$

Eliminando os termos em evidência, pode-se escrever que:

$$\Delta i = \Delta f^2/2\eta$$

Ou seja:

$$\Delta f^2 = 2\eta . \Delta i$$

Logo conclui-se que:

$$f^2 = f_0^2 + 2\eta . \Delta i$$

Esta é a denominada equação da força dinâmica ao quadrado para o movimento dinâmico uniformemente variado.

23 - *Função Posição Dinâmica (I)*

Foi demonstrado na presente obra que a variação de posição dinâmica é igual ao produto existente entre o valor do estímulo pela variação de espaço percorrido pelo móvel.

Simbolicamente o referido enunciado é expresso pela seguinte equação:

$$\Delta\gamma = e . \Delta S$$

Sabe-se que no movimento dinâmico uniformemente variado, a variação de espaço é expresso pela seguinte equação:

$$\Delta S = V_0 . t + \alpha . t^2/2 + \beta . t^3/6$$

Substituindo convenientemente as duas últimas expressões, resulta que:

$$\gamma = \gamma_0 + e \cdot (V_0 \cdot t + \alpha_0 \cdot t^2/2 + \beta \cdot t^3/6)$$

A referida função representa a grandeza física chamada por *posição dinâmica* de um móvel em movimento dinâmico uniformemente variado.

24 - *Função Força Induzida (II)*

Sabe-se que a variação de força induzida num móvel é igual ao produto existente entre o valor do estímulo pela variação da velocidade.

O referido enunciado é expresso simbolicamente pela seguinte igualdade:

$$\Delta i = e \cdot \Delta V$$

Demonstra-se que no movimento dinâmico uniformemente variado que a variação de velocidade de um móvel é expressa pela seguinte equação:

$$\Delta V = \alpha_0 \cdot t + \beta \cdot t^2/2$$

Substituindo convenientemente as duas últimas expressões resulta que:

$$i = i_0 + e \cdot (\alpha_0 \cdot t + \beta \cdot t^2/2)$$

A referida expressão caracteriza a força induzida num móvel em movimento dinâmico uniformemente variado.

25 - *Função Posição Dinâmica (II)*

No movimento dinâmico uniformemente variado demonstra-se que a posição dinâmica (γ) assumida por um móvel no decorrer do tempo é uma função do terceiro grau em (t), conforme a seguinte expressão:

$$\gamma = \gamma_0 + i_0 . t + f_0 . t^2/2 + \eta . t^3/6$$

Observe a seguinte demonstração algébrica:

$$i_m = (i + i_0)/2$$

Sabendo-se que:

$$\Delta\gamma = i_m . t$$

Portanto o espaço percorrido pelo móvel é caracterizado por:

$$\Delta\gamma = (i + i_0) . t/2$$

Porém, também se sabe que:

$$i = i_0 + f_0 . t + \eta . t^2/2$$

Assim, substituindo convenientemente as duas últimas expressões, obtém-se que:

$$\Delta\gamma = (i_0 + f_0 . t + \eta . t^2/2 + i_0) . t/2$$

Logo vem que:

$$\Delta\gamma = (2i_0 + f_0 . t + \eta . t^2/2) . t/2$$

Eliminando o termo em evidência, pode-se concluir que:

$$\gamma - \gamma_0 = i_0 . t + f_0 . t^2/2 + \eta . t^3/4$$

Portanto resulta que:

$$\gamma = \gamma_0 + i_0 \cdot t + f_0 \cdot t^2/2 + \eta \cdot t^3/4$$

Ocorre que o cálculo integral exige a seguinte correção:

$$\gamma = \gamma_0 + i_0 \cdot t + f_0 \cdot t^2/2 + \eta \cdot t^3/6$$

Observa-se que (γ_0) é a posição dinâmica inicial, (i_0) é a força induzida e, (η) é a intensificação de força constante do movimento dinâmico uniformemente variado.

26 - *Equação da Força Dinâmica ao Cubo*

A função posição dinâmica anterior pode ser simplificada para a seguinte relação:

$$\Delta\gamma = \eta \cdot t^3/6$$

Sabe-se que:

$$t^3 = \Delta f^3/\eta^3$$

Substituindo convenientemente as duas últimas expressões e eliminando os termos em evidência resulta que:

$$\Delta\gamma = \Delta f^3/6\eta^2$$

Portanto resulta que:

$$f^3 = f_0^3 + 6\eta^2 \cdot \Delta\gamma$$

Esta é a denominada equação da força dinâmica ao cubo, característica particular do movimento dinâmico uniformemente variado.

27 - *Variação da Força de Inércia (I)*

No movimento dinâmico uniformemente variado, as seguintes equações são verdadeiras:

a) $\Delta I = \Delta F - \Delta f$
b) $\Delta F = \phi \cdot \Delta t$
c) $\Delta f = \eta \cdot \Delta t$

Substituindo convenientemente as três últimas expressões, resulta que:

$$\Delta I = (\phi - \eta) \cdot \Delta t$$

28 - *Variação da Força de Inércia (II)*

Na presente obra foi demonstrada a seguinte verdade:

a) $\Delta I = \Delta F - \Delta f$
b) $\Delta F = m \cdot \Delta \alpha$
c) $\Delta f = e \cdot \Delta \alpha$

Substituindo convenientemente as três últimas expressões, resulta que:

$$\Delta I = (m - e) \cdot \Delta \alpha$$

CAPÍTULO VI

MOVIMENTO DINAMIZADO UNIFORMEMENTE VARIADO

1 - *Introdução*

Neste capítulo será considerado o estudo dos fenômenos que emergem quando a celeridade e intensificação de força sofrem variações uniformes no decorrer do tempo. Será analisado o comportamento da força induzida e da força dinâmica nesse tipo de movimento.

2 - *Agilidade*

É evidente que a celeridade de um móvel pode sofrer variações no decorrer do tempo. Por este motivo define-se uma grandeza física denominada por *agilidade*.

Portanto, considere um móvel sob a ação de forças externas de tal modo que, num intervalo de tempo ($\Delta t = t - t_0$) sua celeridade (β) sofra uma variação ($\Delta\beta = \beta - \beta_0$).

Assim a agilidade é definida como sendo igual ao quociente da variação de celeridade, inversa pela variação de tempo correspondente à variação da celeridade. Simbolicamente o referido enunciado é expresso pela seguinte relação:

$$\omega = \Delta\beta/\Delta t$$

Como o presente capítulo considera o estudo dos fenômenos, a agilidade é constante no decorrer do tempo, portanto o móvel apresenta celeridades iguais em intervalos de tempos iguais.

3 - *Movimento Dinamizado Variado*

Se o movimento dinâmico variado não for uniforme, então o fluxo de força externa varia, provocando o aparecimento de uma celeridade variável.

Entretanto, se o fluxo de força externa aplicada sobre o móvel variar de forma uniforme no decorrer do tempo, então a celeridade varia de força uniforme no decorrer do tempo.

Desse modo a agilidade média calculada em qualquer intervalo de tempo será sempre a mesma. Nestas condições o movimento do móvel é denominado por *movimento dinamizado uniformemente variado*.

Portanto a agilidade média é constante no decorrer do tempo e representa a própria agilidade do movimento.

Simbolicamente o referido enunciado é expresso pela seguinte igualdade:

$$\omega_m = \omega$$

4 - *Forcejo*

No movimento dinamizado uniformemente variado a celeridade varia uniformemente no decorrer do tempo. Isto implica que o fluxo de força externa também varia uniformemente no decorrer do tempo.

Desse modo, pode-se definir uma grandeza física denominada por *forcejo*. Essa grandeza avalia a variação do fluxo de força no decorrer do tempo.

Assim o forcejo é definido como sendo igual ao quociente da variação do fluxo de força externa, inversa pela variação de tempo.

Simbolicamente o referido enunciado é expresso pela seguinte relação:

$$\varphi = \Delta\phi/\Delta t$$

Logo, no movimento dinamizado uniformemente variado, o forcejo é constante no decorrer do tempo. Pois o móvel é submetido à ação de fluxos de forças externas iguais em intervalos de tempos iguais. Assim, o forcejo médio em qualquer intervalo de tempo apresenta sempre o mesmo valor.

5 - *Forcejo Médio e Instantâneo*

O forcejo médio calculado em qualquer intervalo de tempo será sempre o mesmo. Nesta situação o movimento do móvel é denominado por *movimento dinamizado uniformemente variado*.

Portanto, o forcejo médio é constante no decorrer do tempo e representa o próprio forcejo do movimento.

Simbolicamente o referido enunciado é expresso pela seguinte relação:

$$\varphi_m = \varphi$$

6 - *Impulsão da Força*

Quando o movimento é dinamizado uniformemente variado, com agilidade constante, conclui-se que o fluxo de força aplicada sobre o móvel varia uniformemente no decorrer do tempo.

O presente trabalho foi bastante objetivo em estabelecer que a agilidade de um móvel é igual ao quociente da variação da celeridade, inversa pela variação de tempo.

Simbolicamente o referido enunciado é expresso pela seguinte relação:

$$\omega = \Delta\beta/\Delta t$$

Como a celeridade varia uniformemente no decorrer do tempo, isto indica que a intensificação de força também varia uniformemente no decorrer do tempo.

Portanto, pode-se definir uma grandeza física denominada por *impulsão de força*, que avalia a intensificação de força no decorrer do tempo.

A impulsão de força é definida como sendo igual ao quociente da variação da intensificação de força, inversa pela variação de tempo.

Simbolicamente o referido enunciado é expresso pela seguinte relação:

$$\mu = \Delta\eta/\Delta t$$

Desse modo, no movimento dinamizado uniformemente variado a impulsão da força é constante no decorrer do tempo. Desta forma o móvel é submetido à ação de intensificação de forças iguais em intervalos de tempos iguais. Portanto a impulsão de força média em qualquer intervalo de tempo apresenta o mesmo valor.

7 - *Impulsão Média e Instantânea*

Sabe-se que a impulsão média calculada em qualquer intervalo de tempo será sempre o mesmo. Nestas condições o movimento do móvel é denominado por *movimento dinamizado uniformemente variado*.

Logo, a impulsão de força média é constante no decorrer do tempo e representa a própria impulsão de força instantânea desse movimento.

Simbolicamente o referido enunciado é expresso pela seguinte igualdade:

$$\mu_m = \mu$$

8 - *Intensificação de Força Média*

No movimento dinamizado uniformemente variado, a intensificação média, em um intervalo de tempo, é calculada como sendo igual à média aritmética das intensificações nos instantes que definem o intervalo.

Simbolicamente o referido enunciado é expresso pela seguinte igualdade:

$$\eta_m = (\eta_1 + \eta_2)/2$$

A referida expressão representa uma propriedade básica do movimento dinamizado uniformemente variado.

9 - *Relação entre Impulsão e Agilidade*

No presente capítulo foi apresentada a seguinte verdade:

a) $\mu = \Delta\eta/\Delta t$
b) $\omega = \Delta\beta/\Delta t$

Substituindo convenientemente as duas últimas expressões, obtém-se que:

$$\mu/\omega = \Delta\eta/\Delta\beta$$

10 - *Relação entre Impulsão e Forcejo*

No presente capítulo foi demonstrado que:

a) $\mu = \Delta\eta/\Delta t$
b) $\varphi = \Delta\phi/\Delta t$

Substituindo convenientemente as duas últimas expressões, vem que:

$$\Delta\phi/\Delta\eta = \varphi/\mu$$

11 - *Equação da Intensificação de Força*

No estudo do movimento dinâmico uniformemente variado foi demonstrado que a intensificação de força de um móvel é igual ao produto entre o estímulo pela celeridade. Simbolicamente o referido enunciado é expresso pela seguinte igualdade:

$$\eta = e \cdot \beta$$

Ocorre que no movimento dinamizado uniformemente variado, a intensificação de força varia de forma uniforme no decorrer do tempo, caracterizado pelo aparecimento de uma celeridade que varia uniformemente no decorrer do tempo.

Portanto, seja (η_1) a intensificação de força que produz uma celeridade (β_1) e, seja (η_2) a intensificação de força que produz um celeridade (β_2). Logo, para o movimento dinamizado uniformemente variado, a equação anterior deve obrigatoriamente ser escrita da seguinte forma:

$$\Delta\eta = e \cdot \Delta\beta$$

Assim pode-se afirmar que no movimento dinamizado uniformemente variado, a variação da intensificação de força que atua sobre um móvel é igual ao produto entre o estímulo pela variação da celeridade produzida.

12 - *Equação Básica do Movimento Dinamizado Uniformemente Variado*

Na presente obra foi demonstrada a seguinte verdade:

a) $\mu/\omega = \Delta\eta/\Delta\beta$
b) $e = \Delta\eta/\Delta\beta$

Substituindo convenientemente as duas últimas expressões, resulta que:

$$e = \mu/\omega$$

Então se pode escrever que:

$$\mu = e \cdot \omega$$

Assim pode-se concluir que a impulsão de uma força é igual ao produto entre o estímulo pela agilidade que o móvel apresenta.

Toda vez que a agilidade for constante, isto indica que a intensificação de força varia uniformemente no decorrer do tempo.

A expressão anterior caracteriza a equação básica do movimento dinamizado uniformemente variado.

13 - *Relação (I)*

Na presente obra foi demonstrada a realidade das seguintes expressões:

a) $\varphi/\mu = \Delta\phi/\Delta\eta$
b) $\varphi = m \cdot \omega$
c) $\mu = e \cdot \omega$

Substituindo convenientemente as três últimas expressões, vem que:

$$m \cdot \omega/e \cdot \omega = \Delta\phi/\Delta\eta$$

Eliminando os termos em evidência, vem que:

$$m/e = \Delta\phi/\Delta\eta$$

Portanto pode-se escrever que:

$$\Delta\eta = e \cdot \Delta\phi/m$$

Assim conclui-se que a variação de intensificação de uma força é diretamente proporcional à variação do fluxo de força externa, inversa pela massa desse móvel.

Na referida expressão a constante de proporcionalidade é denominada por *estímulo*.

14 - *Relação (II)*

Na presente obra foi demonstrado que:

a) $\phi/\mu = \Delta\phi/\Delta\eta$
b) $\Delta\phi = m \cdot \Delta\beta$
c) $\Delta\eta = e \cdot \Delta\beta$

Substituindo convenientemente as três últimas expressões, vem que:

$$\phi/\mu = m \cdot \Delta\beta/e \cdot \Delta\beta$$

Eliminando os termos em evidência, vem que:

$$\phi/\mu = m /e$$

Portanto pode-se escreve que:

$$\mu = e \cdot \phi/m$$

Assim conclui-se que a impulsão de força é diretamente proporcional ao forcejo e inversamente proporcional à massa do móvel.

Na referida expressão a constante de proporcionalidade é denominada por estímulo.

15 - *Classificação do Movimento*

Dentro da perspectiva do *Dinamismo*, o movimento dinamizado uniformemente variado pode ser classificado da seguinte maneira:

a) Movimento estimulado progressivo propagado difundido:

$$i > 0); (f > 0); (\eta > 0); (\mu > 0)$$

b) Movimento estimulado progressivo propagado retroativo:

$$(i > 0); (f > 0); (\eta > 0); (\mu < 0)$$

c) Movimento estimulado retrógrado propagado difundido:

$$(i < 0); (f < 0); (\eta < 0); (\mu > 0)$$

d) Movimento estimulado retrógrado propagado retroativo:

$$(i < 0); (f < 0); (\eta < 0); (\mu < 0)$$

e) Movimento destimulado progressivo propagado difundido:

$$(i > 0); (f < 0); (\eta < 0); (\mu > 0)$$

f) Movimento destimulado progressivo propagado retroativo:

$$(i > 0); (f < 0); (\eta < 0); (\mu < 0)$$

g) Movimento destimulado progressivo regressivo difundido:

$$(i > 0); (f < 0); (\eta > 0); (\mu > 0)$$

h) Movimento destimulado progressivo regressivo retroativo:

$$(i > 0); (f < 0); (\eta > 0); (\mu < 0)$$

i) Movimento destimulado retrógrado propagado difundido:

$$(i < 0); (f > 0); (\eta > 0); (\mu > 0)$$

j) Movimento destimulado retrógrado propagado retroativo:

$$(i < 0); (f > 0); (\eta > 0); (\mu < 0)$$

k) Movimento destimulado retrógrado regressivo difundido:

$$(i < 0); (f > 0); (\eta < 0); (\mu > 0)$$

l) Movimento destimulado retrógrado regressivo retroativo:

$$(i < 0); (f > 0); (\eta < 0); (\mu < 0)$$

Portanto torna-se evidente que para classificar o movimento dinamizado uniformemente variado é necessário comparar os sinais algébricos da força induzida, da força dinâmica, da intensificação de força e da impulsão da força.

16 - *Função Intensificação de Força (I)*

No estudo do movimento dinamizado uniformemente variado, verificou-se que a intensificação de força de um móvel varia uniformemente no decorrer do tempo.

Neste tipo de movimento a impulsão de força é definida pela seguinte relação:

$$\mu = (\eta - \eta_0)/(t - t_0)$$

Considerando que em $(t_0 = 0)$, tem-se uma intensificação de força inicial (η_0) e em $(t \neq 0)$ a intensificação de força (η) num instante qualquer.

Então se pode escrever que:

$$\mu = (\eta - \eta_0)/t$$

Assim pode-se estabelecer a seguinte função:

$$\eta = \eta_0 + \mu \cdot t$$

A referida função representa a natureza existente entre a variação da intensificação de força no decorrer do tempo. Nela as grandezas (η_0) e (μ) são constantes e, portanto, a cada valor de tempo (t) há um correspondente valor de intensificação de força (η).

17 - *Função Intensificação de Força (II)*

No presente estudo foi demonstrada a seguinte verdade:

a) $\Delta\beta = \omega \cdot t$
b) $\Delta\eta = e \cdot \Delta\beta$

Substituição convenientemente as duas últimas expressões, vem que:

$$\Delta\eta = e \cdot \omega \cdot t$$

Como ($\Delta\eta = \eta - \eta_0$), pode-se escrever que:

$$\eta = \eta_0 + e \cdot \omega \cdot t$$

Na referida função as grandezas (η_0) intensificação de força inicial, (e) estímulo e (ω) agilidade são valores constantes nesse tipo de movimento. Portanto, a cada valor de tempo (t), há um correspondente valor de intensificação de força (η).

18 - *Função Intensificação de Força (III)*

No estudo do movimento dinamizado uniformemente variado verificou-se que a variação da intensificação de força é igual ao produto entre o estímulo pela variação da celeridade.
Simbolicamente o referido enunciado é expresso pela seguinte igualdade:

$$\Delta\eta = e \cdot \Delta\beta$$

que:
 Como ($\Delta\eta = \eta - \eta_0$) e ($\Delta\beta = \beta - \beta_0$), pode-se escrever

$$\eta = \eta_0 + e . (\beta - \beta_0)$$

A referida função caracteriza a intensificação de força no decorrer do tempo. Nela as grandezas (η_0), (e) e (β_0) são constantes e, portanto, a cada valor de celeridade (β) corresponde um valor de intensificação de força (η).

19 - Função Posição Dinâmica (I)

Em qualquer movimento a posição dinâmica varia conforme a variação de espaço. Desse modo pode-se escrever que:

$$\Delta\gamma = e . \Delta S$$

Ocorre que no movimento dinamizado o móvel sofre uma variação de espaço caracterizado pela seguinte função:

$$\Delta S = V_0 . t + \alpha_0 . t^2/2 + \beta_0 . t^3/6 + \omega . t^4/24$$

Substituindo convenientemente as duas últimas expressões, resulta que:

$$\gamma = \gamma_0 + e . (V_0 . t + \alpha_0 . t^2/2 + \beta_0 . t^3/6 + \omega . t^4/24)$$

A referida função caracteriza a posição dinâmica de um móvel em movimento dinamizado uniformemente variado.

20 - Função Posição Dinâmica (II)

No estudo do movimento dinamizado uniformemente variado demonstra-se que a posição dinâmica (γ) assumida por um móvel no decorrer do seu movimento é uma função do quarto grau em (t), conforme a seguinte expressão:

$$\gamma = \gamma_0 + i_0 \cdot t + f_0 \cdot t^2/2 + \eta_0 \cdot t^3/6 + \mu \cdot t^4/24$$

Considere a seguinte demonstração algébrica: Sabe-se que:

$$i_m = (i + i_0)/2$$

Sabendo-se que:

$$\Delta\gamma = i_m \cdot t$$

Pode-se afirmar que o espaço percorrido pelo móvel é caracterizado por:

$$\Delta\gamma = (i + i_0) \cdot t/2$$

Porém, também se sabe que:

$$i = i_0 + f_0 \cdot t + \eta_0 \cdot t^2/2 + \mu \cdot t^3/6$$

Assim, substituindo convenientemente as duas últimas expressões, obtém-se que:

$$\Delta\gamma = (i_0 + f_0 \cdot t + \eta_0 \cdot t^2/2 + \mu \cdot t^3/6 + i_0) \cdot t/2$$

Logo vem que:

$$\Delta\gamma = (2i_0 + f_0 \cdot t + \eta_0 \cdot t^2/2 + \mu \cdot t^3/6) \cdot t/2$$

Eliminando o termo em evidência, pode-se concluir que:

$$\gamma - \gamma_0 = i_0 \cdot t + f_0 \cdot t^2/2 + \eta_0 \cdot t^3/4 + \mu \cdot t^4/12$$

Portanto resulta que:

$$\gamma = \gamma_0 + i_0 \cdot t + f_0 \cdot t^2/2 + \eta_0 \cdot t^3/4 + \mu \cdot t^4/12$$

Ocorre que o cálculo integral exige a seguinte correção:

$$\gamma = \gamma_0 + i_0 \cdot t + f_0 \cdot t^2/2 + \eta_0 \cdot t^3/6 + \mu \cdot t^4/24$$

Na referida expressão (γ_0) representa a posição dinâmica inicial, (i_0) a força induzida inicial, (f_0) a força dinâmica inicial, (η_0) a intensificação de força inicial e, (μ) a impulsão de força constante, característica desse movimento.

21 - *Função Força Induzida (I)*

No presente estudo foi demonstrada a realidade das seguintes expressões:

a) $\Delta i = e \cdot \Delta v$
b) $\Delta V = \alpha_0 \cdot t + \beta_0 \cdot t^2/2 + \omega \cdot t^3/6$

Substituindo convenientemente as duas últimas expressões, resulta que:

$$i = i_0 + e \cdot (\alpha_0 \cdot t + \beta_0 \cdot t^2/2 + \omega \cdot t^3/6)$$

A referida expressão caracteriza a força induzida de um móvel em movimento dinamizado uniformemente variado.

22 - *Função Força Induzida (II)*

Demonstra-se com relativa facilidade que a função força induzida de um móvel animado por um movimento dinamizado uniformemente variado é uma função do terceiro grau em (t), conforme caracterizado pela seguinte expressão:

$$i = i_0 + f_0 . t + \eta_0 . t^2/2 + \mu . t^3/6$$

Para simplificar, observe a seguinte demonstração algébrica:

$$f_m = (f + f_0)/2$$

Sabendo-se que:

$$\Delta i = f_m . t$$

Portanto a variação de velocidade apresentada pelo móvel é caracterizada por:

$$\Delta i = (f + f_0) . t/2$$

Porém, também se sabe que:

$$f = f_0 + \eta_0 . t + \mu . t^2/2$$

Assim, substituindo convenientemente as duas últimas expressões, obtém-se que:

$$\Delta i = (f_0 + \eta_0 . t + \mu . t^2/2 + f_0) . t/2$$

Logo vem que:

$$\Delta i = (2f_0 + \eta_0 . t + \mu . t^2/2) . t/2$$

Eliminando o termo em evidência, pode-se concluir que:

$$i - i_0 = f_0 . t + \eta_0 . t^2/2 + \mu . t^3/4$$

Portanto resulta que:

$$i = i_0 + f_0 . t + \eta_0 . t^2/2 + \mu . t^3/4$$

Ocorre que o cálculo integral exige a seguinte correção:

$$i = i_0 + f_0 . t + \eta_0 . t^2/2 + \mu . t^3/6$$

Nessa expressão as grandeza (i_0), (f_0), (η_0) e (μ), são constantes no decorrer do movimento.

23 - *Função Força Dinâmica (I)*

No movimento dinamizado uniformemente variado demonstra-se a realidade das seguintes expressões:

a) $\Delta f = e . \Delta\alpha$
b) $\Delta\alpha = \beta_0 . t + \omega . t^2/2$

Substituindo convenientemente as duas últimas expressões, vem que:

$$f = f_0 + e . (\beta_0 . t + \omega . t^2/2)$$

Logo, no movimento dinamizado uniformemente variado, a força dinâmica de um móvel é uma função do segundo grau em (t).

Nela (f_0) é a força dinâmica inicial, (e) o estímulo, (β_0) a celeridade inicial e, (ω) a agilidade. Essas grandezas são valores constantes nesse tipo de movimento.

24 - *Função Força Dinâmica (II)*

No movimento dinamizado uniformemente variado, a força dinâmica que atua num móvel no decorrer do tempo é uma função do segundo grau em (t), conforme apresenta a seguinte equação:

$$f = f_0 + \eta_0 \cdot t + \mu \cdot t^2/2$$

Observe a demonstração dessa equação:

$$\eta_m = (\eta + \eta_0)/2$$

Sabendo-se que:

$$\Delta f = \eta_m \cdot t$$

Portanto a variação da aceleração apresentada pelo móvel é expressa por:

$$\Delta f = (\eta + \eta_0) \cdot t/2$$

Porém, também se sabe que:

$$\eta = \eta_0 + \mu \cdot t$$

Assim, substituindo convenientemente as duas últimas expressões, obtém-se que:

$$\Delta f = (\eta_0 + \mu \cdot t + \eta_0) \cdot t/2$$

Logo vem que:

$$\Delta f = (2\eta_0 + \mu \cdot t) \cdot t/2$$

Eliminando o termo em evidência, pode-se concluir que:

$$f - f_0 = \eta_0 \cdot t + \mu \cdot t^2/2$$

Portanto resulta que:

$$f = f_0 + \eta_0 \cdot t + \mu \cdot t^2/2$$

Observa-se que (f_0) é a força dinâmica inicial, (η_0) é a intensificação de força inicial e, (μ) é a impulsão de força. E, evidentemente, no decorrer desse tipo de movimento, são valores constantes.

25 - *Quadrado da Intensificação de Força*

No presente trabalho foi apresentada a seguinte equação:

a) $f = f_0 + \eta_0 \cdot t + \mu \cdot t^2/2$
b) $\eta = \eta_0 + \mu \cdot t$

Substituindo convenientemente as duas últimas expressões e eliminando a variável (t), obtém-se a seguinte equação:

$$\eta^2 = \eta_0^2 + 2\mu \cdot \Delta f$$

Esta é a equação da intensificação de força ao quadrado e caracteriza o movimento dinamizado uniformemente variado.

26 - *Cubo da Intensificação de Força*

No presente trabalho foi apresentada a realidade das seguintes funções:

a) $i = i_0 + f_0 \cdot t + \eta_0 \cdot t^2/2 + \mu \cdot t^3/6$
b) $\eta = \eta_0 + \mu \cdot t$

Substituindo convenientemente as duas últimas expressões e eliminando a variável (t), obtém-se a seguinte equação:

$$\eta^3 = \eta_0{}^3 + 6\Delta i \cdot \mu^2$$

Esta é a denominada equação da intensificação de força ao cubo que caracteriza o movimento dinamizado uniformemente variado.

27 - Quarta Potência da Intensificação de Força

No presente capítulo foi demonstrada a seguinte verdade:

a) $\gamma = \gamma_0 + i_0 \cdot t + f_0 \cdot t^2/2 + \eta_0 \cdot t^3/6 + \mu \cdot t^4/24$

b) $\eta = \eta_0 + \mu \cdot t$

Substituindo convenientemente as duas últimas expressões e eliminando a variável (t), obtém-se a seguinte equação:

$$\eta^4 = \eta_0{}^4 + 24\Delta\gamma \cdot \mu^3$$

Esta é a equação da intensificação de força à quarta potência que representa o movimento dinamizado uniformemente variado.

CAPÍTULO VII

RESUMO

1 - *Introdução*

No presente capítulo serão apresentados resumidamente os principais conceitos estabelecidos no estudo de cada tipo de movimento. Sendo que no presente livro cada tipo movimento será considerado em função da força dinâmica que atua no móvel. Também será apresentado um quadro contendo as principais equações que foram apresentadas no presente trabalho.

2 - *Leis do Movimento no Dinamismo*

Na Mecânica os mais diversos tipos de movimentos podem ser classificados e explicados unicamente em função do comportamento das forças que atuam sobre o móvel.

I - Repouso (R)
Se a partir do repouso um corpo não sofre a ação de forças externas, ele permanecerá em repouso. Nesse caso a força dinâmica é chamada por "força vazia".

Simbolicamente o referido enunciado é expresso por:

$$R \rightarrow f = h (\ )$$

Assim, no repouso a força dinâmica é uma força de função vazia.

II - Movimento Uniforme (MU)
O movimento uniforme é caracterizado pela ausência de forças aplicadas sobre o móvel no momento em que está sendo observado.

Simbolicamente o referido enunciado é expresso por:

$$MU \rightarrow f = h \ (0)$$

Portanto no movimento uniforme a força dinâmica é uma função nula.

III - Movimento Uniformemente Variado (MUV)

O movimento uniformemente variado é caracterizado pela ação de uma força dinâmica de intensidade constante que atua no móvel.

Simbolicamente o referido enunciado é expresso por:

$$MUV \rightarrow f = h \ (cte)$$

Logo no movimento uniformemente variado a força dinâmica é uma função constante.

IV - Movimento Dinâmico Uniformemente Variado (MdUV)

O movimento dinâmico uniformemente variado é caracterizado pela ação de uma força dinâmica cuja intensidade varia uniformemente no decorrer do tempo.

Simbolicamente o referido enunciado é expresso por:

$$MdUV \rightarrow f = h \ (t)$$

Assim no movimento dinâmico uniformemente variado, a força dinâmica é uma função do tempo.

V - Movimento Dinamizado Uniformemente Variado (MDUV)

O movimento dinamizado uniformemente variado é caracterizado pela ação de uma força dinâmica cuja intensidade varia uniformemente com o quadrado do tempo.

Simbolicamente o referido enunciado é expresso por:

$$MDUV \rightarrow f = h\ (t^2)$$

Nesta condição o movimento dinamizado uniforme-mente variado apresenta uma intensidade de força dinâmica que varia com o quadrado do tempo.

3 - *Equações Fundamentais*

No presente item serão apresentadas as equações fundamentais que alicerçam os mais diferentes movimentos mecânicos estudados na presente obra.

Repouso	Movimento Uniforme	Movimento Uniformemen-te Variado	Movimento Dinâmico Uni-formemente Variado	Movimento Dinamizado Uniformemente Variado
$V = 0$	$V = \Delta S/\Delta t$	$\alpha = \Delta V/\Delta t$	$\beta = \Delta\alpha/\Delta t$	$\omega = \Delta\beta/\Delta t$
$i = 0$	$i = \Delta\gamma/\Delta t$	$f = \Delta i/\Delta t$	$\eta = \Delta f/\Delta t$	$\mu = \Delta\eta/\Delta t$
$\gamma = cte$	$\Delta\gamma = e\,.\,\Delta S$	$\Delta i = e\,.\,\Delta V$	$\Delta f = e\,.\,\Delta\alpha$	$\Delta\eta = e\,.\,\Delta\beta$
$\gamma = e\,.\,S$	$i = e\,.\,V$	$f = e\,.\,\alpha$	$\eta = e\,.\,\beta$	$\mu = e\,.\,\omega$

Ceterum censeo Carthaginem esse delendam.

APÊNDICES

Impossível é, a mentes finitas, compreender o caráter e as obras do Infinito em toda a sua plenitude.

Ellen Gould White
Escritora, conferencista, conselheira
e educadora norte-americana.
(1827-1915)

APÊNDICE - I

AS CAUSAS DO MOVIMENTO

Nenhuma pesquisa humana pode denominar-se ciência verdadeira se não passa pelas demonstrações matemáticas.

Leonardo da Vinci

Leandro Bertoldo
CP 341, 08710-170, Mogi das Cruzes, S.P., Brasil
E-mail: leandrobertoldo@ig.com.br

Este artigo apresenta uma nova teoria da Mecânica, denominada por *Dinamismo*, bem como as suas leis fundamentais, algumas definições, previsões, análises e diferenças com a Dinâmica Clássica. Também mostra que a Física do Dinamismo é inovadora, admitindo as operações dos corpos em função de forças internas e externas, com isso unifica a Cinemática e a Dinâmica, num conceito todo único e harmonioso, realizando a generalização da Mecânica Clássica.

I - Introdução

Nos últimos vinte e dois anos do século XX, o ramo da Física conhecido por Mecânica Clássica passou por um período de muitas mudanças, principalmente devido aos vários resultados teóricos obtidos por meio de uma nova descoberta científica, denominada por *Dinamismo*, a qual explica todos os tipos de movimentos unicamente em função de quatro leis fundamentais.

Tais resultados vieram a demonstrar claramente que a Mecânica Clássica desenvolvida por Galileu Galilei (1564-

1642) e por Isaac Newton (1642-1727) descreve a natureza dos mais diversos fenômenos do movimento de uma forma bastante limitada e incompleta, como por exemplo, a causa do movimento de um corpo em queda livre, a causa da inércia e a causa da força de impacto.

Diante da deficiência observada na Mecânica Clássica, tornou-se evidente que as idéias propostas pelo modelo do Dinamismo eram inovadoras e de fundamental importância para uma compreensão mais exata e profunda dos fenômenos cinemáticos, tais como, a explicação da causa a velocidade e dos diversos tipos de movimentos. A referida teoria também se destaca devido a previsão de novos resultados científicos, tais como o de força de inércia, força dinâmica, força induzida, etc. Além disso essas novas idéias tiveram um papel fundamental no desenvolvimento posterior de uma mecânica generalizada, como se poderá observar no decorrer do presente artigo.

Dos extraordinários esforços empregados no estudo dessas questões nasceu a moderna teoria do Dinamismo, que tem levado a uma profunda reinterpretação da realidade física do movimento.

II - Definições Básicas

O Dinamismo é a teoria que explica os mais variados tipos de movimentos unicamente em função de suas causas fundamentais, que são caracterizadas pela interação de quatro forças básicas, a saber: *força externa, força dinâmica, força de inércia* e *força induzida*. Essas forças apresentam as seguintes definições e características:

• A *força externa* é definida pela segunda lei de Newton, a qual exprime a intensidade de força externa aplicada sobre um corpo em função da massa e da aceleração. Essa força é a causa inicial de todo e qualquer fenômeno mecânico que envolva o movimento. Não existe movimento sem que, em algum momento no passado, o corpo tenha estado sob a ação de uma força externa.

• A *força dinâmica* é a excedente quantitativa que resulta da força externa, após esta vencer a resistência oferecida pela força de inércia, que é causada pela oposição que matéria exerce à alteração do seu estado de repouso ou de aceleração. Desse modo, a intensidade da força dinâmica é sempre menor do que a intensidade da força externa e somente existe enquanto o corpo estiver sob a ação de uma força externa. Desaparecida a ação da força externa, a força dinâmica também desaparece. Também se pode afirmar que, não existe movimento sem que, em algum momento no passado, o corpo tenha estado sob a ação de uma força dinâmica. E quanto ao sentido, a força dinâmica coincide com o da força externa.

• A *força de inércia* é a grandeza física responsável pela oposição que a matéria exerce à alteração do seu estado de repouso ou de aceleração em relação à intensidade de força externa. A força de inércia sofre variações com o aumento da intensidade da força externa e com a alteração da massa do corpo. Sendo que todo corpo incorpora em seu movimento a força de inércia, ou seja, desaparecida a ação da força externa, a força dinâmica desaparece, mas a força de inércia permanece conservada no móvel. Ela é parcialmente responsável pela violência da força de impacto. Quanto ao sentido, pode-se afirmar que a força de inércia é tal, que se opõe ao sentido da força externa.

• A *força induzida* é causa primordial da velocidade e de qualquer tipo de movimento, como por exemplo, do movimento uniformemente variado, do movimento inercial e também é parcialmente responsável pela violência da força de impacto, etc. Essa força é conservada e transportada pelo móvel e somente varia sob interação da força dinâmica. Não existe movimento sem a interação da força induzida. O sentido da força induzida é idêntico ao da força dinâmica.

A teoria do Dinamismo procura explicar todos tipos de movimento e fenômenos mecânicos unicamente em função dessas quatro forças básicas, de tal forma que essa teoria não admite a existência de movimento sem a interação da força induzida.

III - Leis do Dinamismo

O ano de 1978 marca o nascimento do modelo mecânico que ficou sendo conhecido por *Dinamismo*, o qual tinha por objetivo explicar a causa fundamental da velocidade e dos mais diferentes tipos de movimentos experimentados pelos corpos. Entretanto, o referido modelo somente foi concluído em 1995, após um período de dezessete anos de estagnação. Tal modelo apresenta uma altíssima concordância, qualitativa e quantitativa, com a Cinemática e com a Dinâmica. E, além do mais, possui um atrativo muito grande, sua matemática é de fácil compreensão e assimilação. Sendo que esse modelo é bastante elementar e pode ser sintetizado nos seguintes termos:

A força externa que atua sobre um corpo, ao vencer a oposição oferecida pela força de inércia, emerge numa resultante denominada por força dinâmica, a qual interage no móvel comunicando-lhe uma força induzida crescente no decorrer do tempo.

No presente artigo serão considerados alguns detalhes interessantes a respeito das conclusões obtidas a partir desse modelo, que está fundamentado na contextura de quatro leis, as quais podem ser enunciadas nos seguintes termos:

Lei I - *A força externa que atua sobre um corpo é igual ao produto entre a massa desse corpo por sua aceleração.*

Simbolicamente o referido enunciado é expresso pela seguinte igualdade:

$$F = m \cdot \alpha$$

A força externa é sempre aplicada ao exterior do corpo e pode ser originada por diferentes tipos de máquinas, como, por exemplo, força elástica do estilingue, do arco, da besta, da mola, do músculo, etc.

Lei II - *A força dinâmica que interage num corpo é igual ao produto entre uma constante universal denominada "estímulo" pela aceleração que o corpo apresenta.*

O referido enunciado pode ser expresso simbolicamente por:

$$f = e \cdot \alpha$$

Diferentemente da força externa, a força dinâmica leva em consideração a oposição oferecida pela matéria à introdução ou modificação de aceleração. Diante da definição de força dinâmica pode-se estabelecer que:

• Sob a interação de uma força dinâmica constante, um móvel apresenta uma aceleração constante. Portanto, esse móvel possui uma velocidade que varia uniformemente no decorrer do tempo, isso indica que o movimento é classificado como uniformemente variado.

• Uma força dinâmica variável produz uma aceleração variável. Logo o móvel apresenta uma diversidade de movimento caracterizado ou classificado de acordo com a taxa de variação da velocidade.

• Quando a força dinâmica é nula, não há aceleração. Portanto, o corpo está em repouso ou em movimento uniforme e retilíneo ao infinito, a menos que uma força externa venha a modificar qualquer uma dessas situações.

Lei III - *A força de inércia é igual à diferença matemática entre a força externa pela força dinâmica.*

Em termos simbólicos o referido enunciado é expresso por:

$$I = F - f$$

A força de inércia é a oposição que a matéria exerce à alteração do seu estado de inércia ou de aceleração, em relação à intensidade de força externa.

• Sob a ação de uma força externa constante, quanto maior for a força de inércia, tanto menor será a força dinâmica que resulta da força externa.

• Sob a interação de uma força de inércia constante, quanto maior for a força externa, tanto maior será a força dinâmica resultante.

Lei IV - *A variação de força induzida é igual ao produto entre a intensidade da força dinâmica pela variação de tempo.*

Simbolicamente o referido enunciado é expresso por:

$$\Delta i = f \cdot \Delta t$$

A força induzida é comunicada a um móvel pela interação da força dinâmica, e sua intensidade ou quantidade será tanto maior quanto maior for a intensidade da força dinâmica e tanto maior quanto maior for o intervalo de tempo de interação da força dinâmica nesse móvel.

• A interação de uma força induzida num móvel é a causa de todo e qualquer tipo de movimento.

• O movimento variado de um corpo é organizado mediante a conservação ou dissipação de força induzida num móvel.

Essas leis conseguem unificar as grandezas físicas da Mecânica Clássica e não Clássica num conjunto altamente consistente. Por exemplo, as grandezas conhecidas por força externas, massa, aceleração, velocidade e tempo são grandezas fundamentais da Física Clássica newtoniana, porém, as grandezas físicas denominadas por força dinâmicas, estímulo, força de inércia e força induzida, nunca fizeram parte ou foram definidas pela Física Clássica, entretanto, a teoria do Dinamismo

estabelece relações físicas e matemáticas entre esses dois con-
juntos de grandezas físicas.

As várias formas como essas forças interagem e se manifestam mostram uma origem comum e fundamental. Elas estão diretamente relacionadas entre si e ao mesmo tempo são
mutuamente dependentes. A idéia apresentada na teoria do Dinamismo é notável e muito engenhosa. Ela apresenta muitos
pontos positivos em seu favor: as previsões de sua teoria são
extremamente eficientes quando comparadas com as experiências. Em particular, podem-se estabelecer os parâmetros matemáticos do princípio da inércia, ou seja, a teoria pode prever os
dados da primeira lei do movimento em perfeita concordância
com o enunciado de Newton.

IV - Previsões do Dinamismo

É evidente que a maior justificativa para qualquer estudioso da ciência em aceitar ou até mesmo permitir que as leis
do Dinamismo venham a substituir as leis da Mecânica newtoniana na explicação do movimento, somente pode ser considerada ou levada a sério quando for constatada a exatidão das
previsões obtidas a partir dessas leis com os resultados observados experimentalmente, bem como um alcance bem sucedi-
do da generalização oferecida pelas referidas leis. Sendo que,
no presente artigo, será considerado algumas dessas previsões,
sua comparação e distinção com as leis de Newton.

Assim, considere que seja substituída, convenientemen-
te, a segunda lei do Dinamismo ($f = e \cdot \alpha$) com a quarta ($\Delta i = f$
$\cdot \Delta t$), o que permite obter o seguinte resultado:

$$\Delta i = e \cdot \alpha \cdot \Delta t$$

Porém, pela teoria da Cinemática desenvolvida pelo
cientista italiano Galileu Galilei (1564-1642) no livro intitulado *Discurso Sobre Duas Novas Ciências*, publicado em 1638,

sabe-se que a variação da velocidade de um corpo em movimento uniformemente variado é igual ao produto entre a aceleração desse corpo pela variação do tempo decorrido de movimento.

Simbolicamente o referido enunciado é expresso pela seguinte igualdade:

$$\Delta v = \alpha \,.\, \Delta t$$

Substituindo convenientemente essas duas últimas expressões, resulta que:

$$\Delta i = e \,.\, \Delta v$$

Esse resultado permite enunciar a seguinte lei do Dinamismo para o movimento:

A variação de força induzida num móvel, em movimento uniformemente variado, é diretamente proporcional à variação de velocidade.

Sendo que a constante de proporcionalidade é uma constante universal denominada por *estímulo*.

IV.1 Força induzida e movimento

As previsões fundamentais do modelo do Dinamismo são provenientes dessa última equação. Sendo que no presente artigo será apresentada alguma dessas previsões, analisando em particular os casos de uma força induzida *uniforme, constante* e *nula*:

1º- Se a força induzida varia uniformemente no decorrer do tempo ($\Delta i = f \,.\, \Delta t$), a velocidade também varia uniformemente no decorrer do tempo ($\Delta v = \alpha \,.\, \Delta t$) e também varia uniformemente com a força induzida ($\Delta i = e \,.\, \Delta v$). Nestas condições o movimento é denominado por movimento uniformemente variado (**MUV**). Portanto, pode-se concluir que a força dinâmica é constante (f = **cte**). Diante disso pode-se apresentar a seguinte lei do movimento:

A interação de uma força dinâmica constante comunica a um móvel uma força induzida crescente no decorrer do tempo e, portanto, causa um movimento uniformemente variado.

2º- Se a intensidade da força induzida num móvel permanecer constante no decorrer do tempo (i = **cte**), a velocidade também permanecerá constante (v = **cte**), ou seja, (i = e . v). Quando isso ocorre têm-se o chamado movimento uniforme e retilíneo (**MUR**). Nessas circunstâncias a força dinâmica é nula (f = **0**). Desse modo pode-se enunciar as seguintes leis do movimento:

• *Quando a força dinâmica se torna nula, um móvel passa a apresentar, conservada no móvel, uma força induzida constante no decorrer do tempo e, portanto, um movimento uniforme e retilíneo ao infinito.*

• *Unicamente devida a interação de uma força induzida constante no decorrer do tempo, todo móvel segue uniformemente em linha reta ao infinito, a menos que uma força externa venha a alterar tal situação.*

3º- Se a intensidade da força induzida for nula (i = **0**), isso indica que a força dinâmica também é nula (f = **0**). Nesse caso a velocidade será nula (v = **0**) e, portanto, o movimento é nulo (**MN**). Logo se pode concluir que o corpo está no mais absoluto repouso. Assim pode-se enunciar a seguinte lei do movimento:

Na ausência de forças induzidas, um corpo está em repouso, a menos que uma força externa venha a modificar tal situação.

Observe que sob a ótica da força induzida, existe uma enorme diferença entre um corpo estar num estado de repouso e outro num estado de movimento com velocidade constante. Para entrar em repouso o móvel precisa dissipar a força induzida que transporta. E para entrar em movimento o corpo necessita receber força induzida.

Em síntese, a força induzida caracteriza a diversidade de movimento. Ou seja, o movimento varia conforme a variação da força induzida no móvel. Se a força induzida varia de forma uniforme no decorrer do tempo, o movimento será classificado como movimento uniformemente variado. Se a força induzida permanece constante no decorrer do tempo, o movimento será denominado por retilíneo e uniforme e, finalmente, se a força induzida for nula o movimento é nulo e o corpo está em repouso.

IV.2 Força dinâmica e movimento

Considerando a quarta lei do Dinamismo, onde a variação da força induzida é igual ao produto entre a intensidade de força dinâmica pela variação de tempo ($\Delta i = f \cdot \Delta t$), pode-se fazer as seguintes previsões:

4º- Se a força dinâmica permanecer constante (f = cte), a força induzida varia uniformemente no decorrer do tempo ($\Delta i = f \cdot \Delta t$). Nestas condições, a velocidade também varia de forma uniforme com a variação da força induzida ($\Delta i = e \cdot \Delta v$). Portanto, tem-se o chamado movimento uniformemente variado (**MUV**).

5º- Se a força dinâmica se tornar nula ($f = 0$), a força induzida passa a permanecer constante (i = cte). Nessa situação a velocidade passará a ser constante (v = cte). Quando isso ocorre, o movimento decairá de uniformemente variado para movimento uniforme e retilíneo (**MUV→MUR**).

6º- Se a força dinâmica for nula ($f = 0$), antes mesmo de iniciar o movimento, a força induzida será nula ($i = 0$), nessas condições o movimento será nulo ($v = 0$). Portanto o corpo está num estado de repouso.

Diante do que foi exposto, pode-se afirmar que uma força dinâmica nula ($f = 0$) caracteriza, num mesmo tempo, o movimento uniforme em linha reta ao infinito e o repouso. Assim pode-se enunciar a seguinte lei do movimento:

Na ausência de forças dinâmicas, qualquer corpo permanece em seu estado de repouso ou de movimento uniforme em linha reta, a menos que seja obrigado a alterar tal estado por forças aplicadas sobre ele.

Nessa lei tanto faz que o corpo esteja em repouso ou em movimento com velocidade constante, pois tal situação é perfeitamente normal sob a perspectiva da força dinâmica. Observe que o enunciado dessa lei é semelhante ao da primeira lei de Newton, sendo que a única diferença está localizada no conceito de força dinâmica e força externa.

Sob a perspectiva da força externa ou da força dinâmica é impossível afirmar se um corpo encontra-se num estado de repouso ou de movimento uniforme e retilíneo ao infinito.

IV.3 Força externa e movimento

Substituindo a primeira lei do Dinamismo ($F = m \cdot \alpha$) com a segunda ($f = e \cdot \alpha$), obtém-se o seguinte resultado:

$$f = e \cdot F/m$$

Ou seja, a força dinâmica guarda relação com a força externa e com a massa de tal forma que se pode apresentar a seguinte lei do Dinamismo.

A força dinâmica que interage num corpo é igual ao produto entre o estímulo pela intensidade de força externa aplicada sobre esse corpo e inversa por sua massa.

Ao fazer uma rápida analise da referida conclusão, podem-se obter os seguintes resultados:

7º- Quanto maior for a força externa aplicada sobre um corpo, tanto maior será a força dinâmica resultante. E quanto maior for a massa desse corpo, tanto menor será a força dinâmica resultante.

8º- Sob a ação de uma força externa constante ($F = cte$), quanto maior for a massa (m) de um corpo, tanto menor será a força dinâmica (**f**). Portanto, maior será a força de inércia observada (**I** = **F** - **f**).

9º- Se a força externa aplicada sobre um corpo permanecer constante (**F** = **cte**), a força dinâmica também será constante (**f** = **cte**). Nessa condição a força induzida varia uniformemente no decorrer do tempo conforme a seguinte expressão (**Δi** = **f** . **Δt**), fazendo com que a velocidade também varie uniformemente no decorrer do tempo (**Δv** = **α** . **Δt**). Esse movimento é denominado por movimento uniformemente variado (**MUV**).

10º- Se a força externa se tornar nula (**F** = **0**), a força dinâmica desaparece (**f** = **0**). Quando isso ocorre pode-se constatar que a força induzida passa a ser constante (**i** = **cte**), o que acaba causando uma velocidade constante (**v** = **cte**). Diante dessa situação o movimento é denominado por movimento uniforme e retilíneo (**MUR**).

11º- Se a força externa for nula (**F** = **0**), antes mesmo de iniciar o movimento ou mesmo após cessar o movimento, a força dinâmica será nula (**f** = **0**). Nessas circunstâncias, a força induzida é nula (**i** = **0**) e a velocidade também é nula (**v** = **0**), portanto o movimento será nulo (**MN**). Logo se pode concluir que o corpo está em repouso.

Diante do que foi apresentado pode-se verificar que quando a força externa for nula, ela passa caracterizar, num mesmo tempo, o movimento uniforme em linha reta e o repouso. Portanto, pode-se apresentar a seguinte lei do movimento:

Na ausência de forças externas, todo corpo permanece em seu estado de repouso ou de movimento retilíneo uniforme, a menos que seja obrigado a modificar tal situação por forças aplicadas sobre ele.

Esse princípio corresponde exatamente ao enunciado da primeira lei de Newton. E o mais interessante é que essa lei foi obtida teoricamente a partir das leis do Dinamismo. Observe que, na primeira lei de Newton, não existe nenhuma diferença entre um corpo encontrar-se num estado de repouso ou pos-

suindo um movimento uniforme e retilíneo, essas duas situações são perfeitamente normais e válidas na ausência de forças
externas.

Entretanto, no Dinamismo, existe uma diferença enorme entre um corpo encontrar-se num estado de repouso ou pos-
suindo uma velocidade constante. Portanto, no Dinamismo, o
princípio da inércia sofreu uma bipartição. Com isso, passa a
existir uma causa para explicar o repouso e outra causa para
explicar o movimento. Assim, um corpo em repouso indica
ausência de força induzida e um corpo em movimento uniforme indica a existência da interação de uma força induzida
constante conservada no móvel.

De tudo o que foi exposto, fica claro que os cientistas
estão diante de uma nova teoria da Mecânica, a qual foi denominada no presente artigo por Dinamismo, pois considera que
o movimento resulta da contínua interação de uma força induzida num móvel.

V - Objeções e Soluções

Devido aos seus próprios fundamentos, a teoria do Dinamismo pode ser considerada como uma parte integrante da
Física Clássica. E, por causa do grande alcance de sua generalização, essa teoria pode facilmente ser confundida como sendo
a própria Mecânica.

A teoria do Dinamismo é tão geral que possibilitou a
elucidação de alguns aspectos fundamentais da Cinemática que
não podiam ser inteiramente explicados de forma coerente, matemática e lógica pela Dinâmica newtoniana, os quais são apresentados a seguir:

1º- Sob a ação de uma força externa constante ($F =$
cte), um móvel apresenta uma aceleração constante ($\alpha =$ **cte**),
com isso sua velocidade varia uniformemente no decorrer do
tempo ($\Delta v = \alpha . \Delta t$). Logo, a causa que provoca o aparecimento da velocidade não é a ação da força externa, a qual permane-

ce constante, enquanto que a velocidade sofre variações crescentes no decorrer do tempo.

Porém, a teoria do Dinamismo ensina que a velocidade de um corpo não está relacionada com a ação da força externa (**F**), mas sim com a força induzida (**i**), que é conservada e transportada pelo móvel, conforme a seguinte expressão (Δ**i** = **e . Δv**). Assim, quanto maior for a força induzida, tanto maior será a velocidade do móvel, sendo que a velocidade varia na mesma proporção da variação da força induzida. E, quando na ausência de uma força externa (**F = 0**), o móvel conserva uma força induzida de intensidade constante (**i = cte**), a qual mantém a velocidade constante (**v = cte**) e, portanto, um movimento uniforme (**MU**) infinito.

A Mecânica Clássica através da expressão (Δ**v** = α **. Δt**) permite afirmar que, sob a ação de uma força externa constante (**F = cte**), um móvel apresenta velocidade crescente com o passar do tempo. O Dinamismo através da expressão (Δ**i** = **f . Δt**), afirma que, sob a ação de uma força externa constante (**F = cte**), um móvel apresenta força induzida crescente no decorrer do tempo. Portanto, a força induzida (**i**) explica claramente a causa da velocidade (**v**) dos corpos conforme relacionados pela seguinte expressão (Δ**i** = **e . Δv**).

2º- Pela Mecânica Clássica, sabe-se que uma força externa de intensidade constante (**F = cte**) produz uma aceleração constante (α **= cte**). Ocorre que, sob a ação da atração gravitacional, corpos de diferentes massas (**m**) apresentam diferentes intensidades de forças externas, embora a aceleração desses corpos permaneça sempre a mesma (**F = m . α**). Logo, a teoria Dinâmica newtoniana não prevê qual é o tipo de força que causa o movimento dos corpos em queda livre.

Porém, a teoria do Dinamismo explica esse fenômeno da seguinte forma: Muito embora corpos de diferentes massas apresentam diferentes intensidades de forças externas, todos eles sempre apresentam, sob ação da atração gravitacional, uma mesma intensidade de força dinâmica (**f = cte**), a qual é responsável pela aceleração constante dos corpos (α = **cte**) conforme a segunda lei do Dinamismo (**f** = **e . α**). Portanto, uma intensidade de força dinâmica variável provoca uma aceleração variável; uma força dinâmica constante provoca uma aceleração constante, e uma força dinâmica nula é causa de uma aceleração nula. Logo, a causa da aceleração não é a força externa, como quer a teoria clássica, mas sim a força dinâmica.

3º- Uma interpretação da Dinâmica newtoniana afirma que, num campo gravitacional, a força externa que atua sobre um corpo em queda livre é o seu próprio peso (**P** = **m . α**); entretanto sabe-se que, em queda livre, o peso de um copo é nulo (**P** = **0**). Logo, tal força não é a causa do movimento de um corpo em queda livre.

Ocorre que pela teoria do Dinamismo, o movimento de qualquer corpo em queda livre não depende de sua força externa, mas é devido unicamente à interação de uma força dinâmica constante (**f** = **cte**), a qual independe da massa do corpo ou do peso desse corpo.

4º- A Dinâmica newtoniana também permite afirmar que, sob ação de uma intensidade de força externa constante, o aumento da massa de um corpo em *movimento livre*, acarreta uma diminuição em sua aceleração. Já o aumento da massa de um corpo em *queda livre* provoca o aumento da força de atração gravitacional. Unindo esses dois conceitos tão distintos, a Dinâmica procura interpretar, até certo ponto gratuitamente, que ocorre uma compensação entre a inércia do corpo e a sua força externa de atração. Sendo que esta exata compensação mantém constante a aceleração de um corpo em queda livre.

Muito embora tal interpretação, aparentemente, pareça ser bastante razoável, verdade é que deixa muito a desejar pelos seguintes motivos:

a) Essa compensação nunca foi demonstrada matematicamente. É apenas o resultado de uma interpretação da primeira e segunda lei de Newton a partir de um raciocínio lógico típico dos filósofos aristotélicos.

b) Tal explicação é insatisfatória porque não se trata de uma generalização das leis newtonianas, mas simplesmente de uma interpretação dessas leis.

c) A referida explicação newtoniana desvia a mente do verdadeiro âmago do problema, pois se ocorre uma compensação entre inércia e força de atração, então qual seria a força resultante que causa o movimento acelerado? Ou será não há nenhuma força resultante, tendo em vista sua total compensação ou anulação?

d) Essa explicação não estabelece a resultante de uma força constante, a qual seria responsável pela aceleração constante observada no movimento do corpo em queda livre.

e) Não esclarece a relação que deve existir entre uma aceleração constante e a necessidade da força ser constante.

f) Essa suposta diferença de compensação entre inércia e atração não está explicitamente prevista na segunda lei de Newton, mas é o resultado de uma simples interpretação e não de uma previsão matemática.

g) Se no processo dessa suposta compensação, a força externa de atração é anulada pela inércia da matéria, já não resta nenhuma força operando no corpo em queda livre, ou então se deve admitir a existência de um outro tipo de força resultante com intensidade constante para todos os corpos independentemente de seu peso ou massa, para estar em conformidade com uma aceleração constante.

h) Por outro lado, todos os corpos em queda livre apresentam força externa nula. Isso implica que em queda livre não existe nenhuma força externa atrativa para ser compensada pela inércia. Portanto, não existe essa suposta compensação.

Porém, a teoria do Dinamismo explica o fenômeno da queda livre, não em termos de uma compensação entre a força de atração externa com inércia do corpo, mas sim da seguinte maneira: A gravidade exerce, sobre o corpo em queda livre, uma força de atração externa ($F = m \cdot \alpha$), que ao vencer a oposição oferecida pela força de inércia ($I = F - f$), emerge numa resultante chamada força dinâmica ($f = e \cdot \alpha$), a qual está em equilíbrio com a força dinâmica gravitacional ($f_g = e \cdot g$) produzida pelo campo de gravidade do planeta.

5º- A força externa, conforme definida pela segunda lei de Newton, depende da massa, ou seja, quanto maior for a massa de um corpo, tanto maior será a intensidade da força externa, já que a aceleração permanece constante. Porém, apesar disso, Galileu Galilei havia demonstrado que a variação de velocidade dos corpos em queda livre não depende da massa ou do peso (força externa). Portanto, conclui-se que a segunda lei de Newton não explica satisfatoriamente a causa dinâmica do movimento dos corpos em queda livre.

A teoria do Dinamismo explica que todos os corpos em queda livre estão sob a interação de uma força dinâmica gravitacional de intensidade constante ($f_g = cte = e \cdot g$), a qual independe da massa ou do peso do corpo.

6º - Finalmente pode-se acrescentar o fato de que a aceleração da gravidade é definida pela intensidade do campo gravitacional do planeta, independentemente da massa ou da força externa que atua sobre um corpo em queda livre ou em repouso, conforme demonstra a seguinte expressão da Mecânica Clássica ($g = G \cdot M/d^2$). Em outras palavras, a aceleração da gravidade existe independentemente da existência de qualquer corpo interagindo no campo gravitacional do planeta.

Novamente a teoria do Dinamismo aparece para dizer que os corpos em queda livre apresentam sempre a mesma intensidade de força dinâmica porque entram em equilíbrio gravitacional com o campo do planeta, o qual lhe comunica uma força dinâmica gravitacional.

Embora tenha sido apresentada uma série de argumentos que têm demonstrado a insuficiência da teoria newtoniana, na verdade bastam somente um único argumento contrário para invalidar toda a explicação newtoniana do fenômeno do movimento. Por essa razão os argumentos apresentados são mais do que suficientes para demonstrar que a teoria Dinâmica não consegue esclarecer totalmente as causas fundamentais do movimento dos corpos. Assim sendo, diante das perspectivas já apresentadas, a teoria do Dinamismo surge como uma generalização perfeita à Dinâmica newtoniana.

VI Conclusão

O principal objetivo do presente artigo consistiu em apresentar a teoria do Dinamismo como um modelo altamente eficaz na formulação de uma nova Mecânica e também como uma teoria generalizada que veio para substituir a Dinâmica newtoniana. Diante desse quadro, foi dado um tratamento das principais propriedades Cinemáticas e Dinâmicas do movimento, sempre deduzidas a partir da teoria do Dinamismo e comparadas com os resultados obtidos pela Mecânica Clássica.

Finalmente, com as explicações e a dedução da lei de Newton em função dos conceitos do Dinamismo tornou-se claro que a Dinâmica Clássica representa apenas um caso particular do Dinamismo, ficando evidente que a nova teoria do Dinamismo é tão poderosa que conseguiu generalizar a Cinemática galileana e a Dinâmica newtoniana num conceito todo único, lógico e altamente consistente, avançando muito além de qualquer conhecimento existente sobre Mecânica. Essa teoria não só integrou as partes da Mecânica Clássica num todo coerente, mas também está estabelecida numa sólida fundação conceitual e matemática que veio a revelar novos segredos da natureza.

Ceterum censeo Carthaginem esse delendam.

APÊNDICE - II

TESES DO DINAMISMO

Se você não for capaz de formular sua teoria matematicamente, é provável que ninguém a leve a sério.

Marcelo Gleiser

I - OBJEÇÕES À DINÂMICA

Princípios Básicos

1º- As forças são avaliadas unicamente em função dos *efeitos* que provocam.

2º- Força é toda ação que *altera* o estado de repouso ou de movimento de um corpo.

3º- Força é toda ação que *provoca* deformação, torção, dobra, rompimento e quebra dos corpos.

4º- As forças são grandezas físicas responsáveis pelas *variações* de velocidade de um corpo.

5º- A interação de uma força de intensidade constante sobre um corpo, acarreta uma aceleração constante.

6º- A força resultante é aquela que sozinha provoca o mesmo efeito de duas ou mais forças que atuam em conjunto.

7º- Entre duas forças opostas, a diferença entre suas intensidades é a força resultante.

8º- A segunda lei de Newton estabelece que a força aplicada sobre um corpo é igual ao produto entre sua massa pela aceleração adquirida.

9º- Galileu demonstrou que a velocidade de queda livre é igual para todos os corpos, independentemente de seu peso.

Críticas

10º- Uma critica subjetiva reforça o ponto de vista de que a teoria Dinâmica de Newton sob o seu aspecto filosófico e matemático é intelectualmente insatisfatória. Não havendo uma perfeita harmonia entre ambos. **11º-** A teoria Dinâmica de Newton é pouco consistente no seu tratamento cinemático. Não explica de forma coerente o movimento dos corpos em queda livre.

12º- O conceito matemático da Dinâmica é capaz de dar resultados quantitativamente corretos, mas a previsão da teoria matemática está em conflito direto com a filosofia dinâmica. Isto se infere não apenas a partir das absurdas conseqüências que dela seguem, mas também ao incorrer em contradições.

13º- Um estudo cuidadoso da segunda lei de Newton mostra a ausência de uma compreensão mais sutil da realidade da natureza.

14º- A segunda lei de Newton tem a pretensão de avaliar três tipos distintos de forças: a força aplicada num corpo em *movimento livre*; a força que atua num corpo em *queda livre* e a força que atua num *corpo em repouso* num campo gravitacional.

15º- Sob a perspectiva exclusivamente dinâmica, a segunda lei de Newton deixa a desejar, em contraste com a sua teoria filosófica.

16º- A definição newtoniana do conceito de inércia sob alguns pontos é altamente antiquada à ciência.

17°- Existem muitos aspectos fundamentais da Cinemática que não podem ser explicados satisfatoriamente em termos de segunda lei de Newton.

Velocidade

18°- Mesmo em movimento inercial um corpo transporta uma força que será tanto maior quanto maior for a sua velocidade. Porém, a segunda lei de Newton não prevê a existência de tal força.

19°- Segundo a teoria newtoniana, a força não está diretamente relacionada com a velocidade do móvel. Todavia, as experiências têm demonstrado que, quanto maior for a velocidade de um móvel, tanto maior será os efeitos observados por uma força que advém de tal movimento.

20°- Embora a teoria diga como a força se relaciona com a aceleração de um móvel, ela não informa como a força esta relacionada com a velocidade.

21°- A segunda lei de Newton não explica o aumento de força que aparece com o aumento da velocidade.

Massa

22°- A segunda lei de Newton assegura que a força que atua sobre um corpo aumenta com a massa. E isto é constatado por um dinamômetro ao avaliar o peso de um corpo. Entretanto, as experiências mostram que a variação de velocidade de queda livre dos corpos independem de sua massa.

23°- Embora a teoria afirme que a massa exerce uma oposição à alteração do movimento, ela não esclarece como essa força opositora aparece, qual a sua natureza e qual a sua intensidade.

24°- Conforme a segunda lei de Newton, a força depende da massa do corpo. Entretanto não explica como corpos de massas diferentes, soltos de uma mesma altura, chegam juntos ao solo.

Peso

25º- A segunda lei de Newton supõe que a força que atua sobre um corpo em queda livre é o seu peso. E que esse peso é responsável pelo movimento do corpo. Porém, as experiências têm demonstrado que a velocidade de um corpo em queda livre independe de seu peso.

26º- A segunda lei de Newton supõe que a força que atua sobre um corpo em queda livre é o seu peso. E que esse peso é responsável pelo movimento do corpo. Entretanto, as experiências demonstram que a aceleração de um corpo em queda livre não depende do seu peso.

27º- Embora a teoria diga como a segunda lei está relacionada com o peso, ela não esclarece qual é a natureza da força que está relacionada com a queda livre dos corpos.

28º- Se o próprio peso é um efeito da aceleração gravitacional sobre a massa, como entender pela segunda lei de Newton, que esse mesmo peso seja responsável pela aceleração dos corpos em queda livre.

29º- A teoria newtoniana sugere que o peso é a força responsável pela queda livre dos corpos. Entretanto, as experiências demonstram que o peso é uma força de contato em repouso.

30º- A segunda lei de Newton supõe que a força que atua num corpo em queda livre é o seu peso. Entretanto, as experiências demonstram que em queda livre o peso é nulo.

31º- Demonstra-se facilmente que em queda livre o peso é nulo. Portanto, o peso não é a força responsável pelo movimento dos corpos em queda livre.

32º- A segunda lei de Newton não explica a queda livre dos corpos. Ela simplesmente fornece o valor da aceleração que é uma característica intrínseca ao peso do corpo.

Aceleração

33º- As experiências mostram que uma força constante requer uma aceleração constante. Entretanto, a segunda lei de Newton não explica como corpos que apresentam diferentes intensidades de forças podem apresentar uma mesma aceleração em queda livre.

34º- A segunda lei de Newton sugere que a aceleração dos corpos em queda livre depende de seu peso. Entretanto, demonstra-se facilmente que a aceleração da gravidade independe do peso ou da massa do corpo.

35º- A segunda lei de Newton sugere que a aceleração de um corpo em queda livre depende de seu peso. Entretanto, a aceleração da gravidade não é causada pela ação do peso do corpo, mas sim pela intensidade do campo gravitacional do planeta.

36º- A segunda lei de Newton supõe que a aceleração dos corpos em queda livre depende de seu peso. Entretanto, demonstra-se facilmente que a aceleração da gravidade depende apenas da massa do planeta e da distância que separa o centro do planeta ao corpo em queda livre.

Impacto

37º- Embora a teoria informa como a força está relacionada com as deformações, ela não explica como a força está relacionada com a força de impacto.

38º- Conforme a segunda lei de Newton, a força envolvida num choque mecânico deveria ser igual para qualquer corpo que apresente a mesma massa e aceleração. Entretanto, a experiência tem demonstrado que corpos com a mesma massa e aceleração apresentam forças de impacto totalmente diferentes, ao caírem de alturas diferentes.

39°- Pela segunda lei de Newton, a força de um corpo em queda livre, calculada em qualquer instante, apresentará sempre a mesma intensidade, independentemente da velocidade. Entretanto, as experiências demonstram que num choque mecânico a força de impacto será tanto maior quanto maior for a velocidade adquirida pelo corpo.

40°- Medidas mecânicas de impacto resultante dos corpos em queda livre evidenciam a ação de uma força mais intensa do que a força prevista pela segunda lei de Newton.

41°- Os corpos em queda livre ganham uma força cada vez maior no desenrolar do movimento. E isto é constatado no impacto do corpo contra uma superfície em repouso.

42°- Num choque mecânico a teoria newtoniana não informa como a força de impacto aparece no corpo.

43°- Num choque mecânico a força de impacto será tanto maior, quanto maior for a velocidade do corpo. Entretanto, a segunda lei de Newton não esclarece como a força de impacto está relacionada com a velocidade do corpo.

44°- De acordo com a segunda lei de Newton, não há força interagindo com a matéria quando não há aceleração. Entretanto, corpos em movimento retilíneo uniforme manifestam a existência de forças nas colisões.

Explicação Newtoniana

45°- Newton afirma que o aumento da massa de um corpo em queda livre acarreta uma diminuição na aceleração. Entretanto, o aumento da massa também acarreta um aumento na força de atração. Sendo que esta exata compensação mantém a aceleração constante.

46°- O que se pode notar é que a interpretação newtoniana está apartada da razão e do bom senso.

47°- É uma conjectura não prevista pela segunda lei de Newton ou pela matemática da Dinâmica Newtoniana.

48º- Esquece que a aceleração do planeta independe da massa ou peso do corpo em queda livre.

49º- A explicação newtoniana não tem sentido, tendo em vista que a aceleração da gravidade é produzida pelo planeta e não pelo corpo em queda livre.

50º- A explicação newtoniana não esclarece qual é a força que resulta dessa compensação.

51º- A atração gravitacional influência o peso do corpo e não a aceleração.

52º- explicação newtoniana não leva em consideração que em queda livre o peso é nulo.

53º- Essa explicação também não leva em consideração que somente uma força constante pode produzir uma aceleração constante.

54º- Não prevê a existência de uma força transportada por um corpo em movimento uniforme em linha reta para o infinito.

55º- No *movimento livre* a alteração da massa modifica a aceleração, mas não modifica a força externa.

56º- Em *queda livre* a alteração da massa modifica a força externa, mas não modifica a aceleração.

57º- A explicação newtoniana não informa como a força está relacionada com a velocidade.

58º- Não esclarece a origem ou intensidade da força, que aparece durante o movimento, constatada no momento do impacto.

59º- Uma analise cuidadosa da explicação newtoniana permite verificar que, num campo gravitacional, o aumento da massa de um corpo provoca o aumento da força de atração (força externa), por conseqüência a aceleração deveria aumentar, e isto não ocorre. Entretanto, pela inércia, sabe-se que o aumento da massa causa uma redução na aceleração, porém não ocorre nenhuma alteração na intensidade da força externa. Logo, a explicação newtoniana não esclarece a relação que deve existir entre a ação das forças e os movimentos dos corpos em queda livre.

60º- Conforme as leis de Newton a força externa que atua num corpo em *movimento livre* é diferente da força externa que atua num corpo em *queda livre*. No primeiro caso a força externa *não depende* da massa. Já no segundo caso ela *depende* da massa por se tratar de uma atração gravitacional. Por isso não é possível relacionar a explicação do primeiro caso com a do segundo.

61º- O argumento newtoniano não convence. O que Newton mostrou, em essência, foi que sua visão era consistente dentro do círculo lógico de seu próprio sistema. E mesmo isto não consegue explicar as demais objeções apresentadas na presente crítica.

62º- Todos esses problemas são intratáveis quando se insiste em se trabalhar exclusivamente dentro do âmbito das leis de Newton.

63º- Disso tudo se infere que a equação fundamental da Dinâmica é insuficiente para explicar todos os fenômenos da natureza.

Conclusões

64º- Evidentemente a *variação* de velocidade é o resultado da ação de forças. Entretanto, tal força não é aquela expressa pela segunda lei de Newton.

65º- É evidente que a força de impacto é o resultado da ação de forças. Porém, tal força não é aquela prevista pela segunda lei de Newton.

66º- Torna-se evidente que a previsão da segunda lei da Dinâmica newtoniana no seu aspecto causal é irreconciliável com o princípio da queda livre dos corpos, estabelecida experimentalmente por Galileu Galilei.

67º- A segunda lei de Newton tem sucesso na avaliação do movimento simplesmente porque nela está presente o conceito de aceleração. Sendo que esta é uma grandeza comum tanto na avaliação do peso como na avaliação da *variação* da velocidade de um corpo em queda livre.

68º- As três leis de Newton, que reunidas formam o arcabouço da Dinâmica, conferem com os resultados quantitativos observados, mas o acordo é puramente acidental.

69º- Previsões quantitativas sem explicações causais consistentes deixam a desejar ao conhecimento da natureza.

70º- A Dinâmica de Newton é um entendimento aplicável a apenas uma pequena parte da experiência do mundo natural.

71º- A teoria Dinâmica de Newton não apenas é insuficiente, mas, em alguns aspectos, altamente ininteligível.

72º- Todo e qualquer modelo matemático possui utilidade restrita aos limites bem definidos das áreas para os quais foram estabelecidos.

73º- Além de tudo isso, todo e qualquer modelo têm, na física, um papel heurístico e provisório.

74º- Claro está a existência de severas limitações teóricas para a aplicabilidade do programa newtoniano.

75º- As objeções foram formuladas dentro de certos limites. Pois o que esta sendo questionado são as conclusões que foram extraídas da segunda lei de Newton.

76º- Embora tenham sido apresentadas várias objeções à teoria de Newton, na verdade basta uma única observação contradizer a teoria para que a mesma seja abandonada ou modificada.

II - TEORIA DO DINAMISMO

Dinamismo

77º- Dinamismo é um ramo da Mecânica Clássica que apresenta uma descrição matemática e uma interpretação filosófica altamente consistente das causas e efeitos das forças verificadas nos mais variados movimentos. Nessa teoria os movimentos são estudados, calculados, deduzidos e explicados unicamente em função das causas que os produzem.

Definições de Forças

78°- As *forças* são os agentes responsáveis por toda e qualquer forma de movimento.

79°- A *força externa* é a ação de uma força exterior aplicada sobre um corpo.

80°- A *força de inércia* é uma força de oposição que a matéria exerce à alteração do seu estado de repouso, em relação ao referencial da força externa.

81°- A *força dinâmica* é a resultante da força externa após esta vencer a oposição oferecida pela força de inércia.

82°- A *força induzida* é comunicada ao móvel no decorrer do tempo pela interação da força dinâmica.

Leis do Dinamismo

83°- A *força externa* é igual ao produto entre a massa do corpo pela aceleração que apresenta.

84°- A *força dinâmica* é igual ao produto entre uma constante chamada *estimulo* pelo valor da aceleração que o móvel apresenta.

85°- A *força de inércia* é igual a diferença existente entre a força externa pela força dinâmica.

86°- A *força induzida* é igual ao produto entre a força dinâmica pela variação de tempo que atua no móvel.

87°- A *força induzida* é igual ao produto entre o *estímulo* pela velocidade do móvel.

88°- O *peso* é igual ao produto entre a massa do corpo pela força dinâmica gravitacional.

89°- A *força de impacto* é igual à soma da força de inércia com a força induzida.

90º- A *força dinâmica gravitacional*, num ponto do planeta, é diretamente proporcional à massa desse planeta e inversamente proporcional ao quadrado da distância que separa esse ponto do centro do planeta.

Sentido das Forças

91º- A força dinâmica apresenta a mesma direção e sentido da força externa.

92º- A aceleração apresenta a mesma direção e sentido da força dinâmica.

93º- O sentido da força de inércia é tal, que se opõe ao sentido da força externa.

94º- A direção e o sentido da força induzida é o mesmo da força dinâmica que a produz.

95º- O sentido da força induzida coincide com o sentido da velocidade.

Conceitos de Força Externa

96º- Uma força externa constante, produz uma força dinâmica constante.

97º- Na ausência de forças externas, a força dinâmica é nula.

98º- Sob a ação de forças externas, o móvel sofre indução ou extração de forças.

99º- Se o móvel sofre a ação de uma força externa variável, sua força dinâmica varia na mesma proporção.

100º- Para alterar o estado de repouso ou de movimento de um corpo é necessário aplicar uma força externa.

101º- Uma força externa variável aplicada de forma contínua, está constantemente tirando o móvel do seu estado de repouso.

102º- A força externa consiste apenas na ação inicial do movimento e, não permanece atuando no móvel depois que a ação cessa.

Conceitos de Força Dinâmica

103º- Toda vez que um corpo é submetido à ação de uma força externa, ele fica sujeito a uma força dinâmica.

104º- Quanto maior for a intensidade da força externa sobre um móvel, tanto maior será a intensidade da força dinâmica resultante.

105º- Quanto maior for a massa do móvel, tanto menor será a intensidade de força dinâmica resultante.

106º- Toda vez que um corpo está sob a interação de uma força dinâmica, ele apresenta uma aceleração.

107º- Somente a interação de uma força dinâmica de intensidade constante pode provocar uma aceleração constante, na direção e sentido da força.

108º- Uma força dinâmica variável provoca uma aceleração variável.

109º- A força dinâmica desaparece quando a força externa cessa.

110º- Enquanto a força dinâmica interage no móvel, o mesmo permanece acelerado. Porém, quando não há força dinâmica, não há aceleração.

Conceitos de Força de Inércia

111º- Ao vencer a oposição da força de inércia, a força externa emerge numa resultante chamada força dinâmica.

112º- Uma mesma intensidade de força externa ao ser aplicada a corpos de diferentes massas, ao vencer a oposição da força de inércia, emerge com diferentes forças dinâmicas.

113º- A força de inércia se opõe à ação da força externa, porém não provoca sua diminuição.

114º- A inércia é uma força que se opõe à variação da força dinâmica, provocando sua alteração.

115º- A força de inércia de um móvel é relativa ao sistema de referência considerado.

116º- Quanto maior for a força dinâmica, tanto maior será a força de inércia de um móvel.

117º- À medida que a aceleração de um móvel aumenta, devido ao aumento da força externa, sua força de inércia aumenta, de forma que é necessária uma força externa cada vez maior para vencer a força de inércia.

118º- A força de inércia é alterada pela massa do corpo e pela variação da força externa aplicada sobre o móvel.

119º- O Dinamismo afirma que se, no *movimento livre*, a mesma intensidade de força externa for aplicada a dois corpos de massa diferentes, o corpo de menor massa sofrerá uma maior aceleração do que o corpo de maior massa. Isto porque a força dinâmica que resulta da força externa, será maior num corpo que apresenta menor força de inércia e menor num corpo que apresenta maior força de inércia.

Conceitos de Força Induzida

120º- A força induzida é comunicada ao móvel pela interação deste com a força dinâmica.

121º- A força induzida é intrínseca ao movimento do corpo. Ela é conservada e transportada pelo móvel.

122º- As forças induzidas são as grandezas físicas responsáveis pelos movimentos dos corpos.

123º- A quantidade de força induzida no móvel caracteriza a intensidade da velocidade.

124º- Se o valor da força induzida for zero, o corpo encontra-se no estado de repouso.

125º- Se a força induzida num corpo for diferente de zero, então esse corpo está em movimento.

126º- Uma força induzida variável provoca um movimento variável.

127º- Uma força dinâmica constante provoca o aparecimento de uma força induzida que varia uniformemente no decorrer do tempo. Nestas condições, o movimento descrito pelo móvel é uniformemente variado.

128º- Sob a interação de uma força dinâmica constante, a força induzida é produzida, armazenada e conservada no móvel.

129º- O Dinamismo estabelece que sob a ação de uma força induzida, o móvel apresenta uma velocidade.

130º- Se a força induzida transportada pelo móvel for constante, a velocidade permanece constante.

131º- Se a força induzida transportada pelo móvel varia, então a velocidade varia.

132º- Se a força induzida transportada pelo móvel varia de forma uniforme, então a velocidade varia de forma uniforme.

133º- Uma força induzida de intensidade constante é a causa que faz o móvel permanecer em seu estado de movimento uniforme em linha reta ao infinito.

Conceitos da Força Peso

134º- O Dinamismo ensina que a força dinâmica gravitacional provoca o aparecimento do peso dos corpos.

135º- O peso é uma força de contato em repouso.

136º- Um corpo em repouso não apresenta força induzida.

137º- Qualquer corpo em queda livre apresenta peso nulo.

138º- O peso é uma força estática que aparece somente quando o corpo está em repouso e sob a atração da força externa gravitacional.

139°- Quando um corpo está imerso num campo gravi-tacional e em repouso, aparece uma força chamada peso. O peso será tanto maior quanto maior for a sua massa e, tanto maior quanto maior for a intensidade da força dinâmica gravitacional que interage com o corpo.

Repouso

140°- Se a força induzida for nula, então o corpo está em repouso.

Princípios do Movimento

141°- A *força externa* ao ser aplicada sobre um corpo, vence a resistência oferecida pela *força de inércia* e emerge numa resultante chamada *força dinâmica*. Esta por sua vez induz ao móvel no decorrer do tempo a já mencionada *força induzida*.

142°- Para que um móvel permaneça em movimento é *necessário* que ele esteja sob a ação de forças induzidas.

143°- Qualquer quer seja o movimento, o móvel transporta uma força induzida.

144°- A força induzida mantém o movimento ao infinito enquanto permanecer armazenada no móvel.

145°- A força induzida de um móvel isolado permanece constante no decorrer do tempo

146°- Para que um móvel permaneça em movimento *não é necessário* que ele esteja sob a ação de forças externas.

147°- Para que um móvel permaneça em movimento *não é necessário* que ele esteja sob a ação de forças dinâmicas.

148°- Independentemente da ação de forças externas ou dinâmicas, qualquer corpo permanece em movimento enquanto estiver sob a ação de forças induzidas.

149º- O movimento uniforme se caracteriza pela ação de uma força induzida constante, conservada e transportada pelo móvel.

150º- Se um móvel não encontrar oposição ao seu estado de movimento uniforme, a força induzida permanece conservada e constante nesse móvel.

151º- Extraindo-se a força induzida pela ação de uma força externa, o movimento cessa e o corpo entra em repouso.

152º- O movimento uniformemente variado se caracteriza pela ocorrência de incrementos iguais de força induzida em intervalos de tempos iguais.

153º- No movimento uniformemente variado a relação entre a força induzida pela variação de tempo define a força dinâmica.

154º- O movimento uniformemente variado é caracterizado pela ação de uma força dinâmica constante que atua no móvel.

155º- O *movimento uniformemente variado* passa para o estado de *movimento uniforme* quando a força dinâmica cessa.

156º- Se a força dinâmica for nula, o corpo está em repouso ou em movimento uniforme em linha reta ao infinito.

157º- A força dinâmica que a gravidade comunica a um móvel em queda livre não depende de sua massa.

158º- Todo corpo pode sofrer modificação do seu estado de repouso ou de movimento pela ação de forças externas aplicadas sobre ele.

159º- Pela ausência de forças induzidas, o corpo permanece no seu estado de repouso.

160º- Todo corpo mantém o seu estado de repouso ou de movimento retilíneo uniforme, a menos que sofra a interação de uma força externa.

161º- Todo corpo persiste em seu estado de movimento retilíneo uniforme quando está sob a ação de forças induzidas *constante*.

162º- Todo corpo persiste em seu estado de movimento variado quando sofre a ação de forças induzidas *variáveis*.

163º- Todo corpo persiste em seu estado de movimento uniformemente variado quando está sob a ação de forças induzidas que *variam uniformemente* no decorrer do tempo.

III - EXPLICAÇÃO DAS OBJEÇÕES

Queda Livre

164º- O Dinamismo esclarece que a *força dinâmica* está relacionada com a *aceleração* de um corpo; e que a *força induzida* está relacionada com a *velocidade* desse corpo.

165º- A força dinâmica de um móvel em queda livre é denominado por *força dinâmica gravitacional*.

166º- Em queda livre a força dinâmica gravitacional caracteriza a aceleração da gravidade dos corpos.

167º- Em queda livre a força dinâmica gravitacional é igual para todos os corpos.

168º- A força dinâmica gravitacional de um corpo em queda livre é constante, pois somente uma força dinâmica constante pode provocar uma aceleração constante.

169º- Em queda livre a força dinâmica gravitacional não depende da natureza, massa, peso ou forma dos corpos.

170º- A força dinâmica gravitacional é produzida pelo planeta e não pelos corpos em queda livre. Logo, todos os corpos em queda livre, independentemente de seu peso ou massa, são submetidos à ação da mesma intensidade de força dinâmica de origem gravitacional.

171º- A força dinâmica de um corpo em queda livre está em *equilíbrio* com a força dinâmica gravitacional do planeta.

172º- A força dinâmica gravitacional é constante próximo à superfície da Terra e, independe da massa ou peso dos corpos.

173°- Se a força dinâmica gravitacional é constante, decorre que o movimento de um corpo em queda livre é uniformemente variado.

174°- Num corpo em queda livra, o módulo da força induzida aumenta, nesse, caso, o movimento é chamado por *estimulado*.

175°- Quando o corpo é lançado verticalmente para "cima", o módulo da força induzida diminui. Nessa situação, o movimento é chamado por *destimulado*.

176°- Quando o móvel atinge uma altura máxima, sua força induzida inicial é nula.

177°- Num lançamento vertical a força induzida de partida é igual à de retorno.

178°- Num lançamento vertical o tempo gasto na subida é igual ao tempo gasto na descida.

179°- Em queda livre todos os corpos são submetidos à mesma intensidade de força dinâmica gravitacional, independentemente de qualquer diferença nos seus pesos ou massas.

180°- Em queda livre a força externa com que a gravidade atrai um corpo é maior num corpo de maior massa e menor num corpo de menor massa. Entretanto, a força de inércia também é maior num corpo de maior massa e menor num corpo de menor massa. Desse modo, quando um corpo entra em queda livre, a gravidade compensa sua força de inércia por uma força de atração (força externa), mantendo o corpo em *equilíbrio gravitacional*. Dessa forma o corpo manifesta a mesma força dinâmica produzida pelo campo gravitacional do planeta.

181°- Devido ao fato da força dinâmica gravitacional ser constante para todos os corpos, independentemente de sua massa ou peso, pode-se afirmar que, desprezada a resistência do ar, todos os corpos independentemente de seu peso ou massa, caem com a mesma aceleração, próximos à superfície da Terra.

182°- O Dinamismo prova que a causa do movimento em queda livre não é o peso do corpo, mas sim a força dinâmica gravitacional. E que próximo à superfície da Terra a força dinâmica gravitacional é constante durante todo o movimento e igual para todos os corpos, independentemente de suas massas ou pesos.

183º- O Dinamismo demonstra que quando dois corpos caem da mesma altura, eles chegam ao solo com a mesma velocidade, independentemente de qualquer diferença nas suas massas. Isto porque a força dinâmica gravitacional é a mesma para todos os corpos, independentemente de suas massas ou pesos. Sendo que ela comunica a esses corpos, nos mesmos intervalos de tempos, as mesmas forças induzidas.

184º- O Dinamismo prevê que todos os corpos caem com a mesma aceleração, independentemente de seus pesos ou massas.

185º- A aceleração de um corpo em queda livre está em *equilíbrio* com a aceleração produzida pelo campo gravitacional do planeta.

186º- Pela segunda lei de Newton a força de um corpo em queda livre, calculada em qualquer instante, apresentará sempre a mesma intensidade, independentemente da velocidade. Entretanto, o Dinamismo demonstra que em queda livre o corpo está sob a ação de uma força dinâmica gravitacional constante. Sendo que esta gera no móvel uma força induzida que varia uniformemente no decorrer do tempo.

187º- A velocidade de um corpo em qualquer tipo de movimento está relacionada com a força induzida. Sendo que, quanto maior for a força induzida tanto maior será a velocidade do móvel. Em outras palavras, a velocidade aumenta com a força induzida.

188º- O aumento da velocidade dos corpos sob a ação de uma força dinâmica constante, é proporcional ao aumento da força induzida.

Gravidade

189º- A força externa gravitacional é a força com que os corpos são atraídos em direção do centro da Terra.

190º- A força dinâmica que a interação gravitacional comunica a um corpo não depende de sua massa ou peso.

191º- A força dinâmica gravitacional depende apenas da massa do planeta e da distância do centro desse planeta ao corpo considerado.

192º- A força dinâmica gravitacional produzida pelo campo de um planeta é *equivalente* à força dinâmica que os corpos adquirem ao interagirem nesse campo gravitacional.

193º- A aceleração da gravidade produzida pelo planeta é *equivalente* à aceleração que os corpos apresentam nesse planeta.

Movimento Livre

194º- Quando a força externa deixa de ser aplicada, a força dinâmica deixa de operar, e o móvel entra no estado de movimento uniforme em linha reta ao infinito.

195º- O Dinamismo estabelece que um corpo em movimento uniforme em linha reta transporta uma quantidade de força induzida.

196º- Mesmo em movimento uniforme, um corpo transporta uma força que é tanto maior quanto maior for sua velocidade.

197º- No movimento uniforme a força dinâmica é nula e a força induzida constante com o tempo.

198º- A força induzida permanece armazenada no móvel, o que se comprova pela violência de um eventual choque mecânico contra uma superfície.

199º- Por causa de sua força induzida, o móvel mantém um movimento uniforme em linha reta para o infinito.

200º- A velocidade do móvel em movimento uniforme em linha reta ao infinito é constante porque a força induzida permanece conservada de forma constante.

201º- Somente a ação de uma força externa pode alterar a força induzida e, por conseqüência, a velocidade do móvel.

202º- Se a ação oposta da força externa extrair totalmente a força induzida, o móvel entrará em repouso.

Impacto

203º- As experiências demonstram que corpos em queda livre ganham uma força cada vez maior no desenrolar do movimento. E isto é confirmado no Dinamismo pelo aumento da força induzida no decorrer da queda livre do corpo.

204º- O Dinamismo analisa o impacto em termos de uma força interna transportada pelo corpo em seu movimento.

205º- Quanto maior for a força induzida acumulada e transportada por um móvel, tanto maior será a força de impacto observado no momento de um choque mecânico.

206º- Numa eventual colisão, a força de impacto será tanto maior quanto maior for a massa do móvel.

207º- O Dinamismo permite demonstrar como ocorre o aumento da força de impacto com o aumento da velocidade e demonstra que num choque mecânico, a força de impacto será tanto maior quanto maior for a velocidade desse corpo.

208º- A segunda lei de Newton não esclarece como a força de impacto está relacionado com a velocidade do móvel. Entretanto, o Dinamismo estabelece que a velocidade está relacionada com a força induzida e que esta última tem sua parcela no impacto.

209º- Quando se deixa corpos de diferentes pesos ou massas entrarem em queda livre, a partir do mesmo ponto, eles ficam sob a ação da mesma força dinâmica. E todos atingem o solo com o mesmo valor de força induzida. A diferença nas forças de impactos está na diferença entre as forças de inércia dos corpos.

210º- A segunda lei de Newton não prevê a existência ou a intensidade de uma força de impacto. Entretanto as leis do

Dinamismo prevêem a intensidade da força de impacto como o resultado da soma entre a força de inércia e da força induzida.

211º- Medidas mecânicas de impactos resultantes dos corpos em queda livre evidenciam a ação de uma força mais intensa do que a força prevista pela segunda lei de Newton. No Dinamismo tal fenômeno fica completamente explicado pelo conceito de força de inércia e força induzida.

212º- De acordo com a segunda lei de Newton, a força envolvida num choque mecânico deve ser igual para qualquer corpo que apresente a mesma massa e aceleração. Porém, as experiências têm demonstrado que corpos com mesma massa e aceleração podem apresentar força de impactos totalmente diferentes. E segundo o Dinamismo isto é causado pela diferença de força induzida atuando no móvel.

213º- De acordo com a segunda lei de Newton, não há força interagindo num móvel quando não há aceleração. Entretanto, o Dinamismo demonstra que corpos em movimento retilíneo uniforme transporta uma força induzida, manifestando claramente a existência dessa força num eventual choque mecânico.

Inércia

214º- A inércia da matéria manifesta sua oposição toda vez que a força externa aumenta de intensidade, elevando o móvel a um novo estado de movimento.

215º- A inércia exercida pela matéria anula o efeito da força externa de atração gravitacional e vice-versa.

216º- Num corpo em queda livre ocorre aparentemente uma compensação entre a inércia e a força de atração. Sendo que essa exata compensação mantém a aceleração de queda livre constante e igual à que é criada pelo planeta.

217º- A inércia e a gravidade estão relacionadas com a massa. O aumento desta acarreta o aumento das outras duas.

Conclusões

218º- A segunda lei de Newton sugere que o peso é a força responsável pela queda livre dos corpos. Entretanto o Dinamismo estabelece que a força responsável pela queda livre dos corpos é a força dinâmica. Ela é constante para todos dos corpos e, como tal, produz uma aceleração constante, o que está de acordo com as experiências.

219º- Próximo a superfície da Terra, os corpos em movimento uniformemente variado acelerado, são atraídos pela força externa da gravidade da Terra, com força dinâmica gravitacional constante.

220º- A segunda lei de Newton sugere que a aceleração dos corpos em queda livre é o resultado da ação do peso. Porém o Dinamismo demonstra que a aceleração depende apenas da força dinâmica gravitacional. Sendo que esta independe do peso ou massa do corpo. Indo um pouco mais longe se pode afirmar que a aceleração de um corpo em queda livre é causada pela interação gravitacional entre dois corpos e não pelo peso do corpo.

221º- A Mecânica Clássica não estabelece a dependência entre velocidade e força. Todavia o Dinamismo demonstra claramente que a velocidade é o resultado da ação direta da força induzida.

222º- As experiências demonstram que a velocidade de um corpo em queda livre independe de seu peso ou massa. Isto está de acordo com o Dinamismo, pois a força induzida responsável pela velocidade não depende do peso ou massa.

223º- A segunda lei de Newton não prevê o aumento de força que aparece com o aumento da velocidade de um corpo. Porém, o Dinamismo demonstra claramente que o aumento da velocidade é um efeito da força induzida. Sendo que está é igual para todos os corpos que caem da mesma altura, independentemente de suas massas ou pesos.

224º- Quando um corpo entra em queda livre sob atração gravitacional, ocorre uma situação de *equilíbrio* que se traduz por uma *igualdade de força dinâmica gravitacional*. Esse fenômeno descoberto por Leandro constitui o *equilíbrio gravitacional*. Portanto, todos os corpos em queda livre estão em *equilíbrio gravitacional* e possuem obrigatoriamente *forças dinâmicas iguais*.

225º- O Dinamismo permite concluir que o aumento da massa de um corpo em queda livre provoca um aumento da força de inércia. Esta por sua vez, acarreta uma diminuição na força dinâmica. Por outro lado, esse aumento de massa provoca um aumento da força externa de atração gravitacional, o que leva ao aumento da força dinâmica. Esta exata compensação faz com que o móvel entre em *equilíbrio gravitacional* com a atração do planeta.

226º- Em queda livre, o aumento da força de inércia, e da força externa (provocadas pelo aumento da massa) sofrem uma exata compensação, de tal forma que mantém a força dinâmica constante e igual à força dinâmica gravitacional do planeta em determinado ponto.

227º- Este *equilíbrio gravitacional* provoca uma aceleração constante, pois somente uma força dinâmica constante pode corresponder a uma aceleração constante.

Ceterum censeo Carthaginem esse delendam.

APÊNDICE - III

PERGUNTAS SOBRE O DINAMISMO

A principal função da física é argumentar a partir dos fenômenos, sem inventar hipóteses e deduzir as causas dos efeitos.

Isaac Newton

1- Qual a razão destas perguntas?

O principal motivo para se fazer algumas perguntas sobre a teoria do Dinamismo consiste em torná-la mais lúcida na mente daqueles que a estudam. Mesmo porque em se tratando de uma nova tese, defendida pelo autor, todo esclarecimento possível se faz necessário. Além do mais as perguntas constituem-se numa poderosa ferramenta didática.

Houve época em que o autor procurou desesperadamente por uma interpretação teórica e filosófica para a sua teoria matemática do Dinamismo, visando contextualizá-la dentro dos parâmetros da Física Clássica. E as perguntas que fez foram bastante significativas ao possibilitar uma visão mais precisa dessa teoria.

2- O que é Dinamismo?

O Dinamismo é o paradigma de um novo saber. É a teoria do movimento, baseada nos conceitos de forças externas, dinâmicas, inerciais e induzidas, relacionadas com as suas respectivas grandezas cinemáticas, tais como velocidade e aceleração. Essa teoria avalia quantitativamente e qualitativamente os mais diferentes tipos de movimentos, unicamente por intermédio das causas que os produzem. Ou seja: Dinamismo é a parte da Física que estuda e descreve o movimento a partir de suas causa primordiais, que são as forças.

3- O que o Dinamismo ensina?

Basicamente a teoria do Dinamismo ensina que todo corpo em movimento (móvel) possui conservada uma certa força induzida. E que tal força é comunicado a este móvel pela chamada força dinâmica. E uma vez que isso ocorra o corpo fica a agir por meio de sua força induzida. Para o Dinamismo não existe movimento sem a interação contínua de uma força induzida conservada e transportada pelo móvel.

4- Qual é a síntese da teoria do Dinamismo?

Em essência a teoria do Dinamismo é caracterizada pelo conceito segundo o qual a força externa que atua sobre um corpo, ao vencer a resistência oferecida pela força de inércia, emerge numa resultante, chamada força dinâmica que por sua vez comunica ao móvel uma força induzida.

5- Quem criou os termos técnicos dinâmicos usados na teoria do Dinamismo?

É bom lembrar que os termos técnicos usados na teoria do Dinamismo, tais como força dinâmica, força de inércia, força induzida e estímulo foram cunhados por Leandro Bertoldo.

6- Qual é o ponto central e unificador do Dinamismo?

O ponto central e unificador da teoria do Dinamismo é a grandeza física denominada por *força induzida*.

7- Como aparece a força induzida?

Uma força externa aplicada sobre um corpo, ao vencer a oposição oferecida pela força de inércia, emerge numa resultante denominada por força dinâmica, cuja interação contínua, a cada instante, resulta numa nova geração de força induzida, a qual é acrescentada e conservada àquela que o corpo em movimento (móvel) já possui no instante anterior.

8- A teoria do Dinamismo é científica?

O Dinamismo é considerado uma teoria científica *pura* por possuir unidade de objeto, sistematização e, principalmente, por estar vinculado nas duas principais estruturas metodológicas da ciência: a *experimental* e a *matematização*. Este método consiste na mais perfeita observação e na indução com a incorporação matemática controlada pela experiência. É uma teoria científica porque expressa um conhecimento exato e perfeito das leis naturais que determinam a força e as causas dos movimentos.

9- O que torna o Dinamismo atraente?

O Dinamismo é uma teoria bastante atraente pelo fato de que suas leis se apresentam de uma forma simples e o método considerado fornece resultados que estão em perfeita harmonia com os dados experimentais observados. Essa nova teoria também apresenta a atraente vantagem de estar caracterizada pela simplicidade e oferece um quadro teórico coerente que explica maravilhosamente todos os fenômenos mecânicos observados na natureza.

10- O Dinamismo apresenta algum padrão?

Sim! O Dinamismo apresenta certo padrão básico: O conteúdo da teoria está em perfeito acordo com todos os conceitos e fenômenos observados na física clássica. Apresenta uma coerência interna e está em conformidade com o método experimental. E em nenhum ponto veio a contradizer a Mecânica Clássica, mas na verdade generalizou-a e permitiu a dedução das leis de Newton.

11- Quem desenvolveu cientificamente o Dinamismo?

O impulso decisivo que iniciou a transformação do Dinamismo em uma teoria científica tal como é apresentada atualmente foi dado por Leandro Bertoldo que, com seu acurado espírito criativo, lógico e matemático, dedicou-se a estudar o movimento e reuniu suas conclusões em vários livros e artigos.

O conjunto das conclusões de Leandro constitui-se na primeira abordagem rigorosamente cientifica do Dinamismo, isto é, o estudo dos movimentos em relação às forças que os produzem.

Com o Dinamismo a Mecânica Clássica atingiu uma generalidade e maturidade jamais alcançada por qualquer teoria mecânica anterior.

12- Como o Dinamismo foi desenvolvido?

O Dinamismo foi criado em 1.978 com o estudo sistemático de Leandro sobre o movimento. A primeira grandeza física analisada pela teoria do Dinamismo foi a de força induzida, estudada em relação ao conceito de velocidade. A segunda foi a força externa, porém certas dificuldades em relação às leis de Newton o levaram a deixar a teoria de lado para uma ulterior e melhor reflexão. E, durante dezessete anos, não se empenhou ativamente no estudo do Dinamismo, posto que estava ocupado com outras teorias. Entretanto, em 1.995 voltou a abordar o problema, acabando por completar o seu trabalho original, com o conceito de força dinâmica e força de inércia.

13- O que motivou a criação da teoria do Dinamismo?

Essa teoria nasceu de um ensaio de juventude de Leandro e que mostra a reação crítica de um jovem estudioso contra as leis e explicações oferecidas pela Mecânica Newtoniana. Também lhe pareceram estranhos e ingênuos os argumentos físicos tradicionais com que muitos se esforçavam para explicar o movimento em seus diversos aspectos unicamente em função do conceito de força externa.

14- Quais eram as perguntas crucias deram origem ao Dinamismo?

Uma força constante produz uma velocidade que varia uniformemente no decorrer do tempo. Em termos dinâmicos a pergunta era, por que?

Em queda livre a velocidade varia uniformemente no decorrer do tempo. Logo existe uma força constante aplicada igualmente a todos os corpos em queda livre. A pergunta era, qual?

Na ausência de força externa, um corpo mantém seu movimento uniforme e retilíneo ao infinito. A pergunta era, por que?

Uma força constante resulta numa aceleração constante A pergunta era, por que?

Corpos de diferentes massas sob a ação da mesma intensidade de força apresentam diferentes acelerações. A pergunta era, por que?

Corpos de diferentes massas em queda livre apresentam a mesma aceleração. A pergunta era, por que?

Uma força externa constante apresentava em intervalos de tempos diferentes forças de impacto diferentes. A pergunta era, por que?

Qual era a grandeza física comum que poderia unificar todos esses fenômenos numa só explicação?

As respostas oferecidas pela Física Clássica eram pobres e intelectualmente insatisfatórias. E a solução procurada por Leandro o levou à descoberta do Dinamismo.

15- A teoria do Dinamismo é difícil?

Não! Qualquer pessoa que tenha um conhecimento mínimo de álgebra é capaz de compreendê-la perfeitamente. Na verdade seu grande mérito consiste na extrema simplicidade lógica que permite explicar vários fatos aparentemente conflitantes nas leis da natureza. Sendo que um dos principais fatos explicados pela teoria é o da velocidade dos corpos numa diversidade de movimentos.

16- Qual é o valor do Dinamismo?

O valor da teoria do Dinamismo torna-se evidente por várias razões: possibilita a previsão e explicação dinâmica de como a velocidade sofre variações; permitiu estabelecer o estudo do fenômeno do impacto unicamente em termos dinâmicos e, além disso, as leis do Dinamismo reproduzem todos os resultados obtidos pela teoria clássica. Entretanto, a teoria do Dinamismo não se limitou a dar uma explicação para os fenômenos conhecidos, mas possibilitou a previsão e descoberta de muitos outros fenômenos, forneceu ao mundo uma nova visão a respeito dos fenômenos de origem mecânica, possibilitou uma compreensão maior da natureza, tudo isso constituem provas convincentes de seu valor científico.

17- O Dinamismo é uma teoria alternativa?

Não! O Dinamismo não é uma teoria alternativa no sentido de uma mudança de valores que não possuem vínculo ou relação com a teoria clássica. Mas trata-se de uma teoria de vasto alcance que generaliza, complementa e absorve a Mecânica Clássica num bloco altamente coerente, sendo que as leis do Dinamismo concordam muito bem com as leis de Newton. Na verdade a teoria do Dinamismo vem a completar o trabalho de Galileu Galilei (1564-1642) e de Isaac Newton (1642-1727).

18- A Dinâmica Clássica é uma teoria errada?

De forma nenhuma! A Dinâmica Clássica é uma teoria altamente consistente e correta. Ela explica qualitativamente e quantitativamente o mundo cotidiano do observador. E além do mais ela veio a possibilitar o nascimento e o desenvolvimento da tecnologia moderna. Entretanto, conforme mostra a teoria do Dinamismo, a Dinâmica Clássica é uma teoria restrita, para não dizer incompleta. Ou seja, essa teoria representa um caso particular onde os fenômenos cinemáticos são explicados unicamente em função e sob a perspectiva da força externa. Como a teoria do Dinamismo é muito mais abrangente do que a Dinâmica Clássica, então se torna claro que esta deve ser absorvida por aquela. Com isso pode-se dizer que o Dinamismo coroa a Mecânica Clássica, acrescentando e revisando as suas bases.

19- Como o Dinamismo afeta a Dinâmica?

Da perspectiva da força induzida, o Dinamismo altera a concepção de movimento. Antes, acreditava-se que a velocidade não tinha relação direta com nenhum tipo de força e, por isso mesmo, definiu-se o conceito de inércia. Sob a ótica da força induzida, a primeira lei de Newton sofre um processo de bipartição, passando a existir uma explicação diferente para o repouso e para o movimento. Apesar dessa diversidade, o Dinamismo está em perfeita harmonia com a dinâmica newtoniana, inclusive prevê as leis de Newton como casos particulares da interação da força induzida. Com isso os conceitos da Dinâmica Clássica devem se render à teoria do Dinamismo.

20- Qual é o enunciado da primeira lei de Newton?

A primeira lei de Newton, também conhecida como o princípio da inércia foi enunciado por Newton nos seguintes termos: *Qualquer corpo permanece no seu estado de repouso ou de movimento uniforme em linha reta, a menos que seja forçado a mudar seu estado por forças aplicadas nele.*

Essa lei afirma que um corpo em repouso permanece para sempre em repouso e um corpo em movimento permanece para sempre em movimento, a menos que uma força externa aplicada sobre eles venha a modificar suas situação.

A teoria o Dinamismo oferece uma explicação causal para os fenômenos do repouso e do movimento em termos qualitativos e quantitativos.

21- Qual é a explicação do repouso para o Dinamismo?

Para a teoria do Dinamismo o repouso é a ausência de força induzida num corpo.

22- Sob a ótica do Dinamismo qual é a explicação para o movimento?

Sob a perspectiva da teoria do Dinamismo o movimento é o resultado da interação de uma força induzida conservada e transportada pelo móvel no decorrer do tempo.

23- Quais são as características das obras de Leandro?

Com um extraordinário poder de síntese, Leandro organizou os fenômenos físicos da Mecânica e precisou a conexão que os unifica em seus postulados, justificando-os em suas aplicações e explicando-os em seus êxitos. Tudo isto com uma clareza tal que ao estudar sua obra, comprova-se que não aborda nenhuma matéria sem antes definir com exatidão seus conceitos fundamentais.

O Dinamismo oferece uma unidade de critério, formando um corpo completo de doutrina, precisa e ordenada, estando exposta com os devidos fundamentos científicos e, portanto, dão uma orientação segura e satisfatória.

24- Qual é a origem da teoria do Dinamismo?

O Dinamismo é um conceito altamente intuitivo. Tanto é verdade que os leigos, em geral, relacionam força e velocidade, muito embora desconheçam a natureza dessa força. E do mesmo modo, em 1976, quando Leandro iniciou seus estudos em Física, a primeira coisa que lhe ocorreu foi a suspeita de que existe uma relação entre força e velocidade.

Em 1978, Leandro fundamentou e demonstrou a realidade de sua teoria num pequeno tratado denominado por *Dinamismo*, para isso utilizou-se do método científico, especialmente o método matemático. Demonstrou que sua teoria apresenta fatos e contra fatos não há argumentos.

Tudo teve origem quando este jovem tinha doze anos de idade, quando fez uma descoberta que lhe despertou a atenção. Em suas brincadeiras havia notado que sua bolinha de aço ao cair de alturas cada vez maior provocava uma marca cada vez mais profunda no solo. Isso o levou à experiência mental de que um corpo ao cair transporta uma força que seria tanto maior quanto maior fosse a altura de queda. Mais tarde ao tentar compreender a causa da velocidade foi levado intuitivamente ao conceito de força induzida.

25- Como Leandro chegou ao conceito de força induzida?

Em 1976 Leandro havia admitido intuitivamente que a velocidade estava relacionada com uma força. E que essa força seria a própria causa da velocidade. Mas a pergunta crucial era a seguinte: Qual seria a natureza de tal força?

E ao estudar o comportamento da velocidade dos corpos nos mais diferentes tipos de movimentos fez uma analogia com a possível natureza da força relacionada com a velocidade. Desse modo chegou ao seu atual conceito de força induzida.

26- Quem é Leandro Bertoldo?

Leandro Bertoldo é filho de José Bertoldo Sobrinho e Anita Leandro Bezerra. Nasceu em São Paulo (Brasil) a 03 de março de 1.959. Sua educação ocorreu no Grupo Escolar Professora Leonor de Oliveira Mello; Grupo Escolar de Primeiro Grau Dr. Deodato Wertheimer; Escola Estadual de Segundo Grau Francisco Ferreira Lopes e Universidade de Mogi das Cruzes. Durante seus estudos para compreender a natureza, Leandro com 18 anos de idade produz intensamente: realizando grandes descobertas em mecânica (Dinamismo), em matemática (Geometria e Cálculo).

Todas as descobertas de Leandro situam-se entre os anos de 1978-1985. Nesses sete anos concebeu numa rápida sucessão centenas de teses cientificas, livros e idéias sobre os mais variados assuntos, resultando em mais de duas dezenas de cadernos manuscritos. Portanto, a produção cientifica de Leandro amadureceram entre os seus dezoito e vinte e cinco anos de idade. Neste período ele introduziu novos conceitos em vários campos da Física e deu um novo rumo à Mecânica Clássica.

27- Leandro Publicou alguma coisa sobre o Dinamismo?

Sim! No ano de 2000 ele publicou o livro *Artigos sobre o Dinamismo*, no qual discorreu sobre os conceitos da teoria do Dinamismo. Este livro apresenta vários artigos sobre a teoria do Dinamismo e foi escrito em diferentes gêneros, nos quais o autor procurou expor suas principais idéias em prosa e não em termos matemáticos. Nela o autor procura interpretar a teoria do Dinamismo sob o aspecto pessoal, intelectual, técnico, teórico, filosófico e histórico.

Este livro tem alcançado grande sucesso de público e gerado os mais diferentes tipos de reações. Tais como discussões sobre alguns conceitos técnicos, comentários sobre a postura do autor perante sua teoria, alguns leitores reclamaram da falta da matemática e outros não entenderam nada do assunto, etc. Mas, enfim, o livro tem alcançado o seu objetivo: o de levar as pessoas a refletirem sobre a teoria do Dinamismo como uma generalização da Dinâmica newtoniana.

28- O que é um móvel?

Móvel é a definição cinemática dada a qualquer corpo que esteja em movimento. Ou seja, todo corpo em movimento é um móvel.

29- O que é inércia?

A Física Clássica define a inércia como sendo a tendência de um corpo de permanecer em repouso ou em movimento retilíneo uniforme ao infinito, a menos que uma força externa venha a modificar tal situação.

30- O que é posição?

Posição é a localização exata de um corpo numa região qualquer do espaço.

31- O que é movimento?

Movimento e o deslocamento de um corpo de uma posição para outra no decorrer do tempo.

32- Qual é a causa dos movimentos?

Todo e qualquer tipo de movimento é causado pela
ação de forças que interagem na matéria ou atuam sobre a
mesma. O movimento é iniciado e mantido pela interação da
força induzida.

33- O que é movimento inercial?

A tendência de um corpo isolado no espaço em permanecer num movimento com velocidade constante na ausência
de forças externas é chamada de movimento inercial.

34- O que é movimento livre?

O movimento de um corpo isolado no espaço sob a
ação de uma força externa é denominado por movimento livre.
Neste tipo de movimento o móvel não sofre a influência da
gravidade ou da resistência oferecida pelo ar.

35- O que é queda livre?

Diferentemente do movimento inercial e do movimento
livre, na queda livre o corpo sofre os efeitos da interação gravitacional do planeta. Neste caso, parece que ocorre uma compensação entre a inércia da matéria e a força atrativa do planeta, o que ocasiona a mesma aceleração em todos os corpos em
queda livre.

36- O que é uma força?

As forças são grandezas físicas constatadas pelos efeitos que produzem na matéria.

37- Quais são os efeitos das forças?

As forças provocam vários efeitos entre os quais se destacam, a pressão, movimento e as deformações.

38- Quais são as forças envolvidas no movimento?

As forças envolvidas no movimento dos corpos são quatro, a saber: *força externa, força dinâmica, força de inércia* e *força induzida.*

39- O que é indução?

É o processo segundo o qual uma força dinâmica livre de resistência pode gerar uma força induzida num móvel, que a conserva.

40- Qual é a relação entre as forças e o movimento?

Três respostas possíveis são perfeitamente válidas:

1ª - Existe uma relação entre força externa e movimento.

2ª - A força induzida de um móvel está relacionada com a sua velocidade.

3ª - A força dinâmica de um corpo está relacionada à sua aceleração.

41- O que é peso?

O peso é uma força estática que aparece num corpo quanto o mesmo está imerso num campo gravitacional e em repouso em relação à superfície do planeta. O peso será tanto maior quanto maior for a massa do corpo e tanto maior quanto maior for a força dinâmica gravitacional. Em síntese o peso é a resposta de uma massa à ação da força dinâmica gravitacional.

42- Qual é a diferença entre massa e peso?

A distinção entre massa e peso é a seguinte: massa é a quantidade de matéria que o corpo possui e o peso é a força dinâmica gravitacional resultado da interação entre a massa de dois ou mais corpos.

43- O que é velocidade?

Velocidade é a grandeza física que avalia numericamente a intensidade do movimento de um corpo. Desse modo o movimento de um corpo será tanto mais intenso quanto maior for a sua velocidade, e tanto menos intenso quanto menor for a sua velocidade.

44- Qual é a causa da velocidade?

Qualquer que seja o movimento, a velocidade é causada pela ação das forças induzidas. Quanto maior for a força induzida num móvel tanto maior será a sua velocidade. Em outras palavras, a velocidade de um corpo será tanto maior quanto maior for a intensidade da força induzida, e tanto menor quanto menor for a intensidade da força induzida.

45- O que é aceleração?

Aceleração é a grandeza física que avalia a variação da velocidade do corpo no decorrer do tempo. Ou seja, avalia a intensidade da velocidade no passar do tempo.

46- Qual é a causa da aceleração?

Em última análise, a aceleração que os corpos adquirem é causada pela ação da força dinâmica. E quanto maior for a força dinâmica que atua num corpo, tanto maior será a aceleração que o mesmo adquire.

47- O que é uma força externa?

As forças externas são aquelas aplicadas externamente sobre os corpos. São forças produzidas por fontes externas aos corpos e que por qualquer processo externo interage com estes corpos. Em outras palavras, é a ação sobre um corpo capaz de alterar o seu estado de repouso ou de movimento.

48- Quais são as propriedades da força externa?

As forças externas apresentam as seguintes propriedades:

1ª - A força externa consiste somente na ação, e não permanece no móvel depois que a ação é concluída.

2ª - A força externa tem a propriedade de vencer a resistência oferecia pela força de inércia, resultando na força dinâmica.

3ª - Qualquer que seja a oposição encontrada pela força externa, a mesma não sobre nenhuma diminuição em sua intensidade.

49- O que é uma força dinâmica?

As forças dinâmicas são as resultantes da força externa, após esta última vencer a resistência oferecida pela força de inércia.

50- Quais são as propriedades da força dinâmica?

As forças dinâmicas apresentam as seguintes propriedades:

1ª - Por ser a resultante da força externa, a força dinâmica desaparece quando a força externa cessa a sua ação.

2ª - As forças dinâmicas são responsáveis pela aceleração do móvel.

3ª - O sentido da força dinâmica é o mesmo da força externa aplicada sobre o corpo.

51- O que é uma força de inércia?

São forças inerentes à matéria. Elas tendem a opor-se à alteração do estado de repouso ou à variação de movimento dos corpos. Ou seja, é a reação de um corpo a qualquer alteração de seu estado de repouso em referência à força externa.

52- Quais são as propriedades da força de inércia?

As forças de inércia apresentam as seguintes propriedades:

1ª - A força de inércia tem a propriedade de alterar a força dinâmica que atua num corpo.

2ª - A força de inércia não altera a força externa que atua sobre um corpo.

3ª - O sentido da força de inércia é tal, que se opõe ao sentido da força externa.

4ª - O sentido da força de inércia é tal, que se opõe ao sentido da força dinâmica.

53- O que é uma força induzida?

A força induzida é a mais intuitiva das forças. Ela resulta da interação da força dinâmica num corpo no decorrer do tempo. Numa definição mais simples, tenho chamado de força induzida de um móvel àquilo que faz com que ele tenda a permanecer em seu movimento retilíneo.

Pode-se acrescentar que o conceito de indução de força, mais do que qualquer outro conceito caracteriza melhor o Dinamismo, que é, mais do que qualquer outra coisa, uma investigação das forças induzidas em sua determinação do movimento dos corpos.

54- Quais são as propriedades da força induzida?

As forças induzidas apresentam as seguintes propriedades:

1ª - A força induzida permanece conservada do corpo em movimento, mesmo depois de cessada a ação da força externa e da força dinâmica.

2ª - As forças induzidas são responsáveis pelas velocidades que os corpos apresentam.

3ª - Por sua força induzida somente, todo corpo segue uniformemente em linha reta em direção do infinito, a menos que uma força externa venha a alterar o seu estado.

4ª - Um móvel, unicamente por sua força induzida, mantém o seu estado de movimento uniforme retilíneo para sempre.

5ª - A força induzida somente pode ser alterada pela ação de forças externas.

6ª - A força induzida dos corpos define satisfatoriamente os movimentos absolutos. De tal forma que não há nenhuma necessidade de qualquer conceito de espaço absoluto.

7ª - A força induzida permanece conservada no móvel ao infinito, a menos que uma força externa venha a dissipar essa força induzida.

55- Qual é a relação entre movimento e força externa?

O movimento está relacionado com a força externa através da aceleração que o corpo adquire. Essa força é a ação que causa alteração na taxa de modificação da força dinâmica de um corpo.

56- Qual é a relação entre movimento e força dinâmica?

O movimento está relacionado com a força dinâmica por meio da aceleração que produz no móvel. Essa força é a ação que provoca alteração na taxa de modificação da força induzida de um corpo.

57- Qual é a relação entre movimento e força de inércia?

O movimento está relacionado com a força de inércia através da oposição que oferece à mudança de aceleração.

58- Qual é a relação entre movimento e força induzida?

O movimento está relacionado com a força induzida através da velocidade que o móvel adquire.

Sabe-se que um móvel em movimento retilíneo e uniforme possui associado a ele uma força induzida. Sendo que esta força está armazenada no corpo em movimento e não se dissipa, a menos que uma força externa oponha-se ao movimento.

Se o corpo se move com velocidade variável, há uma força dinâmica associada a ele, bem como uma força induzida. A força induzida total armazenada no móvel em movimento uniformemente variado cresce uniformemente no decorrer do tempo.

59- O que é impacto?

O impacto é a força liberada por um móvel no momento de um choque mecânico contra um corpo ou um anteparo qualquer.

60- Qual é a causa do impacto?

O impacto é causado pela extração violenta da força motriz, provocada pela oposição oferecida por uma força externa.

61- O que é força motriz?

Força motriz é a denominação de todas as forças transportadas por um corpo em movimento.

62- Quais são as características da força de impacto?

As características da força de impacto são várias, entre as quais se destacam as seguintes:

1ª - Num choque mecânico a força de impacto será tanto maior quanto maior for a velocidade do móvel.

2ª - Numa colisão a força de impacto será tanto maior quanto maior for a massa do corpo.

3ª - Na colisão a força de impacto será tanto maior quanto maior for a força de inércia.

4ª - Numa eventual colisão a força de impacto será tanto maior quanto maior for a força induzida transportada pelo móvel.

63- Quem aplicou a expressão "Dinamismo" à Física?

A primeira pessoa a empregar o termo "Dinamismo" na Física moderna foi o cientista brasileiro Leandro Bertoldo em 1.978. Ele extraiu este nome do dicionário e o seu objetivo consistiu unicamente em distinguir a sua física da física newtoniana. No entanto, conforme descobriu mais tarde, a expressão era aplicada ao sistema filosófico de Aristóteles.

64- Desde quando a teoria do Dinamismo é estudada cientificamente?

A teoria do Dinamismo começou a ser estudado em 1976 e foi sistematizada dentro do moderno método cientifico com seguros e definitivos progressos em 1.978, quando Leandro Bertoldo escreveu um tratado que recebeu o título de Dinamismo. Porém certas dificuldades o impediram de ter uma compreensão completa sobre o assunto e por isso a questão ficou em aberto até 1995, quando o cientista retornou ao estudo dessa teoria e realizou a sua generalização.

65- O estudo do Dinamismo obedece a alguma classificação?

Para efeitos didáticos o estudo do Dinamismo pode ser dividido de acordo com o tipo de movimento que se considera. Embora as possibilidades sejam infinitas, podem-se classificar os movimentos nas seguintes grandes categorias, a saber: *movimento uniforme, movimento uniformemente variado, movimento dinâmico uniformemente variado* e *movimento dinamizado uniformemente variado.*

66- O que é Movimento Uniforme?

O movimento uniforme é aquele cuja força induzida é constante em qualquer intervalo de tempo. Nele, o corpo percorre distâncias iguais em intervalos de tempos iguais. E por apresentar uma força induzida constante, o corpo apresenta uma velocidade constante no decorrer do tempo.

67- O que caracteriza o Movimento Uniforme?

O movimento uniforme apresenta as seguintes características:

1ª - Todo corpo em movimento uniforme apresenta uma força induzida de intensidade constante, a qual permanece conservada no móvel.

2ª - Em qualquer movimento uniforme pode-se constatar que não existe a ação de forças externas atuando sobre o corpo.

3ª - No movimento uniforme constata-se a ausência de força dinâmica interagindo no móvel.

68- O que é Movimento Variado?

O movimento cuja força induzida varia de forma não uniforme no decorrer do tempo é denominado por movimento variado. Neste tipo de movimento, o corpo percorre distâncias diferentes, não regulares, em intervalos de tempos iguais.

69- O que é Movimento Uniformemente Variado?

O movimento uniformemente variado é aquele que apresenta força induzida que varia uniformemente no decorrer do tempo. Nele, o corpo percorre distâncias diferentes, porém regulares, em intervalos de tempos iguais. Neste tipo de movimento a velocidade varia uniformemente no decorrer do tempo pelo fato da força induzida variar uniformemente neste mesmo intervalo de tempo.

70- O que caracteriza Movimento Uniformemente Variado?

O movimento uniformemente variado é caracterizado de diferentes maneiras, a saber:

1ª - O movimento uniformemente variado é caracterizado pela ocorrência de incrementos iguais de força induzida em intervalos de tempos iguais.

2ª - O movimento uniformemente variado é caracterizado pela ocorrência de incrementos iguais de forças induzidas em velocidades iguais.

3ª - O movimento uniformemente variado é caracterizado pela ação de uma intensidade de força externa constante continuamente aplicada sobre o corpo.

4ª - O movimento uniformemente variado é caracterizado pela interação de uma intensidade de força dinâmica constante que atua continuamente no corpo.

71- O que é Movimento Dinâmico Uniformemente Variado?

No movimento dinâmico uniformemente variado a força externa aplicada sobre o corpo varia uniformemente no decorrer do tempo, ocasionando o aparecimento de uma grandeza física denominada por intensificação de força, a qual é uma constante neste tipo de movimento.

72- O que caracteriza Movimento Dinâmico Uniformemente Variado?

O movimento dinâmico uniformemente variado apresenta algumas características fundamentais, como as seguintes:

1º - Neste tipo de movimento a aceleração sofre variações uniformes no decorrer do tempo.

2º - A força dinâmica que se manifesta num móvel sofre uma variação uniforme no decorrer do tempo, com uma intensificação de força constante.

3º - A força induzida que um móvel é submetido neste tipo de movimento sofre uma variação uniforme com o quadrado do tempo.

4º - A velocidade do móvel sofre variações com o quadrado do tempo.

73- O que é Movimento Dinamizado Uniformemente Variado?

O movimento dinamizado uniformemente variado é caracterizado pela ação de uma força externa aplicada sobre o corpo e que varia uniformemente com o quadrado do tempo, provocando o aparecimento de uma grandeza física denominada por impulsão de força, que é constante neste tipo de movimento.

74- O que caracteriza Movimento Dinamizado Uniformemente Variado?

Tal movimento apresenta algumas características peculiares. As mais simples são as seguintes:

1ª - O movimento dinamizado uniformemente variado é caracterizado pela ação de uma força dinâmica cuja intensidade varia uniformemente com o quadrado do tempo.

2ª - Neste tipo de movimento a força induzida varia uniformemente com o cubo do tempo.

3ª - A velocidade de um móvel, neste tipo de movimento, sobre variações uniformes com o cubo do tempo.

75- Para manter um movimento é necessária a ação de forças?

Perfeitamente! Para que um corpo permaneça em movimento é absolutamente necessário que ele esteja sob a interação de uma força induzida, caso contrário não haverá movimento. E, muito embora, a força induzida conservada no móvel seja suficiente para manter o movimento ao infinito, não existe a necessidade do corpo estar sob a ação de forças externas ou sob a interação de forças dinâmicas.

76- Como se comprovou cientificamente a existência das forças externas, dinâmica, induzida e de inércia?

Unicamente através do moderno método científico, a saber, a matematização e a experiência. E através das grandezas físicas conhecidas em Dinamismo por força externas, força dinâmica, força induzida e força de inércia é possível deduzir todas as leis de Newton.

77- O que é Cinemática?

Cinemática é a parte da Mecânica Clássica que procura estudar de forma qualitativa e quantitativa o movimento dos corpos, porém sem preocupar-se em conhecer as causas que os produzem.

A Cinemática trabalha com quatro grandezas físicas fundamentais, a saber: espaço, tempo, velocidade e aceleração.

78- O que é Dinâmica?

A Dinâmica é a parte da Mecânica Clássica que procurar estudar as causas do movimento unicamente a partir do conceito de força externa.

A Dinâmica trabalha com três grandezas físicas fundamentais, a saber: força externa, massa e aceleração.

79- Quem empregou o termo "Dinâmica" na Mecânica?

O termo "Dinâmica" foi empregado pelo físico, matemático e filósofo alemão Gottfried Wilhelm Leibniz (1646-1716) com o único objetivo de designar sua própria teoria da mecânica ao explicar os mais variados fenômenos do movimento em termos do seu inovador conceito de força viva.

80- Qual é a diferença básica entre a Dinâmica e do Dinamismo?

Algumas diferenças são as seguintes:

1ª - A Dinâmica é um caso especial do Dinamismo.

2ª - Enquanto a Dinâmica procura relacionar as forças com o movimento, o Dinamismo estuda o movimento em função de suas causas imediatas, as forças.

3ª - A Dinâmica é uma parte da Mecânica Clássica, ao passo que o Dinamismo representa a generalização da Mecânica Clássica.

4ª - A Dinâmica é um caso particular e restrito da Mecânica Clássica. Já o Dinamismo é amplo e abrange todos os conceitos da Mecânica Clássica em um só corpo teórico. Não existe fenômeno da Mecânica Clássica que o Dinamismo não possa explicar.

5ª - A Dinâmica não consegue, unicamente através de seus princípios, descrever e explicar qualitativamente os mais diferentes fenômenos cinemáticos, coisa que o Dinamismo faz com presteza e elegância.

6ª - Diferentemente da Dinâmica, o Dinamismo estabelece a distinção entre o repouso e o movimento.

7ª - Enquanto a Dinâmica concebe a continuidade do movimento sem a ação de forças, o Dinamismo não admite a existência de qualquer movimento sem a ação de forças.

81- Como se explica o fenômeno da queda livre?

Quando um corpo entra em queda livre, a força externa de atração gravitacional é maior num corpo de maior massa e menor num corpo de menor massa. Entretanto, a força de inércia também é maior num corpo de maior massa e menor num corpo de menor massa.

Deste modo, pode-se afirmar que qualquer corpo em queda livre apresenta uma força externa de atração gravitacional suficientemente intensa para vencer a oposição oferecida pela força de inércia e ter sempre como resultante uma mesma intensidade de força dinâmica gravitacional, caracterizando o fenômeno gravitacional que Leandro denominou por *equilíbrio gravitacional*.

Portanto, qualquer corpo em queda livre manifesta sempre a mesma intensidade de força dinâmica produzida pelo campo gravitacional do planeta.

82- O que é o "equilíbrio gravitacional?"

Quando um corpo entra em queda livre sob a ação da atração gravitacional, ocorre uma situação de *equilíbrio*, que se traduz por uma *igualdade de força dinâmica gravitacional*. Ou seja, a força dinâmica gravitacional apresentada pelo corpo em queda livre é igual à força dinâmica gravitacional produzida pelo campo gravitacional do planeta. Este fenômeno descoberto por Leandro constitui o *equilíbrio gravitacional* e os corpos em queda livre possuem, obrigatoriamente, *forças dinâmicas iguais*.

Quando tal fenômeno é visto sob a perspectiva da cinemática pode-se afirmar que o *equilíbrio gravitacional* é caracterizado por uma igualdade de aceleração. Assim, a aceleração que um corpo adquire em queda livre é igual à aceleração da gravidade produzida pela intensidade do campo gravitacional do planeta.

83- O que é equilíbrio dinâmico?

É a situação de aparente estabilidade atingida por um corpo em queda livre. Pode-se afirmar que isto ocorre devido ao equilíbrio exato entre o ganho de força dinâmica pelo aumento da força externa gravitacional e a perda de força dinâmica pelo aumento da inércia do corpo refletindo numa força dinâmica de intensidade constante e igual para todos os corpos em queda livre.

84- Quais são os princípios da equivalência?

Os princípios da equivalência são dois, a saber:

1º - A aceleração da gravidade produzida pelo planeta é equivalente à aceleração que os corpos apresentam neste planeta.

2º - A força dinâmica gravitacional produzida pelo campo do planeta é equivalente à força dinâmica que os corpos adquirem ao interagirem neste campo.

Deve-se observar que a força dinâmica gravitacional em um lugar da superfície do terrestre é constante. Desse modo a força dinâmica gravitacional adquirida pelos corpos em queda livre é a mesma para todos, independentemente de sua massa, peso ou forma, sendo constante e dirigida verticalmente para o centro do campo gravitacional.

85- Por que um corpo permanece em seu estado de repouso?

Devido a *ausência de força induzida*, todo corpo permanece num estado de repouso infinito, a menos que uma força externa venha a comunicar uma força induzida em tal corpo.

86- Por que um corpo permanece em seu estado de movimento?

Devido a *interação de uma força induzida*, um corpo permanece em seu estado de movimento ao infinito, a menos que a ação de uma força externa venha a dissipar a força induzida deste corpo.

87- Quais são os enunciados das leis do Dinamismo?

As leis do Dinamismo desenvolvidas por Leandro Bertoldo são fundamentais para a compreensão da natureza, tendo também enorme importância para a astronomia. Elas são em número de quatro, a saber:

1ª - A força externa que atua sobre um corpo é igual ao produto entre a massa deste corpo pela aceleração que adquire.

2ª - A força dinâmica é igual ao produto entre o estimulo pela aceleração que o corpo apresenta. Onde o estímulo é uma constante de caráter universal.

3ª - A força de inércia é igual ao valor da força externa pela diferença da força dinâmica que o corpo apresenta.

4ª - A força induzida de um corpo é igual ao produto entre a força dinâmica pela variação de tempo que atua no móvel.

Com a descoberta dessas leis foi possível a criação de uma teoria quantitativa e qualitativa do Dinamismo que vem a coroar e a complementar a Cinemática de Galileu e a Dinâmica de Newton.

88- Como as leis do Dinamismo são justificadas?

Leandro justificou as leis do Dinamismo mediante a dedução, a partir delas, das leis de Newton sobre os movimentos dos corpos. Estas leis, descobertas e generalizadas em 1.687 por Isaac Newton, formam o fundamento da Mecânica Clássica. As leis de Newton são:

1ª - Todo corpo permanece em repouso ou em movimento retilíneo e uniforme, a menos que seja obrigado a modificar seu estado pela ação de forças impressas sobre ele.

2ª - A modificação do movimento é proporcional à força motriz atuante: e ocorre na direção retilínea em que a força é impressa.

3ª - A toda ação corresponde uma reação igual e oposta; ou, as ações mútuas de dois corpos entre si são sempre dirigidas em direções contrárias.

Nenhuma crítica séria da formulação newtoniana apareceu até que Leandro em 1.978 mostrou que as leis de Newton eram muito restritas em suas explicações cinemáticas.

89- Quais são as conseqüências qualitativas das leis do Dinamismo?

As leis do Dinamismo permitem estabelecer as seguintes conseqüências qualitativas:

1ª - Para que um corpo permanece em movimento é necessário que ele esteja sob a ação de forças induzidas.

2ª - Para que um corpo permaneça em movimento não é necessário que ele esteja sob a ação de forças externas ou forças dinâmicas.

3ª - O movimento uniforme é caracterizado pela ação de uma força induzida constante, conservada e transportada pelo móvel.

4ª - Extraindo-se a força induzida pela ação de uma força externa, o movimento cessa e o corpo entra num estado de repouso.

5ª - O movimento uniformemente variado passa para o estado de movimento uniforme quando a força dinâmica cessa.

6ª - Se a força dinâmica for nula, o corpo está em repouso ou em movimento uniforme em linha reta ao infinito.

7ª - Todo corpo pode sofrer alteração de seu estado de repouso ou de movimento pela ação de forças externas aplicadas sobre ele.

8ª - A força dinâmica que a gravidade comunica a um corpo em queda livre não depende de sua massa.

90- Quais são as conseqüências quantitativas das leis do Dinamismo?

As leis do Dinamismo permitem a dedução das seguintes conseqüências quantitativas:

1ª - A força induzida de um móvel, em movimento uniforme em linha reta ao infinito, é igual ao produto entre o estímulo por sua velocidade.

2ª - A variação de força induzida de um móvel, em movimento uniformemente variado, é igual ao produto entre o estímulo pela variação de velocidade que apresenta.

3ª - A força motriz transportada por um móvel é igual à soma entre a força de inércia com a força induzida.

4ª - A força de impacto de um móvel no momento de um choque mecânico é igual ao valor da força motriz.

5ª - O peso de um corpo em repouso e imerso num campo gravitacional é igual ao produto existente entre sua massa pela força dinâmica gravitacional.

91- Quais são os princípios do Dinamismo?

Em termos clássicos os princípios do Dinamismo são quatro, a saber:

I - Princípio da Inércia.

Todo corpo persiste em seu estado de repouso pela ausência de forças induzidas.

II - Princípio do Movimento Uniforme.

Todo corpo persiste em seu estado de movimento retilíneo uniforme quando está sob a ação de forças induzidas constante.

III - Princípio do Movimento Variado.

Todo corpo persiste em seu estado de movimento variado quando sofre a ação de forças induzidas variáveis.

IV - Princípio do Movimento Uniformemente Variado.

Todo corpo persiste em seu estado de movimento uniformemente variado quando está sob a ação de forças induzidas que variam uniformemente no decorrer do tempo.

92- Em relação às forças dinâmicas como são enunciados os princípios do Dinamismo?

Tendo como ponto de referência as forças dinâmicas pode-se enunciar os seguintes princípios:

1º - Todo corpo persiste em seu estado de repouso ou de movimento retilíneo uniforme na ausência de forças dinâmicas.

2º - Todo corpo persiste em seu estado de movimento variado quando sofre a ação de forças dinâmicas variáveis.

3º - Todo corpo persiste em seu estado de movimento uniformemente variado quando está sob a ação continua de forças dinâmicas constantes.

93- Em relação às forças externas como são enunciados os princípios do Dinamismo?

Em relação às forças externas podem-se enunciar os seguintes princípios do Dinamismo:

1º - Todo corpo permanece em repouso ou em movimento retilíneo e uniforme na ausência da ação de forças externas.

2º - Todo corpo permanece em movimento variado sob a ação de forças externas variáveis.

3º - Todo corpo permanece em movimento uniformemente variado sob a ação continua de forças externas constantes.

94- Quais são os principais objetivos do Dinamismo?

São dois os objetivos principais: O primeiro visa explicar quantitativamente e qualitativamente de forma harmoniosa, lógica e consistente todos as formas de movimento e grandezas cinemáticas unicamente em função das forças; o segundo objetivo consiste em prever, a partir da teoria do Dinamismo, novos fenômenos físicos com a mais perfeita exatidão.

95- Qual será a utilidade prática do Dinamismo?

Nos próximos anos, surgirão novas técnicas e ferramentas que oferecerão explicações para o fenômeno da gravidade, da inércia, do limite imposto pela velocidade da luz como uma questão de inércia da matéria e muitos outros fenômenos mecânicos de interesse universal. Tudo isso unicamente em função da nova visão oferecida pela teoria do Dinamismo.

96- A teoria do Dinamismo é uma descoberta?

Dentro dos critérios da propriedade intelectual, pode-se dizer que a teoria do Dinamismo é classificada como uma descoberta científica. Isso porque ela revela a existência de princípios científicos até agora desconhecidos pela humanidade, muito embora tais princípios possuem sua preexistência na natureza.

97- O Dinamismo é uma criação original?

Para saber se a teoria do Dinamismo é uma criação original ou não, é necessário enquadrá-lo dentro de certos critérios. E para responder a esta pergunta será considerada uma analogia com os critérios aplicados na avaliação de uma invenção qualquer.

Os critérios internacionais que possibilitam a concessão de patente por uma invenção são basicamente quatro, a saber:

1º - É necessária que a obra produzida seja a expressão de uma novidade. É claro que, dentro deste contexto, o Dinamismo pode ser entendido como uma novidade em todos os sentidos. Desde os conceitos inovadores de força induzida, dinâmica e de inércia até à compreensão do movimento em função dessas forças tudo é novidade. E, além do mais, Leandro Bertoldo foi o único cientista que apresentou uma teoria com esses fundamentos e características.

2º - É necessário que a obra tenha sido produzida por meio de um processo *criativo*. Assim, diante deste critério, pode-se afirmar que a teoria do Dinamismo é a mais inusitada descoberta da Física Clássica depois da teoria Dinâmica de Newton. E o desenvolvimento estrutural e sistemático dessa teoria, realizados por Leandro, se enquadra perfeitamente num processo criativo. Além disso não basta que uma descoberta seja apresentada, mas é necessário que o pesquisador tenha criatividade suficiente para poder relacionar sua descoberta com outros fenômenos já constado pela ciência e desenvolvê-lo com inteligência e criatividade.

3º - A terceira regra estabelece a necessidade de que a obra criada não seja bastante óbvia (evidente). Portanto, mais uma vez fica claro que a teoria do Dinamismo desenvolvida por Leandro também se enquadra neste critério. Pois se o Dinamismo fosse óbvio não teria decorrido mais de três séculos depois de Newton para ser descoberto e sistematizado cientificamente por Leandro Bertoldo a partir de 1978.

4º - Finalmente a quarta regra ensina que a obra produzida possua alguma *utilidade que seja prática*. A primeira utilidade prática imediata advinda da descoberta e sistematização da teoria do Dinamismo foi sua exposição num livro comercial. Em seguida, como utilidade prática mediata, pode-se dizer que, embora, o Dinamismo seja o resultado da descoberta de um conceito teórico e experimental, suas previsões permitem a avaliação de vários fenômenos de grande utilidade prática na tecnologia bem como na confecção de novos instrumentos de precisão.

Portanto, diante desses critérios, pode-se concluir que a teoria do Dinamismo descoberta e desenvolvida por Leandro Bertoldo se inclui totalmente nos parâmetros mundiais de originalidade.

É bem verdade que Leandro tem a consciência de que a sua teoria é algo original. Também está plenamente convicto de ter ido além da síntese newtoniana. Porém sabe que o seu modelo teórico como qualquer outro tem, na física, apenas um papel provisório.

Ceterum censeo Carthaginem esse delendam.

APÊNDICE - IV

FORMULÁRIO DO DINAMISMO

Costumo afirmar que, se você conseguir medir aquilo que está dizendo e o expressar em números, então você conhece alguma coisa sobre o assunto. Mas, se você não o pode expressar em números, então o seu conhecimento é pobre e insatisfatório; pode ser um princípio de conhecimento, mas dificilmente teu espírito terá progredido até o estágio da ciência, qualquer que seja o assunto.

Lord Kelvin

CONCEITOS GERAIS

1 - *Introdução*

A presente obra tem por objetivo apresentar resumidamente as principais equações que regem a teoria do Dinamismo.

2 - *Dinamismo*

Ciência criada em 1978 por Leandro. Ela estuda os movimentos unicamente em relação às forças que os produzem.

3 - Força Externa

$$F = m . \alpha$$

4 - Força Dinâmica

$$f = e . \alpha$$

$$f = e . F/m$$

5 - Variação de Força Induzida

$$\Delta i = f . \Delta t$$

$$\Delta i = e . \Delta V$$

6 - Força de Inércia

$$I = F - f$$

$$I = \Delta H/\Delta t$$

7 - Peso

$$p = m . f$$

8 - Variação de Velocidade

$$\Delta V = B . \Delta i$$

9 - Estímulo e Indutória

$$e . B = 1$$

10 - *Aceleração*

$$\alpha = \Delta V / \Delta t$$

11 - *Força Motriz*

$$T = I + i$$

12 - *Absorvidade Dinâmica*

$$\eta' = I/F$$

13 - *Fluxo Dinâmico*

$$\phi' = f/F$$

14 - *Relação Absorvidade e Fluxo*

$$\eta' + \phi' = 1$$

MOVIMENTO UNIFORME

15 - *Movimento Uniforme*

O movimento uniforme apresenta uma força induzida constante com o decorrer do tempo. Nele a força dinâmica é nula.

$$F = 0$$
$$f = 0$$
$$i = cte$$
$$V = cte$$

16 - *Velocidade no Movimento Uniforme*

$$V = B \cdot i$$
$$V = \Delta S / \Delta t$$

17 - *Força Induzida no Movimento Uniforme*

$$i = e \cdot V$$

18 - *Função do Espaço no Movimento Uniforme*

$$S = S_0 + V \cdot t$$

$$\Delta S = i \cdot \Delta t / e$$

MOVIMENTO UNIFORME VARIADO

19 - *Movimento Uniforme Variado*

O movimento uniforme variado apresenta força induzida que varia uniformemente no decorrer do tempo. Nele a força dinâmica é constante.

$$F = cte$$
$$f = cte$$
$$i = \Delta(t)$$
$$V = \Delta(t)$$

20 - *Função Velocidade no Movimento Uniforme Variado*

$$V = V_0 + \alpha \cdot t$$

$$V = V_0 + B \cdot \Delta i$$

21 - *Função da Força Induzida no Movimento Uniforme Variado*

$$i = i_0 + f \cdot t$$

22 - *Equação de Torricelli*

$$V^2 = V_0^2 + 2\alpha \cdot \Delta S$$

23 - *Função Espaço no Movimento Uniforme Variado*

$$S = S_0 + V_0 \cdot t + \alpha \cdot t^2/2$$

$$\Delta S = f \cdot \Delta t^2/2e$$

$$\Delta S = \Delta i \cdot \Delta t/2e$$

$$\Delta S = \Delta i^2/2e \cdot f$$

24 - *Força Induzida Média*

$$i_m = (i_{t1} + i_{t2})/2$$

25 - *Característica do Movimento Progressivo*

$$i > 0$$
$$V > 0$$

26 - *Característica do Movimento Retrogrado*

$$i < 0$$
$$V < 0$$

27 - *Característica do Movimento Estimulado*

| i | e |V| crescem com o tempo

(i,V) e (f,α) apresentam o mesmo sinal

28 - *Característica do Movimento Destimulado*

| i | e |V| decrescem com o tempo

(i,V) e (f,α) apresentam sinais contrários

29 - *Sinais Primários*

(i,V) apresentam sempre os mesmos sinais

30 - *Sinais Secundários*

(f,α) sempre apresentam os mesmos sinais

31 - *Força Dinâmica Centrípeta*

$$f_c = e \cdot V^2/r$$

$$f_c = i \cdot V/r$$

$$f_c = i^2/r \cdot e$$

32 - *Impulsão*

$$D = p \cdot \Delta t$$

33 - *Quantidade de Dinamismo*

$$q = m \cdot i$$

34 - *Teorema da Impulsão*

$$D = q - q_0$$

35 - *Choque Central Entre Dois Corpos*

$$i_2 - i_1 = k . (i_2' - i_1')$$

36 - *Impulso Dinamistico*

$$M = f . \Delta t$$

37 - *Impacto*

$$R = T$$

$$R = I + i$$

$$R = I + e . V$$

$$R = I + f . t$$

38 - *Prepacto*

$$C = R/A$$

39 - *Popacto*

$$s = R/A$$

40 - *Impacto Relativo*

$$R = T_1 + T_2$$

41 - *Índice de Conservação*

$$\eta = (i_2 - i_1)/(i_2' - i_1')$$

42 - *Choque Com Apoio Fixo*

$$i_2 \text{ e } i_2' = 0$$

$$\eta = - (i_1/i_1')$$

43 - *Leis da Inércia*

a) *Inexiste força induzida num ponto material isolado em repouso.*

b) *Existe força induzida constante num ponto material isolado em movimento retilíneo e uniforme.*

44 - *Leis do Repouso*

a) Peso: **(i = 0), (V = 0), (F ≠ 0), (f ≠ 0)**

b) Repouso: **(i = 0), (V = 0), (F = 0), (f = 0)**

45 - *Impulso*

$$T' = F \cdot \Delta t$$

$$T' = \Delta H + \Delta i$$

46 - *Quantidade de Movimento*

$$Q = m \cdot V$$

$$\Delta Q = \Delta H + \Delta i$$

47 - *Energia Cinética*

$$\Delta E_c = (\Delta H + \Delta i) \, . \, \Delta V/2$$

$$\Delta E_c = (\Delta H + \Delta i) \, . \, \Delta i/2e$$

48 - *Energia Potencial*

$$\Delta E_p = (I + f) \, . \, \Delta h$$

$$\Delta E_p = (\Delta i^2/2e \, . \, f) \, . \, (I + f)$$

49 - *Lei Geral do Estado Dinâmico*

$$m_1 \, . \, f_1/F_1 = m_2 \, . \, f_2/F_2$$

50 - *Transformação Isodinamica*

$$m_1/F_1 = m_2/F_2$$

51 - *Transformação Isomaza*

$$f_1/F_1 = f_2/F_2$$

52 - *Transformação Isodine*

$$m_1 \, . \, f_1 = m_2 \, . \, f_2$$

53 - *Transformação Isoinercial*

$$F_1 - f_1 = F_2 - f_2$$

GRAVIDADE

54 - *Queda Livre*

$$\Delta F - \Delta I = 0$$

55 - *Força Externa Gravitacional*

$$F = G \cdot M \cdot m/d^2$$

$$F = (H + i) \cdot V/d$$

$$F = F_c \cdot (H/i + 1)$$

$$F = (H + i) \cdot \sqrt{G} \cdot M/d^3$$

56 - *Energia Cinética Orbital*

$$E_c = H \cdot i/2e + e \cdot G \cdot M/2$$

$$E_c^2 = G \cdot M/4d \cdot (H + i)^2$$

$$E_c = (I + f) \cdot d/2$$

57 - *Força Dinâmica Gravitacional*

$$f = e \cdot G \cdot M/d^2$$

$$f = f_0 \cdot [R/(R + h)]^2$$

58 - *Peso Gravitacional*

$$p = e \cdot G \cdot M \cdot m/d^2$$

$$p = p_0 \cdot [R/(R + h)]^2$$

59 - *Velocidade Orbital*

$$V^2 = G \cdot M/d$$

60 - *Força Induzida Orbital*

$$i = e \cdot \sqrt{G} \cdot M/d$$

RELATIVIDADE

61 - *Contração da Matéria*

$$x = (\sqrt{1 - i^2/i_c^2}) \cdot x'$$

62 - *Dilatação do Tempo*

$$t = t'/(\sqrt{1 - i^2/i_c^2})$$

63 - *Dilatação da Massa*

$$m = m_0/(\sqrt{1 - i^2/i_c^2})$$

64 - *Quantidade de Movimento*

$$Q = (H + i)/(\sqrt{1 - i^2/i_c^2})$$

65 - *Peso Relativístico*

$$p = m/(1 - i^2/i_c^2) \cdot di/dt$$

66 - Força Dinâmica Relativística

$$f = e \cdot F/[m \cdot (1 - i^2/i_c^2)^{3/2}]$$

MOVIMENTO DINÂMICO UNIFORME VARIADO

67 - Movimento Dinâmico Uniforme Variado

No movimento dinâmico uniforme variado a força externa aplicada sobre o corpo varia uniformemente no decorrer do tempo, ocasionando uma intensificação de força constante.

$$F = \Delta(t)$$
$$f = \Delta(t)$$
$$\alpha = \Delta(t)$$
$$\eta = cte$$

68 - Celeridade

$$\beta = \Delta\alpha/\Delta t$$

69 - Fluxo de Força Externa

$$\phi = \Delta F/\Delta t$$

70 - Intensificação de Força

$$\eta = \Delta f/\Delta t$$

$$\eta = e \cdot \phi/m$$

71 - Força Dinâmica Média

$$f_m = (f_{t1} + f_{t2})/2$$

72 - *Equação Fundamental do Movimento Dinâmico*

$$\eta = e \cdot \beta$$

73 - *Variação da Força Dinâmica*

$$\Delta f = e \cdot \Delta\alpha$$

$$\Delta f = e \cdot \Delta F/m$$

74 - *Função Dinâmica (I)*

$$f = f_0 + e \cdot \beta \cdot t$$

75 - *Função Dinâmica (II)*

$$f = f_0 + \eta \cdot t$$

76 - *Função Dinâmica (III)*

$$f = f_0 + e \cdot (\alpha - \alpha_0)$$

77 - *Função Dinâmica (IV)*

$$f^2 = f_0{}^2 + 2\eta \cdot \Delta i$$

78 - *Função Dinâmica (V)*

$$f^3 = f_0{}^3 + 3\eta^2 \cdot \Delta\gamma$$

79 - *Função Força Induzida (I)*

$$i = i_0 + f_0 \cdot t + \eta \cdot t^2/2$$

80 - *Função Força Induzida (II)*

$$i = i_0 + e \cdot (\alpha_0 \cdot t + \beta \cdot t^2/2)$$

81 - *Função Posição Dinâmica (I)*

$$\gamma = \gamma_0 + e \cdot (V_0 \cdot t + \alpha_0 \cdot t^2/2 + \beta \cdot t^3/6)$$

82 - *Função Posição Dinâmica (II)*

$$\gamma = \gamma_0 + i_0 \cdot t + f_0 \cdot t^2/2 + \eta \cdot t^3/6$$

83 - *Variação da Força de Inércia (I)*

$$\Delta I = (\phi - \eta) \cdot \Delta t$$

84 - *Variação da Força de Inércia (II)*

$$\Delta I = (m - e) \cdot \Delta \alpha$$

MOVIMENTO DINAMIZADO UNIFORME VARIADO

85 - *Movimento Dinamizado Uniforme Variado*

No movimento dinamizado uniforme variado a força externa aplicada sobre o móvel varia uniformemente com o quadrado do tempo, caracterizando uma impulsão de força constante.

$$F = \Delta(t^2)$$
$$f = \Delta(t^2)$$
$$\alpha = \Delta(t^2)$$
$$\eta = \Delta(t)$$
$$\mu = cte$$

86 - *Agilidade*

$$\omega = \Delta\beta/\Delta t$$

87 - *Forcejo*

$$\varphi = \Delta\phi/\Delta t$$

88 - *Impulsão da Força*

$$\mu = \Delta\eta/\Delta t$$

$$\mu = e \cdot \varphi/m$$

89 - *Intensificação de Força Média*

$$\eta_m = (\eta_{t1} + \eta_{t2})/2$$

90 - *Variação da Intensificação de Força*

$$\Delta\eta = e \cdot \Delta\beta$$

$$\Delta\eta = e \cdot \Delta\phi/m$$

91 - *Equação Básica do Movimento Dinamizado*

$$\mu = e \cdot \omega$$

92 - *Função Intensificação de Força (I)*

$$\eta = \eta_0 + \mu \cdot t$$

93 - *Função Intensificação de Força (II)*

$$\eta = \eta_0 + e \cdot \omega \cdot t$$

94 - *Função Intensificação de Força (III)*

$$\eta = \eta_0 + e \cdot (\beta - \beta_0)$$

95 - *Função Intensificação de Força (IV)*

$$\eta^2 = \eta_0^2 + 2\mu \cdot \Delta f$$

96 - *Função Intensificação de Força (V)*

$$\eta^3 = \eta_0^3 + 6\Delta i \cdot \mu^2$$

97 - *Função Intensificação de Força (VI)*

$$\eta^4 = \eta_0^4 + 24\Delta\gamma \cdot \mu^3$$

98 - *Função Posição Dinâmica (I)*

$$\gamma = \gamma_0 + e \cdot (V_0 \cdot t + \alpha_0 \cdot t^2/2 + \beta_0 \cdot t^3/6 + \omega \cdot t^4/24)$$

99 - *Função Posição Dinâmica (II)*

$$\gamma = \gamma_0 + i_0 \cdot t + f_0 \cdot t^2/2 + \eta_0 \cdot t^3/6 + \mu \cdot t^4/24$$

100 - *Função Força Induzida (I)*

$$i = i_0 + e \cdot (\alpha_0 \cdot t + \beta_0 \cdot t^2/2 + \omega \cdot t^3/6)$$

101 - *Função Força Induzida (II)*

$$i = i_0 + f_0 \cdot t + \eta_0 \cdot t^2/2 + \mu \cdot t^3/6$$

102 - *Função Força Dinâmica (I)*

$$f = f_0 + e \cdot (\beta_0 \cdot t + \omega \cdot t^2/2)$$

103 - *Função Força Dinâmica (II)*

$$f = f_0 + \eta_0 \cdot t + \mu \cdot t^2/2$$

104 - *Tabela de Símbolos*

B	—	Indutória
C	—	Prepacto
D	—	Impulsão
d	—	Distância entre os centros de dois corpos
E	—	Energia
E_c	—	Energia Cinética
E_p	—	Energia Potencial
e	—	Estímulo
F	—	Força Externa
f	—	Força Dinâmica
f_c	—	Força Dinâmica Centrípeta
G	—	Constante Gravitacional Universal
g	—	Aceleração da Gravidade
H	—	Ímpeto
I	—	Força de Inércia
I	—	Força Induzida
i_0	—	Força Induzida Inicial
i_c	—	Força Induzida da Velocidade da Luz
i_m	—	Força Induzida Média
M	—	Impulso Dinamistico
MU	—	Movimento Uniforme
MUV	—	Movimento Uniformemente Variado
MdUV	—	Movimento Dinâmico Uniformemente Variado

MDUV—		Movimento Dinamizado Uniformemente Variado
m	—	massa
n	—	Índice de Conservação
p	—	Peso
p$_0$	—	Peso Inicial
Q	—	Quantidade de Movimento
q	—	Quantidade de Dinamismo
R	—	Impacto
r	—	Raio de Órbita
s	—	Popacto
S	—	Espaço
T	—	Força Motriz
T'	—	Impulso
t	—	Tempo
V	—	Velocidade
V$_0$	—	Velocidade Inicial
x	—	Comprimento da Matéria
α	—	Aceleração
Δ	—	Variação
φ	—	Forcejo
η'	—	Absorvidade
η	—	Intensificação de Força
φ'	—	Fluxo Dinâmico
φ	—	Fluxo de Força Externa
γ	—	Posição Dinâmica
β	—	Celeridade
ω	—	Agilidade
μ	—	Impulsão de Força

Ceterum censeo Carthaginem esse delendam.

BIBLIOGRAFIA

ALONSO, Marcelo e FINN, Edward J. *Física: um curso universitário.* Tradução de Mário A. Guimarães, Darwin Bassi, Mituo Uehara e Alvimar A . Bernardes. 2ª edição. São Paulo: Edgard Blücher, 1977.

BERTOLDO, Leandro. *Artigos sobre o dinamismo.* Rio de Janeiro: Litteris Editora, 2000.

EISBERG, Robert e RESNICK, Robert. *Física quântica: átomos, moléculas, sólidos, núcleos e partículas.* Tradução de Paulo Costa Ribeiro, Enio Frota da Silveira e Marta Feijó Barroso. Rio de Janeiro: Campus, 1979.

FERREIRA, Luiz Carlos. *Estudos dirigido de Física.* 2ª edição. São Paulo: Companhia Editora Nacional, 1975.

FEYNMAN, Ricard P. *Física em seis lições.* Tradução de Ivo Korytowski. Rio de Janeiro: Ediouro, 1999.

GONÇALVES, Dalton. *Física do Científico e do Vestibular.* 7ª edição. Rio de Janeiro: Ao Livro Técnico, 1970.

JUNIOR, Francisco Ramalho, SANTOS, José Ivan Cardoso dos, FERRARO, Nicolau Gilberto e SOARES, Paulo Antônio de Toledo. *Os Fundamentos da Física.* 1ª edição. São Paulo: Moderna, 1976.

MASTERTON, William L. e SLOWINSKI, Emil J. *Química geral superior.* Tradução de Domingos Cachineiro Dias Neto e Antonio Fernando Rodrigues. 4ª edição. Rio de Janeiro: Interamericana, 1978.

RESNICK, Robert e HALLIDAY, David. *Física*. Tradução de Antonio Máximo R. Luz, Beatriz Alvarenga Alvarez, Jésus de Oliveira e Márcio Quintão Moreno. 2ª edição. Rio de Janeiro: Livros Técnicos e Científicos, 1979.

TIPLER, Paul A. *Física*. Tradução de Horácio Macedo. Rio de Janeiro: Guanabara Dois, 1978.